プログラミングの教科書
Standard Textbook of Programming Language

かんたん JavaScript

ECMAScript 2015 対応版

高橋広樹／佐藤美保／鈴木堅太郎／小松さおり／小野寺章／佐々木浩司 著
Hiroki Takahashi / Miho Sato / Kentaro Suzuki / Saori Komatsu / Akira Onodera / Koji Sasaki

技術評論社

●注意事項

本書に記載された内容は、情報の提供のみを目的としております。したがって、本書を用いた運用は、必ずお客様ご自身の責任と判断によって行ってください。これらの情報の運用結果について、著者および技術評論社はいかなる責任も負いません。あらかじめ、ご了承ください。

本書掲載のプログラムは下記の環境で動作検証を行っております。

OS	Windows 10 Enterprise Version 1067
Web ブラウザ	Google Chrome 61.0.3163.100 (Official Build) (64 ビット)

なお、本書の記載内容は、2017 年 10 月末日現在のものを掲載しておりますので、ご利用時には変更されている場合もあります。また、ソフトウェアはバージョンアップされる場合があり、本書での説明と機能内容や画面図などが異なってしまうこともありえます。本書ご購入の前に、必ずバージョンをご確認ください。

●補足情報

本書の正誤情報などの補足情報は弊社ウェブページに掲載させていただいております。ご確認いただけるようお願いします。

http://gihyo.jp/book/2017/978-4-7741-9356-4

●サンプルファイル

本書の解説で使用したサンプルファイルは、以下のページよりダウンロードできます。ご使用の環境に合わせて文字コードを変更してご利用ください。

http://gihyo.jp/book/2017/978-4-7741-9356-4/support

本書に記載されている会社名、製品名は各社の登録商標または商標です。
なお、本文中では特に、®、™ は明記しておりません。

はじめに

　本書は、JavaScript をこれから学ぼうとしている方のための入門書です。

　プログラミングが初めての方でも読み進めることができるよう、図とサンプルコードをたくさん盛り込み、より平易な言葉を選び執筆いたしました。

　幸いにも JavaScript は、Web ブラウザさえあれば動作するという特徴から、他の言語では面倒な開発環境の準備はほぼ不要です。PC さえ準備できればすぐに学びはじめることが可能です。

　JavaScript は、今では IT 技術者にとって必須の技術スキルとなっています。いくら Java や PHP といった言語で Web アプリケーションを作成しようとも、JavaScript が必要となり、その知識は必要不可欠です。

　JavaScript は比較的新しい言語の部類ですが、20 年以上の歴史があり、その過程で様々な進化を遂げてきました。本書では特に、2015 年 6 月に標準化された新しい JavaScript の仕様に沿って説明をしています。

　是非、本書のサンプルコードを実際に手で動かし、JavaScript が動く感動を味わい、次へのステップへつなげていただけたら幸いです。

謝辞

　最後になりますが、本書の出版にあたり、編集を担当いただいた技術評論社の原田崇靖様には大変お世話になりました。この場をお借りしてお礼申し上げます。

　また、校正と監修にご協力いただいた MagTrust 株式会社（http://magtrust.co.jp/）のメンバーの皆様、最後まで入念なチェックとアドバイスをありがとうございました。多くの方に支えられ本書を執筆できましたことを心より感謝いたします。

2017 年 10 月　執筆者代表　高橋広樹

目次 Standard Textbook of Programming Language

1章 JavaScript をはじめよう

01 JavaScript とは 020
- JavaScript ヒストリー 020
- プログラミング言語の違い 022
- スクリプト言語とはなんだろう 023

02 HTML5 と JavaScript 025
- ECMAScript 2015 とは 025
- HTML5 とは 026
- JavaScript の記述位置 028
- JavaScript を外部ファイルに保存する 029
- JavaScript ファイルの保存場所 031

03 JavaScript の実行環境 035
- Chrome のインストール 035
- 実行してみよう 037

04 デベロッパーツールを使用する 038
- デベロッパーツールの概要 038
- Console パネル 041
- デバッグ 044

この章のまとめ 047
章末復習問題 048

2章 プログラムを書く際の約束

01 文字の区別 050
- 大文字と小文字 050
- データとしての文字の表し方 051
- 文字と数値 053

02 命令文を書く際のルール 055

004

	❖ 文末の判断	055
	❖ 改行が可能な位置を知っておこう	056
	❖ 空白の位置を知っておこう	057
03	**コメント**	059
	❖ 1 行コメント	059
	❖ 複数行コメント	060
04	**予約語と未来予約語**	062
	❖ 予約語ってなんだろう	062
	❖ 未来予約語ってなんだろう	063
05	**インデント**	064
	❖ インデントとは何だろう	064
	❖ インデント幅	066
06	**命名ルール**	069
	❖ 命名ルールを決めてコードを見やすくしよう	069
	❖ スネークケースとキャメルケース	069
	❖ 変数名	070
	❖ 定数	072
	❖ 関数名	072
	この章のまとめ	074
	章末復習問題	075

3 章　変数

01	**変数とは？**	078
	❖ 変数とは	078
	❖ 変数の役割	079
	❖ 代入とは	081
02	**変数の宣言**	084
	❖ 変数の宣言とは	084
	❖ 変数の宣言の構文を理解しよう	084
	❖ let とは	087
	❖ let の構文を理解しよう	088
	❖ let の例を見てみよう	088

005

実行結果を見てみよう ……………………………………………… 089

グローバル変数とは ………………………………………………… 091

03 定数とは ……………………………………………………………… 094

定数とは ……………………………………………………………… 094

定数の構文を見てみよう …………………………………………… 094

定数の例を見てみよう ……………………………………………… 095

実行結果を見てみよう ……………………………………………… 095

04 データ型 ……………………………………………………………… 097

データ型とは ………………………………………………………… 097

Number 型の例を見てみよう ……………………………………… 098

String 型の例を見てみよう ………………………………………… 099

Boolean 型の例を見てみよう ……………………………………… 100

null 型の例を見てみよう …………………………………………… 101

undefined 型の例を見てみよう …………………………………… 102

動的型付け言語の例を見てみよう ………………………………… 103

この章のまとめ ………………………………………………………… 105

章末復習問題 ………………………………………………………… 106

4 章 演算子

01 演算子とは？ ………………………………………………………… 108

演算子とは …………………………………………………………… 108

演算子の優先順位 …………………………………………………… 109

02 算術演算子 …………………………………………………………… 110

算術演算子とは ……………………………………………………… 110

算術演算子の例を見てみよう ……………………………………… 110

実行結果を見てみよう ……………………………………………… 111

03 代入演算子 …………………………………………………………… 114

代入演算子とは ……………………………………………………… 114

代入演算子の例を見てみよう ……………………………………… 115

実行結果を見てみよう ……………………………………………… 116

04 ビットシフト演算子 ………………………………………………… 117

ビットシフト演算子とは …………………………………………… 117

❖ビットシフト演算子の例を見てみよう ……………………………………… 118

05　比較演算子 ……………………………………………………………… 120
　❖比較演算子とは …………………………………………………………… 120
　❖比較演算子の例を見てみよう …………………………………………… 120

06　論理演算子 ……………………………………………………………… 124
　❖論理演算子とは …………………………………………………………… 124
　❖論理演算子の例を見てみよう …………………………………………… 125

07　連結演算子 ……………………………………………………………… 129
　❖連結演算子 ………………………………………………………………… 129
　❖連結演算子の例を見てみよう …………………………………………… 129
　❖実行結果を見てみよう …………………………………………………… 130

この章のまとめ …………………………………………………………… 131
章末復習問題 …………………………………………………………………… 132

5章　制御文

01　if 文 ……………………………………………………………………… 134
　❖if 文とは …………………………………………………………………… 134
　❖if 文の構文を理解しよう ………………………………………………… 135
　❖if 文の例を見てみよう …………………………………………………… 135
　❖実行結果を見てみよう …………………………………………………… 136

02　else 文 ………………………………………………………………… 137
　❖else 文とは ………………………………………………………………… 137
　❖else 文の構文を理解しよう ……………………………………………… 138
　❖else 文の例を見てみよう ………………………………………………… 139
　❖実行結果を見てみよう …………………………………………………… 139

03　else if 文 ……………………………………………………………… 140
　❖else if 文とは ……………………………………………………………… 140
　❖else if 文の構文を理解しよう …………………………………………… 141
　❖else if 文の例を見てみよう ……………………………………………… 141
　❖実行結果を見てみよう …………………………………………………… 142

04　switch 文 ……………………………………………………………… 143
　❖switch 文とは ……………………………………………………………… 143

007

switch 文の構文を理解しよう 144

switch 文の例を見てみよう 144

実行結果を見てみよう 148

05　for 文 150

for 文とは 150

for 文の構文を理解しよう 151

for 文の例を見てみよう 153

実行結果を見てみよう 153

06　for..of 文 155

for..of 文とは 155

for..of 文の構文を理解しよう 156

for..of 文の例を見てみよう 157

実行結果を見てみよう 157

07　while 文 159

While 文とは 159

while 文の構文を理解しよう 160

while 文の例を見てみよう 160

実行結果を見てみよう 161

08　do..while 文 162

do..while 文とは 162

do..while 文の構文を理解しよう 162

do..while 文の例を見てみよう 163

実行結果を見てみよう 164

09　処理の中断と継続 165

break 文とは 165

break 文の構文を理解しよう 166

break 文の例を見てみよう 166

break 文の実行結果を見てみよう 167

continue 文とは 168

continue 文の構文を理解しよう 169

continue 文の例を見てみよう 169

continue 文の実行結果を見てみよう 170

10　try..catch..finally 文 172

008

try..catch 文とは		172
try..catch 文の構文を理解しよう		173
try..catch 文の例を見てみよう		174
try..catch 文の実行結果を見てみよう		175
finally 文とは		175
finally 文の構文を理解しよう		176
finally 文の例を見てみよう		177
finally 文の実行結果を見てみよう		177
この章のまとめ		179
章末復習問題		180

6章　配列

01	**1 次元配列**	182
	配列とは	182
	配列の構文を理解しよう	184
	配列の例を見てみよう	184
02	**多次元配列**	191
	多次元配列とは	191
	多次元配列の構文を理解しよう	192
	多次元配列を使ってみよう	192
03	**ジャグ配列**	200
	ジャグ配列とは	200
	ジャグ配列を使ってみよう	201
	すべての要素を取得してみよう	202
04	**連想配列**	204
	連想配列とは	204
	連想配列の構文を理解しよう	205
	連想配列を使ってみよう	205
	多次元の連想配列を作成しよう	206
	すべての要素を取得しよう	208
05	**配列要素の追加操作**	212
	配列の最後に要素を追加してみよう	212

009

❖push メソッドの構文を理解しよう	213
❖push メソッドを使ってみよう	213
❖配列の先頭に要素を追加してみよう	214
❖unshift メソッドの構文を理解しよう	215
❖unshift メソッドを使ってみよう	215
❖配列の途中に要素を挿入してみよう	216
❖スプレッド演算子の構文を理解しよう	217
❖スプレッド演算子を使ってみよう	218

06 配列要素の削除操作 — 220

配列の先頭の要素を削除してみよう	220
❖shift メソッドの構文を理解しよう	221
❖shift メソッドを使ってみよう	221
配列の最後の要素を削除してみよう	222
❖pop メソッドの構文を理解しよう	223
❖pop メソッドを使ってみよう	223

この章のまとめ — 225

章末復習問題 — 226

7章 関数

01 関数 — 228

❖関数とは	228
❖関数の構文を理解しよう	229
❖関数の例を見てみよう	231
❖実行結果を見てみよう	233
❖関数の定義位置	235

02 変数のスコープ — 237

❖スコープとは	237
❖スコープの例を見てみよう	240
❖実行結果を見てみよう	241

03 ホイスティング — 243

❖ホイスティングとは	243
❖ホイスティングの例を見てみよう	243

❖実行結果を見てみよう ━━━━━━━━━━━━━━ 244

04 無名関数 ━━━━━━━━━━━━━━━━━━━━━━ 246
❖無名関数とは ━━━━━━━━━━━━━━━━━━━ 246
❖無名関数の例を見てみよう ━━━━━━━━━━━━ 247
❖実行結果を見てみよう ━━━━━━━━━━━━━━ 248

05 即時関数 ━━━━━━━━━━━━━━━━━━━━━━ 249
❖即時関数とは ━━━━━━━━━━━━━━━━━━━ 249
❖即時関数の例を見てみよう ━━━━━━━━━━━━ 250
❖実行結果を見てみよう ━━━━━━━━━━━━━━ 250

06 組み込み関数 ━━━━━━━━━━━━━━━━━━━ 252
❖組み込み関数とは ━━━━━━━━━━━━━━━━ 252
❖組み込み関数の構文を理解しよう ━━━━━━━━ 252
❖組み込み関数の例を見てみよう ━━━━━━━━━ 253

07 関数の応用 ━━━━━━━━━━━━━━━━━━━━ 257
❖クロージャとは ━━━━━━━━━━━━━━━━━━ 257
❖クロージャの例を見てみよう ━━━━━━━━━━━ 258
❖実行結果を見てみよう ━━━━━━━━━━━━━━ 259

この章のまとめ ━━━━━━━━━━━━━━━━━━ 261
章末復習問題 ━━━━━━━━━━━━━━━━━━━━ 262

8 章 クラスとプロトタイプ

01 オブジェクト指向とは ━━━━━━━━━━━━━━ 264
❖オブジェクト指向とは ━━━━━━━━━━━━━━ 264
❖オブジェクト作成の構文を理解しよう ━━━━━━ 266
❖オブジェクト作成の例を見てみよう ━━━━━━━ 267

02 クラス ━━━━━━━━━━━━━━━━━━━━━━━ 269
❖クラスとは ━━━━━━━━━━━━━━━━━━━━ 269
❖クラスの構文を理解しよう ━━━━━━━━━━━━ 270
❖クラス定義の例を見てみよう ━━━━━━━━━━━ 270
❖実行結果を見てみよう ━━━━━━━━━━━━━━ 271

03 プロパティ ━━━━━━━━━━━━━━━━━━━━ 273
❖プロパティとは ━━━━━━━━━━━━━━━━━━ 273

	プロパティの構文を理解しよう	273
	プロパティ定義の例を見てみよう	274
	プロパティ削除の例を見てみよう	276

04　メソッド ……………………………………………………………… 277
　❖メソッドとは …………………………………………………………… 277
　❖メソッド定義の構文を理解しよう ……………………………………… 277
　❖メソッド定義の例を見てみよう ………………………………………… 278
　❖静的なメソッド定義の例を見てみよう ………………………………… 280
　❖アクセッサメソッドの例を見てみよう ………………………………… 283

05　プロトタイプ ………………………………………………………… 285
　❖プロトタイプとは ……………………………………………………… 285
　❖プロトタイプの構文を理解しよう ……………………………………… 286
　❖プロトタイプの例を見てみよう ………………………………………… 286
　❖既存の関数に処理を追加する例を見てみよう ………………………… 289

06　継承 ……………………………………………………………………… 291
　❖継承とは ………………………………………………………………… 291
　❖継承の構文を理解しよう ……………………………………………… 292
　❖継承の例を見てみよう ………………………………………………… 292

　この章のまとめ ………………………………………………………… 295
　章末復習問題 …………………………………………………………… 296

9章　JavaScript オブジェクト

01　オブジェクトとは …………………………………………………… 298
　❖オブジェクト型とは …………………………………………………… 298
　❖オブジェクト型の構文を理解しよう …………………………………… 299
　❖オブジェクト型の例を見てみよう ……………………………………… 299
　❖オブジェクト型の参照渡しを理解しよう ……………………………… 300
　❖オブジェクト型の参照渡しの例を見てみよう ………………………… 302

02　数値を扱うオブジェクト Number ……………………………… 303
　❖Number オブジェクトとは …………………………………………… 303
　❖Number オブジェクトの構文を理解しよう ………………………… 303
　❖Number オブジェクトの例を見てみよう …………………………… 304

03 **配列を扱うオブジェクト Array** ⋯⋯⋯⋯⋯⋯⋯⋯⋯ 307
　❖Array オブジェクトとは ⋯⋯⋯⋯⋯⋯⋯⋯⋯⋯⋯⋯⋯⋯⋯ 307
　❖リテラル [] 配列と new Array() 配列の違い ⋯⋯⋯⋯⋯⋯⋯ 307
　❖Array オブジェクトの構文を理解しよう ⋯⋯⋯⋯⋯⋯⋯⋯ 308
　❖Array オブジェクトの例を見てみよう ⋯⋯⋯⋯⋯⋯⋯⋯⋯ 309

04 **文字列を扱うオブジェクト String** ⋯⋯⋯⋯⋯⋯⋯⋯⋯ 311
　❖String オブジェクトとは ⋯⋯⋯⋯⋯⋯⋯⋯⋯⋯⋯⋯⋯⋯ 311
　❖replace メソッドの構文を理解しよう ⋯⋯⋯⋯⋯⋯⋯⋯⋯ 311
　❖String オブジェクトの例を見てみよう ⋯⋯⋯⋯⋯⋯⋯⋯⋯ 312

05 **論理値を扱うオブジェクト Boolean** ⋯⋯⋯⋯⋯⋯⋯⋯ 315
　❖Boolean オブジェクトとは ⋯⋯⋯⋯⋯⋯⋯⋯⋯⋯⋯⋯⋯ 315
　❖Boolean オブジェクトの例を見てみよう ⋯⋯⋯⋯⋯⋯⋯⋯ 315

06 **日付・時刻を扱うオブジェクト Date** ⋯⋯⋯⋯⋯⋯⋯⋯ 317
　❖Date オブジェクトとは ⋯⋯⋯⋯⋯⋯⋯⋯⋯⋯⋯⋯⋯⋯⋯ 317
　❖Date オブジェクトの構文を理解しよう ⋯⋯⋯⋯⋯⋯⋯⋯ 317
　❖Date オブジェクトの例を見てみよう ⋯⋯⋯⋯⋯⋯⋯⋯⋯ 318
　❖日付や時刻を取得する例を見てみよう ⋯⋯⋯⋯⋯⋯⋯⋯ 319
　❖日数の差を求める例を見てみよう ⋯⋯⋯⋯⋯⋯⋯⋯⋯⋯ 320

07 **数値計算を扱うオブジェクト Math** ⋯⋯⋯⋯⋯⋯⋯⋯ 322
　❖Math オブジェクトとは ⋯⋯⋯⋯⋯⋯⋯⋯⋯⋯⋯⋯⋯⋯⋯ 322
　❖数値を比較する例を見てみよう ⋯⋯⋯⋯⋯⋯⋯⋯⋯⋯⋯ 322
　❖数値を整える例を見てみよう ⋯⋯⋯⋯⋯⋯⋯⋯⋯⋯⋯⋯ 323

08 **正規表現を扱うオブジェクト RegExp** ⋯⋯⋯⋯⋯⋯⋯ 325
　❖RegExp オブジェクトとは ⋯⋯⋯⋯⋯⋯⋯⋯⋯⋯⋯⋯⋯ 325
　❖RegExp オブジェクトの構文を理解しよう ⋯⋯⋯⋯⋯⋯⋯ 325
　❖RegExp オブジェクトの例を見てみよう ⋯⋯⋯⋯⋯⋯⋯⋯ 326
　この章のまとめ ⋯⋯⋯⋯⋯⋯⋯⋯⋯⋯⋯⋯⋯⋯⋯⋯⋯⋯ 329
　章末復習問題 ⋯⋯⋯⋯⋯⋯⋯⋯⋯⋯⋯⋯⋯⋯⋯⋯⋯⋯⋯⋯ 330

10 章　ブラウザオブジェクト

01 **ブラウザオブジェクトとは** ⋯⋯⋯⋯⋯⋯⋯⋯⋯⋯⋯⋯ 332
　❖ブラウザオブジェクトとは ⋯⋯⋯⋯⋯⋯⋯⋯⋯⋯⋯⋯⋯ 332

	❖ブラウザオブジェクトの例を見てみよう	333
	❖実行結果を見てみよう	334
02	**Window オブジェクト**	335
	❖Window オブジェクトとは	335
	❖ダイアログを表示する	335
	❖ウィンドウを操作する	340
	❖親ウィンドウに対して操作を行う	344
03	**Location オブジェクト**	348
	❖Location オブジェクトとは	348
	❖URL 情報の取得や指定された URL に移動する	348
	❖指定された URL に移動する例を見てみよう	349
04	**History オブジェクト**	351
	❖History オブジェクトとは	351
	❖履歴上のページへ移動する構文を理解しよう	351
	❖履歴上のページへ移動する例を見てみよう	352
	この章のまとめ	355
	章末復習問題	356

11章 HTML5 と CSS

01	**HTML の書き方**	358
	❖HTML5 の特徴	358
	❖HTML5 の基本的な構造	359
	❖HTML5 の構文を理解しよう	359
02	**HTML の作成と表示**	363
	❖HTML5 の例を見てみよう	363
	❖実行結果を見てみよう	365
03	**主要なタグ**	367
	❖HTML5 の主要なタグ	367
	❖画像や入力部品を作成する構文を理解しよう	367
	❖入力部品を作成する例を見てみよう	359
	❖実行結果を見てみよう	370
04	**特殊なタグ**	371

◆HTML5 の特殊なタグ 371

◆音声を再生する構文を理解しよう 371

◆動画を再生する構文を理解しよう 372

◆動画を再生する例を見てみよう 373

◆実行結果を見てみよう 374

05 CSS の基礎知識 375

◆CSS とは 375

◆CSS の役割 376

06 CSS の書き方 377

◆CSS の構文を理解しよう 377

◆HTML で CSS を読み込む構文を理解しよう 378

◆CSS で表を作成する例を見てみよう 379

◆実行結果を見てみよう 382

07 セレクタとプロパティ 383

◆セレクタの種類と構文を理解しよう 383

◆プロパティの種類 385

この章のまとめ 387

章末復習問題 388

12 章 ドキュメントオブジェクト

01 DOM とノード 390

◆DOM とは 390

◆DOM のツリー構造 390

◆DOM ツリーの構成要素 391

02 ドキュメントの検索 393

◆DOM を使ったノードの検索とは 393

◆ノード検索の構文を理解しよう 393

◆ノード検索の例を見てみよう 394

◆実行結果を見てみよう 395

◆検索対象を限定した検索 396

◆ツリー構造を利用した検索 398

03 ドキュメントの変更 399

015

❖ドキュメントの変更とは 399

❖ドキュメントを変更する構文を理解しよう 399

❖HTML 内容を書き換えてみよう 400

❖属性を変更してみよう 402

❖画面部品オブジェクトの属性値の変更 403

04　ドキュメントの追加と削除 405

❖ドキュメントの追加とは 405

❖ノードを操作する構文を理解しよう 406

❖ノードを追加しよう 408

❖ノードを削除しよう 410

❖ノードを置換しよう 411

この章のまとめ 413

章末復習問題 414

13 章　イベント

01　イベントに関するキーワード 416

❖イベントとは 416

❖イベント駆動プログラミングとは 417

❖イベントハンドラとは 418

02　画面操作に関する基本的なイベントハンドラ 419

❖onclick とは 419

❖onload とは 421

❖onchange とは 424

03　画面フォーカスに関する基本的なイベントハンドラ .. 428

❖onfocus とは 428

❖onblur とは 429

❖onblur ／ onfocus を同時に使ってみよう 432

04　マウスイベントハンドラ 434

❖マウスイベントハンドラとは 434

❖onmousedown ／ onmouseup の例を見てみよう 435

05　キーイベントハンドラ 437

❖キーイベントハンドラとは 437

016

- onkeyup の例を見てみよう 437
- 実行結果を見てみよう 438
- **この章のまとめ** 441
- 章末復習問題 442

14 章 jQuery

01 jQuery とは 444
- ライブラリとは 444
- jQuery の特徴 444

02 jQuery の利用準備 447
- ライブラリのバージョン 447
- jQuery ライブラリの読み込み 448

03 jQuery の基本の書き方 452
- jQuery の利用例を見てみよう 452
- 実行結果を見てみよう 453

04 要素の特定 455
- セレクタを使って要素を特定しよう 455
- 基本セレクタを使って要素を特定しよう 456
- 階層セレクタを使って要素を特定しよう 458
- 属性セレクタを使って要素を特定しよう 459
- フィルタを使って要素を絞り込もう 461
- メソッドを使って要素を特定しよう 462

05 内容と属性の操作 465
- HTML の内容を書き換えてみよう 465
- 属性を変更してみよう 467
- カスタムデータ属性を変更してみよう 469

06 要素の追加と削除 471
- 要素を追加してみよう 471
- 要素を削除してみよう 472
- **この章のまとめ** 475
- 章末復習問題 476

017

15章 アニメーション処理

01 要素を動かす（Magic） ………………………………………… 478
　◆Magic とは …………………………………………………………… 478
　◆Magic の構文を理解しよう ……………………………………… 480
　◆時間差アニメーションの構文を理解しよう …………………… 482
　◆反復アニメーションの構文を理解しよう ……………………… 483

02 ページ遷移に動作を追加する（Animsition） ……………… 486
　◆Animsition とは …………………………………………………… 486
　◆Animsition の例を見てみよう …………………………………… 487
　◆アニメーションを指定する例を見てみよう …………………… 489
　◆オーバーレイアニメーションの例を見てみよう ……………… 490

03 スクロール時に動きを追加する（ScrollTrigger） ……… 492
　◆ScrollTrigger とは ………………………………………………… 492
　◆ScrollTrigger の例を見てみよう ………………………………… 492

04 タブを動かす（tabulous.js） ………………………………… 495
　◆tabulous.js とは …………………………………………………… 495
　◆tabulous.js の例を見てみよう …………………………………… 496
　◆アニメーションパターンを指定する例を見てみよう ………… 498

05 画像とコンテンツを切り替える（imagehover.css） …… 499
　◆imagehover.css とは ……………………………………………… 499
　◆imagehover.css の例を見てみよう ……………………………… 500
　◆ページ遷移の例を見てみよう …………………………………… 501

この章のまとめ ……………………………………………………… 503
　章末復習問題 …………………………………………………………… 504

章末復習問題解答 …………………………………………………… 506

索引 …………………………………………………………………… 522

018

1章

JavaScriptを
はじめよう

Webアプリケーションの開発にはJavaScriptの知識は必要
不可欠です。
この章ではJavaScriptとはどのような言語なのか必要な開
発環境はどのように構築するのかといった基礎知識について
学んで行きましょう。

1章　JavaScriptをはじめよう

01 JavaScriptとは

Keyword ☑ JavaScript ☑ LiveScript ☑ スクリプト言語

JavaScriptヒストリー

　1994年にネットスケープコミュニケーションズ（Netscape Communications Corporation：以降ネットスケープ）社がNetscape Navigatorと呼ばれる無償のウェブブラウザを公開しました。Netscape Navigatorは、日本ではネスケやNNと呼ばれ、当時インターネットを利用していた方はご存じの方もいらっしゃることでしょう。Netscape Navigatorの登場から少し遅れてマイクロソフト社がWindows 95とともにInternet Explorerを提供し始めます。

　当時はChromeやFirefox、Safariといったブラウザはありませんでしたので、ネットスケープとマイクロソフトによるシェア争いが行われていました（このシェア争いは「第1次ブラウザ戦争」とも呼ばれています）。

▼図1-1　第1次ブラウザ戦争

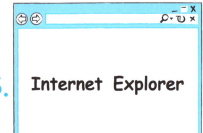

しかしWindowsがOSの市場を占有していたこととInternet Explorerが標準で搭載されていることなどが理由で、Netscape Navigatorのシェアは徐々に失われていきます。2000年頃には、Internet Explorerが圧倒的なシェアを獲得し第一次ブラウザ戦争は終結します（図1-2）。

▼図1-2　第１次ブラウザ戦争の終結

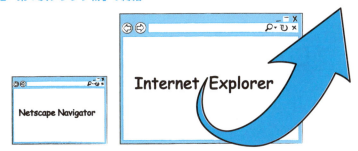

このような背景を見るとInternet Explorerを使用するユーザーが圧倒的に多く、JavaScriptを提供してきたのがマイクロソフトのように思えますが、そうではありません。

1995年、ネットスケープに在籍していたブレンダン・アイク氏（Brendan Eich）がNetscape Navigator向けに開発したスクリプト言語こそがJavaScriptです。少し遅れてマイクロソフトがInternet Explorer 3にJavaScriptに似たJScriptというスクリプト言語を搭載します。

本書で学習するJavaScriptは、開発当初はLiveScriptとも呼ばれていました。同1995年といえばサン・マイクロシステムズ社（2009年にOracle社によって買収）が開発していたJavaと呼ばれる言語が注目を浴びていた時期です。ネットスケープとサン・マイクロシステムズは業務提携していたこともあり、LiveScriptはJavaScriptという名前に変更されます。JavaとJavaScriptという言語が存在するのにはこのような背景が理由です。

2000年代に入るとAjax（Asynchronous JavaScript and XML）という技術によってJavaScriptが脚光を浴びます。Ajaxは、非同期通信を使用してデータを取得し、ブラウザに表示している内容を書き換えることができる技

術です。これにより、わざわざリンクをクリックしてページ遷移することなく、現在表示している内容を書き換えることができます。Google Map によって有名になった技術でもあります。

現在は、Web ブラウザで使用するスクリプト言語といえば JavaScript です。本書を通して、しっかりと身につけましょう。

プログラミング言語の違い

JavaScript はプログラミング言語です。前述したとおり、JavaScript という名前は Java 言語が由来ですが、言語としての機能は全く異なるものです。ほかにも C 言語や C#、Visual Basic、Python、Ruby、PHP など、世の中には多くのプログラミング言語があります。

では、なぜこんなにも多くのプログラミング言語が存在するのでしょうか。プログラミング言語はコンピューターへの命令を書くための言語なので、1 つあれば十分のように思えます。

例えば、統計計算を行うプログラムを考えてみましょう。統計の計算を行いたいので、標準偏差や回帰分析といった統計計算に欠かせない計算をできる機能が備わっていれば、目的が果たせそうです。

ゲームを作成したい場合はどうでしょうか。グラフィック描画や物理計算などが必要なのではないでしょうか。

統計用のアプリを作成するのに高度なグラフィック機能は必要ないでしょうし、ゲームアプリを作成する際に高度な統計計算は必要ないでしょう（もちろん、例外はあります）。

このように、作りたいアプリケーションによって必要な機能は変わってきます。プログラミング言語にはそれぞれ特徴（得意な分野）があり用途によって使い分けをします。

統計計算に特化した言語として R 言語がありますし、比較的大規模な開

発を行いたい場合にはJavaやC++、C#といった言語がよく使用されます。組み込み系ではC言語やアセンブラが、人工知能に関連した機械学習やデータサイエンスの開発ではPythonやJava、R言語が使用されます。スマートフォン向けの開発では、Java、Swift、C#といった言語があります（図1-3）。

▼図1-3　プログラミング言語の用途

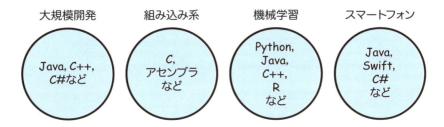

また、過去のプログラミング言語を改善したり、新たなニーズに合わせて新しい言語が生み出される場合もあります。

iOSアプリの場合はObjective-Cによる開発が主流でしたが、最近ではSwiftという新しい言語による開発も行えるようになりました。Swiftは他の言語の「いいとこ取り」をしたような言語となっているため、何かしらのプログラミング言語を学んだ方であれば習得しやすい言語です。

では、本書で学ぶJavaScriptはというと、前述したとおりブラウザで実行できるプログラムを作成する言語となっています。通常、ブラウザに表示するページは書いたものがそのまま表示されるだけなのですが、JavaScriptを使用すると、必要なタイミングで文字を強調表示したり、色を付けたり、画像を拡大表示したり、といったように動きのあるページにすることができます。

 ## スクリプト言語とはなんだろう

本書で学ぶJavaScriptは「Script（スクリプト）」という文字が入っていま

す。これは JavaScript が<u>スクリプト言語</u>の 1 つであることを表しています。

ではスクリプト言語とはいったい何なのでしょうか。

スクリプト言語とは、比較的単純なアプリケーションを作成するための簡易的な言語のことを意味します。ただし、スクリプト言語を厳密に区分するような定義はありません。

スクリプト言語の多くは、命令を 1 行ずつ解釈しながら実行を行う<u>インタプリタ方式</u>を採用しています。

一方、スクリプト言語ではないプログラミング言語の多くは<u>コンパイル方式</u>を採用しています。コンパイル方式とは、ソースプログラムをコンピューターが理解できるマシン語へと一度変換をしておく必要があります。実行時は、マシン語に変換済みのプログラムを動かします（図 1-4）。

▼図1-4　インタプリタ方式とコンパイル方式

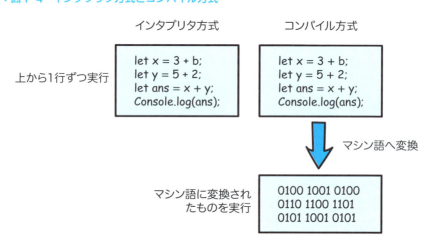

インタプリタ方式は、実行時に解釈を行うためにコンパイル方式と比較すると実行速度が遅いという欠点がありますが、コンパイルをする必要がない分、記述したプログラムの動作をすぐに確認できるという利点があります。

スクリプト言語には JavaScript の他にも、Perl、Ruby、PHP、Python などがあります。

1-02 HTML5とJavaScript

 ## ECMAScript 2015とは

　JavaScriptはブラウザ上で動作するプログラミング言語ですが、Node.jsというサーバーソフトを使用することで、サーバー上でJavaScriptを動作させることも可能です。

　本書ではECMAScript 2015に準拠したブラウザで動作するJavaScriptを使用します。ECMAScript 2015とは、Ecmaインターナショナル（情報通信システムの標準化団体：https://www.ecma-international.org/）によって2015年6月に標準化された新しい仕様のJavaScriptです。ECMAScript 2015はECMAScript 6（略してES6）と呼ばれることもあります。これは、以前のバージョンはECMAScript 1, ECMAScript 2のようにバージョン番号が上げられていたのですが、ECMAScript 6のタイミングでECMAScript 2015となったためです。このためES6とECMAScript 2015は同じものを指しています。

　どのブラウザにもJavaScriptを実行する環境が含まれていますが、ECMAScript 2015に準拠したブラウザは表1-1のように限られています。本書ではChromeを使用して説明をします。

▼表1-1　ブラウザごとの **ECMAScript 2015** 対応状況

ブラウザ	対応状況
Internet Explorer	×
Microsoft Edge	○
Firefox	○
Chrome	○

HTML5 とは

　ブラウザに表示されるページは、HTML を使用して記述します。HTML そのものは静的なページを作成するものです。「静的な」というのは、記述したものが不変であることを意味し、書いたものがそのまま表示されます。

　HTML も JavaScript 同様にバージョンがあり、2014 年に World Wide Web Consortium（略して W3C）が HTML の第 5 版として勧告・公開したものが HTML5 です。

　HTML5 では、3D グラフィックスやローカルストレージ、オーディオや動画の再生など、従来の HTML にはない機能が盛り込まれました。

　新しく盛り込まれた機能は JavaScript を使用することを前提とした機能もあり、HTML5 と JavaScript は切っても切れない関係にあると言えます。

　ここで、HTML5 の基本コードを書いてみましょう。

　メモ帳のようなテキストエディタを使用して、リスト 1-1 のように記述してください。なお、リストの左側にある 01、02 といった数字は説明上の行番号を表していますので、入力する必要はありません。

1-02 HTML5とJavaScript

▼リスト1-1 HTML5の基本コード

```
01: <!DOCTYPE html>
02: <html lang="ja">
03:   <head>
04:     <meta charset="utf-8">
05:     <title>List1-1</title>
06:   </head>
07:   <body>
08:     <!-- ここにブラウザに表示する内容を記述-->
09:   </body>
10: </html>
```

　リスト1-1の入力が完了したら、「リスト1-1.html」という名前を付けて、文字コードをUTF-8で保存をしてください。本書中に出てくるHTMLのリストについては、同様の手順で保存を行ってください。

　HTMLはHyper Text Markup Languageの略です。Markup（マークアップ）とは文書中の要素に目印を付け、色や大きさ、ハイパーリンクといった表現をするものです。ここでいう「目印」とは、HTMLタグと呼ばれ<>で囲んで他の文字と区別をします。リストの2行目の<html>と10行目の</html>はHTML文書の始まりと終了を意味し、5行目の<title>〜</title>はブラウザのタイトルバーに表示するタイトルの文字を記述するためものです。このようにHTMLタグの多くは開始タグ<文字>と終了タグ</文字>で表します。なお4行目のように終了タグがないものも存在します。

　もう少し詳しくタグを見ていきましょう。HTMLタグは前述したとおり<html>や<title>のように記述しますが、2行目の<html lang="ja">のように、htmlという文字以外に「lang="ja"」という文字があります。langの部分を属性とよび、その属性にセットしたい値（属性値）を=記号の右側に書きます。ここでのlangはHTML文書で使用する言語を表し、jaは日本語を表しています。使用するタグによって、指定できる属性は異なります。

　続いて3行目〜6行目の<head>〜</head>を見てみましょう。この部分はヘッダ情報を表しています。ヘッダ情報とはその文書に関する情報のこ

027

とで <link> タグを使用して、ページのデザインをするスタイルシートといns うファイルの場所を指定したり、本書で学ぶ JavaScript のファイルの場所を指定することができます。また、<meta> タグを使用して HTML 文書の著者を記したり、文書の文字コードで何を使用するのかといった情報を設定することができます。

HTML5 については **11 章**で詳しく学びます。

JavaScript の記述位置

HTML の書き方がわかりましたので、JavaScript の記述位置について学んで行きましょう。

JavaScript は、HTML 文書内に直接記述することもできますし、JavaScript 用のファイルに直接記述することもできます。

はじめに HTML 文書内に JavaScript を書く方法を説明します。

HTML 文書内に JavaScript を直接記述するには、**構文 1-1** の script タグを使用します。

構　文　　1-1　script タグ

```
<script>
ここに JavaScript を記述します
</script>
```

<script> タグは HTML 文書内の <head> 〜 </head> の内側か、<body> 〜 </body> タグの内側であればどこにでも記述することができます。

リスト 1-2 に HTML 内に script タグを記述する例を示します。この例では、<head> タグ内の 4 行目〜 6 行目と <body> タグ内の 11 〜 13 行目に <script> タグを記述しています。本書では、多くのコード例が出てきます。特に必要のない場合は HTML タグおよび <script> タグは省略します。自身

でリスト 1-2 を記述した HTML ファイルを準備し、<script> タグの内側へ
コードを記述してください。

▼リスト1-2　scriptタグの記述位置の例

```
01: <!DOCTYPE html>
02: <html lang="ja">
03:   <head>
04:     <script>
05:
06:     </script>
07:     <meta charset="utf-8">
08:     <title>List1-2</title>
09:   </head>
10:   <body>
11:     <script>
12:
13:     </script>
14:   </body>
15: </html>
```

 ## JavaScriptを外部ファイルに保存する

　一般的に固定の HTML でしか使用しない JavaScript や短いリストの
JavaScript は、その文書内に <script> タグを記述して埋め込みます。一方、
複数の HTML から使用されるような JavaScript や長いリストの JavaScript
は外部ファイルに保存して使用します（図 1-5）。

▼図1-5　**JavaScript**の埋め込み先の違い

・固定のHTMLでしか使用　　・他のHTMLでも使用したいJavaScript
　しないJavaScript　　　　　・長いJavaScript
・短いJavaScript

HTMLファイル

```
<html>
 <head>
  <script>
    let x = 3;
    let y== 4;

    console.log(x + y);
  </script>
     :
```

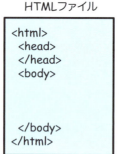

HTMLファイル

```
<html>
 <head>
 </head>
 <body>



 </body>
</html>
```

+

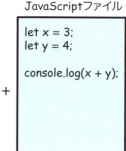

JavaScriptファイル

```
let x = 3;
let y = 4;

console.log(x + y);
```

　外部ファイルとして作成するJavaScriptは、HTMLと同様にメモ帳のようなテキストエディタで作成することができます。外部ファイルにした場合は、ファイル内には<script>タグを記述する必要はありません。また外部ファイルの拡張子は*.jsとし、文字コードUTF-8で保存します。

COLUMN

外部ファイルが **UTF-8** であるわけ

　コンピューターにおいて情報の最小単位はbit（ビット）です。このbitは0と1の2つの値で表します。文字は、このbitの組み合わせでできた番号を付けて管理されています。

　文字に番号を付ける際にはルールがあり、このルールのことを文字コードと呼びます。ASCIIやShift_JIS、UTF-8など様々なものがあります。

　通常、外部ファイルに保存されたJavaScriptと読み込む側のHTMLファイルの文字コードは合わせる必要があります。本書で取り扱うHTML5はUTF-8で作成することが推奨されているため、JavaScriptファイルもUTF-8にするというわけです。

JavaScriptファイルの保存場所

　JavaScriptファイルの保存場所はHTMLファイルと分けて保存をします。一般的には**図1-6**のように、HTMLファイルを保存するためのフォルダー（Linuxではディレクトリ）があり、そのフォルダーの下にJavaScriptファイルを保存する「js」という名前のフォルダーを作成します。

　本書のサンプルコードを入力して保存する際は図1-6を参考にフォルダーを作成してください。ご自身のパソコン上で任意の場所に図1-6のような構成でフォルダーを作成してください。

▼図1-6　フォルダー構成

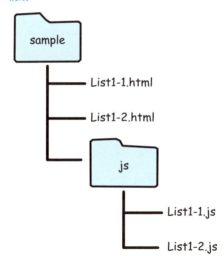

　例としてJavaScriptファイルを1つ作成してみましょう。
　リスト1-3は足し算をして結果を表示するコードです。
　今は内容を理解する必要はありません。テキストエディタで入力が完了したらファイル名を「List1-3.js」として保存してください。

▼リスト1-3　練習用JavaScript（List1-3.js）

```
01: let x = 3;
02: let y = 4;
03: console.log(x + y);
```

　それでは作成したJavaScriptファイルをHTMLファイルに組み込んでみましょう。

　JavaScriptファイルを組み込むには、HTMLファイルの<head>タグ内に**構文1-2**の<script>タグを記述します。<script>タグ内にはJavaScriptコードを記述することもできますが、src属性を使用してJavaScriptファイルの場所を記述すると、あたかもそのHTML文書内にJavaScriptコードを書いたかのように使用することができます。

構文　1-2　<script>タグ

```
<script src="JavaScriptファイルのパス"></script>
```

　src属性のJavaScriptファイルのパスは絶対パスと相対パスの2通りの指定方法があります。

　パスとは道や経路のことで、プログラミングの世界ではファイルが存在する位置を表すものです。

　絶対パスというのは、URLでファイルの場所を表すものです。

　図1-7で絶対パスの例をみてみましょう。List1-3.jsというファイルは、http://easy.javascript.com/ の下のjsの下にあります。よってこれらすべてを「/」記号で連結し「http://easy.javascript.com/js/List1-3.js」としたのが絶対パスです。

▼図1-7　絶対パスのイメージ

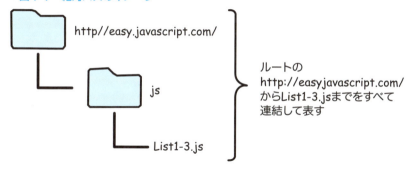

　図1-7を<script>タグのsrc属性に設定するコード例を**リスト1-4**に示します。

▼リスト1-4　絶対パスによるファイルの位置指定の例

```
01: <script src="http//easy.javascript.com/js/List1-3.js"></script>
```

　一方、相対パスというのは基準となるファイルから見た位置を表すものです。**図1-8**で相対パスの例をみてみましょう。Sample.htmlにList1-3.jsを組み込んで使用したい場合は、Sample.htmlを基準としてList1-3.jsまでの位置を表します。よって「js/List1-3.js」と表すことができます。

▼図1-8　相対パスのイメージ

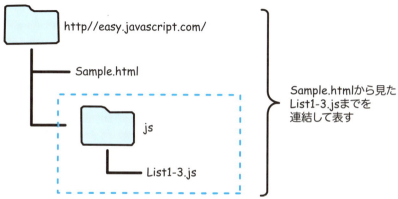

図 1-8 を <script> タグの src 属性に設定するコード例を**リスト 1-5** に示します。

▼リスト1-5　絶対パスによるファイルの位置指定の例

```
01: <script src="js/List1-3.js"></script>
```

それでは、作成済みのリスト 1-3 を HTML 文書に組み込む例を見てみましょう。**リスト 1-6** は相対パスを使用して外部 JavaScript を組み込んでいます（4 行目）。

このように、JavaScript は外部ファイルに保存することもできますし、直接 HTML 文書内に記述することも可能です。必要に応じて使い分けるようにしましょう。

▼リスト1-6　HTML に外部 JavaScript を組み込む例

```
01: <!DOCTYPE html>
02: <html lang="ja">
03:   <head>
04:     <script src="js/List1-3.js"></script>
05:     <meta charset="utf-8">
06:     <title>List1-6</title>
07:   </head>
08:   <body>
09:   </body>
10: </html>
```

Chromeのインストール

それではChromeをインストールして、JavaScriptを学習する準備を行いましょう。Chromeをインストールするには https://www.google.co.jp/chrome/browser/desktop/ にアクセスし、「Chromeをダウンロード」をクリックします（図1-9）。

▼図1-9　Chromeのインストール

続いて「Chrome for Windows をダウンロード」が表示されるので、「同意してインストール」をクリックします（**図1-10**）。なおMacの場合は「Chrome for Mac をダウンロード」と表示されますので、同様にして「同意してインストール」をクリックします。

　「ChromeSetup.exe について行う操作を選んでください」のウィンドウが表示されるので（**図1-11**）、任意の場所に保存をします。Macの場合は自動でダウンロードフォルダに保存されます。

▼**図1-10　Chrome for Windows をダウンロード**

▼**図1-11　Chrome のセットアップファイルの保存**

　保存したファイルを実行すると、インストールが始まります。インストールが完了するまで待ちましょう。インストールが完了すると、Chromeが起動します。

実行してみよう

それでは、「1-02 HTML5 と JavaScript」で作成した List1-3.js を実行する方法をみていきましょう。

List1-3.js を実行するには、この JavaScript ファイルを組み込んだ List1-6.html を Chrome にドラッグ＆ドロップするか（**図1-12**）、ダブルクリックして実行します。

▼図1-12　HTMLファイルのドラッグ＆ドロップ

ドラッグ＆ドロップしてもブラウザの画面は真っ白のままです。画面が真っ白なのは、HTML のコードで何かしらの文字や画像をページに表示するように記述していないためなので問題ありません。この時点で、組み込まれた JavaScript は実行されています。次節でその確認方法について見ていきましょう。

1章　JavaScriptをはじめよう

04 デベロッパーツールを使用する

Keyword ☑ デベロッパーツール

 デベロッパーツールの概要

　Chromeには<u>デベロッパーツール</u>という開発者向けのツールが標準で備わっています。そのほかのブラウザ（Edge、Firefox、Safariなど）にも開発者ツールは標準で搭載されています。

　デベロッパーツールを使用する前に、List1-7.htmlというファイルを作成してください。コードは**リスト1-7**に示す通り入力をします。

　List1-7.htmlを作成したら、前述したとおりChromeにドラッグ＆ドロップします。

▼リスト1-7　デベロッパーツールの操作確認で使用するHTML（List1-7.html）

```html
01: <!DOCTYPE html>
02: <html lang="ja">
03:   <head>
04:     <meta charset="utf-8">
05:     <title>List1-7</title>
06:   </head>
07:   <body>
08:     <script>
09:     console.log("Hello!!");
10:     </script>
11:   </body>
12: </html>
```

続いてデベロッパーツールを表示しましょう。

デベロッパーツールは、Windowsの場合、[F12]キーを押して表示することができます（Macの場合は[Command]+[Option]+[I]）。デベロッパーツールには様々なタブが表示されます。この各タブのことを「**パネル**」と呼びます（図1-13）。

デベロッパーツールを非表示にする場合も[F12]キーを押します。

▼図1-13　デベロッパーツール

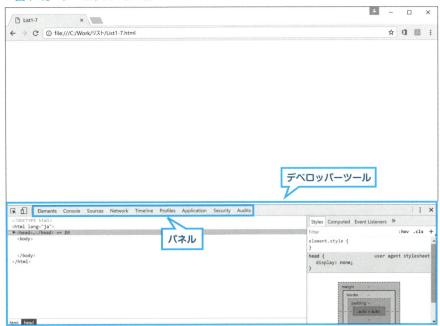

各パネルの機能について表1-2に示します。

▼表1-2　デベロッパーツールの各パネルの機能

パネル	機能
Elements	HTMLのタグ要素とスタイルを検証します
Console	ログを確認するためのパネルです。ログとはアプリケーションの動作に関する情報を記録や表示するための情報のことです。本書で最も多く使用するパネルです（次節で詳しく説明します）

Sources	CSSやJavaScriptのデバッグを実施します。デバッグとはプログラム上の誤りを見つけて修正することです（次節で詳しく説明します）
Network	ページのリクエストをしてからの通信内容を確認します。ページの表示が遅くなっている場合に原因を特定するのに有効です
Timeline	ユーザーインターフェース（UI）のパフォーマンスを計測し、修正してよりよくするポイントを探すのに使用します
Profiles	CPUの利用率を収集したり、メモリのスナップショットを取得します
Application	Webページを構成しているリソースファイルやCookieなどのデータを確認することができます
Security	HTTPSの状態を検証するためのパネルで、有効なTLS/SSLの証明書が使用されているか、安全な接続が確立されているかなどを知ることができます
Audits	Auditsとは監査のことです。Webページを最適化するにはどうするかを提示します

　デベロッパーツールはページと一緒に表示されますが、ページ部分が狭くなってしまい使いにくい場合があります。このような場合はデベロッパーツールの右側にあるボタンを押して別ウィンドウで表示することもできます（図1-14）。

▼図1-14　デベロッパーツールを別ウィンドウ表示する

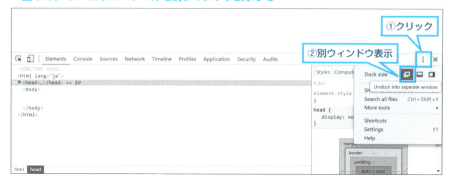

　デベロッパーツールを別ウィンドウで表示した場合は図1-15のようになります。元に戻す場合は、デベロッパーツール右側にあるボタンを押して、ページの右側や下側に再度ドッキングすることができます。

▼図1-15　デベロッパーツールのドッキング

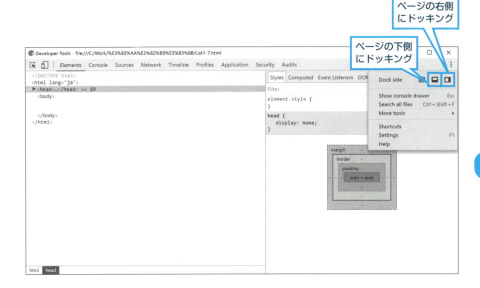

 ## Console パネル

　それではConsoleパネルの使用方法を見ていきましょう。表1-2で説明した通り、Consoleパネルはログを確認するためのものです。

　List1-7.htmlをドラッグ＆ドロップした状態でConsoleパネルに切り替えると図1-16のように「Hello!!」と表示されていることがわかります。

　これはリスト1-7の9行目で「console.log("Hello!!");」と記述したJavaScriptの命令によって表示されているものです。

　「console.log」は、「コンソールにログを表示せよ」というJavaScriptの命令です。( )の中にはConsoleパネルに表示したい文字や数値を記述します。

　ここでは「Hello!!」という文字を( )の中に書いているので、Consoleパネルに表示されたというわけです。コードの書き方の詳細については次章で説明します。

▼図1-16 Console パネルによるログの確認

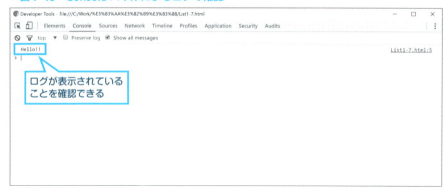

ログが表示されていることを確認できる

　console.log( ) という命令の他にも、Console パネルに表示するための命令がいくつかあります（表1-3）。いずれの命令も Console パネルに文字を表示するものですが、色を付けて表示したり、表として表示したりしますので必要に応じて使い分けてください。

▼表1-3　Console 表示用命令

命令	用途
console.log	Cosole パネルに文字を表示する
console.error	エラー用として文字を表示する 文字の色は赤、背景色はピンクとなり×アイコンが表示される
console.warn	警告用として文字を表示する 文字の色は茶色、背景色は黄色となり！アイコンが表示される
console.info	情報用として文字を表示する
console.table	第6章で学習する配列の要素を表として表示する

それぞれの使用例を**リスト1-8**に、実行例を**図1-17**に示します。

▼リスト1-8　Console 表示用命令の使用例

```
01: var fruit = [{'apple': 200, 'orange': 300, 'banana': 180 }];
02: console.log("これはログです");
03: console.error("これはエラーです");
04: console.warn("これは警告です");
05: console.info("これは情報です");
06: console.table(fruit);
```

▼図1-17　リスト1-8実行例

　Consoleパネルに表示された文字の一番右側にはリンクが表示されています。このリンクをクリックすると、JavaScript内の該当行へと移動するので、どこでその文字を表示しているのかを確認することができます。

　例として図1-17の「これはエラーです」の右側にあるリンクをクリックしてみましょう。Sourcesパネルへと移動し、その文字を表示している行のコードがピンクでハイライトされていることを確認することができます（図1-18）。

▼図1-18　該当行の確認

```
1  <!DOCTYPE html>
2  <html lang="ja">
3    <head>
4      <meta charset="utf-8">
5      <title>List1-8</title>
6    </head>
7    <body>
8      <script>
9        var fruit = [{'apple': 200, 'orange': 300, 'banana': 180 }];
10       console.log("これはログです");
11       console.error("これはエラーです");
12       console.warn("これは警告です");
13       console.info("これは情報です");
14       console.table(fruit);
15     </script>
16   </body>
17 </html>
```

043

# デバッグ

先述した表1-2のSourcesパネルで、「デバッグとはプログラム上の誤りを見つけて修正すること」と説明をしました。ここではデベロッパーツールを使用してデバッグをする方法について見ていきましょう。

プログラムは、書いた順番、つまり上から順番に実行されます。プログラムの途中に誤りがある場合は、目的通りの動作をしなかったり、処理が途中で止まったりします。

このような場合、エラーの原因を突き止める際に主に使用するのがSourcesパネルとConsoleパネルです。

はじめに**リスト1-9**のJavaScriptを記述したHTMLを準備し、Chromeで開いてください。続いてデベロッパーツールを開き、Sourcesパネルを表示します（**図1-19**）。

▼**リスト1-9　デバッグ用のJavaScriptサンプル**

```
01: let a = 3;
02: a = 5;
03: console.log(x);
```

はじめにブレークポイントを設定してみましょう。ブレークポイントとは、プログラムの途中で一時中断をしたいポイントのことです。Sourceパネルに表示されているコードで、途中で止めたい場所の行番号をクリックするとブレークポイントを設定することができます。ここでは2行目の「a = 5;」（図では10行目）にブレークポイントを設定しましょう。ブレークポイントを設定後、ページをリロードするとJavaScriptのコードが再実行され、ブレークポイントが設定された場所で一時中断状態になります。

▼図1-19　Sourceパネル

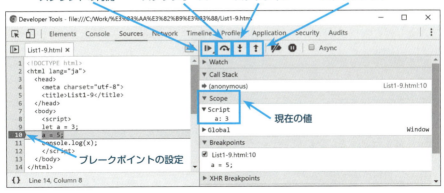

　ブレークポイントから処理を再開するには、右側の上にある［スクリプトの再開］ボタンをクリックします。また、［ステップイン］というボタンを押すと、1行ずつ実行することができます。このボタンを関数（7章で学びます）の呼び出しを行っている行で実行した場合は、その関数の中へと移動してデバッグを続けることができます。

　関数の呼び出しを行っている行で［ステップオーバー］ボタンを押した場合は、関数の中へは移動せずにデバッグを進めることができます。

　［ステップイン］によって関数の中へとデバッグを進め、その関数の中から抜け出してデバッグを続けたい場合には［ステップアウト］ボタンをクリックします。

　処理を途中で止めている場合は、右側の「Scope」の欄を展開することで変数（3章参照）に入っている値を確認することができます。図1-19ではaの値が3であることを表しています。これは「a = 5;」の行がまだ実行される前であるからです。「Scope」欄の「a」の隣にある「3」という値はダブルクリックすると、編集が可能になり別の値に変更して動作を確認することができます。この他にもSourcesパネルには様々な機能がありますが、最低限として紹介した内容は使いこなせるようにしましょう。

Node.js

　本書で学ぶ JavaScript は、ユーザーのブラウザ上で動作するクライアントサイドの JavaScript です。クライアントサイドというのは、「サービスを利用する側」を意味します。

　一方「Node.js」というサーバーサイドの JavaScript というものがあります。サーバーサイドというのは「サービスを提供する側」を意味します。

　Node.js は、Google Chrome 用に開発された JavaScript エンジンがサーバー上で動作するように多くの機能が追加された JavaScript です。

　Node.js の最大の特徴は非同期で処理をすることができるということです。

　例えばデータベースを操作するような処理においては、データベースにアクセスしてデータを取得する→データを表示するという処理を行います。

　このように、1 つの作業が完了してから次の処理を行うモデルをブロッキング I/O と呼びます。

　一方 Node.js はノンブロッキング I/O と呼ばれるモデルを採用し、非同期で処理を行います。このモデルでは、処理の完了を待たずに次の処理を実行していくことができるため、よりストレスのないページ処理を行うことを可能にします。

　非同期処理の他にも、イベントドリブンやイベントループモデルなど、様々な特徴があり、JavaScript を使用したサーバーサイドのサービスを作成することができます。

　本書でクライアントサイドの JavaScript をマスターしたら、是非 Node.js にも触れてみてください。

この章のまとめ

- JavaScriptはブラウザで実行できるプログラムを作成する言語です。

- JavaScriptを使用することで、必要なときに必要なタイミングで文字を強調したり色を付けたりすることができます。

- スクリプト言語とは、一般的に比較的簡単なアプリケーションを作成する簡易的な言語を指しします。

- ECMAScript 2015とは、Ecmaインターナショナルシステムの標準化団体によって標準化された、新しい仕様のJavaScriptです。

- デベロッパーツールは開発者向けのツールで、HTMLやJavaScriptのデバッグやレスポンス測定などを行うことができます。

《 章 末 復 習 問 題 》

練習問題 1-1

　HTML の基本コードを記述し、answer1-1.html という名前で保存してください。なお保存時の文字コードは UTF-8 としてください。

練習問題 1-2

　練習問題 1-1 で作成した answer1-1.html の <body> タグの中に <script> タグを記述して、JavaScript を記述できるようにしてください。

練習問題 1-3

　練習問題 1-2 で作成した <script> タグの中に「console.log(" はじめての JavaScript コード ");」を記述してください。

練習問題 1-4

　answer1-1.html をブラウザで開き、デベロッパーツールの Console パネルでログを確認してください。

048

2章

プログラムを
書く際の約束

1章では、JavaScriptとはどのような言語なのか、デベロッパーツールはどのように使うのかといった基礎知識について学びました。

本章では、JavaScriptのプログラムを書く際の約束事について学んでいきましょう。

大文字と小文字

英語で「PEN」や「Pen」、「pen」と書いた場合、いずれも「ペン」であることには変わりありません。しかしJavaScriptでは大文字と小文字を厳密に区別します。このため、JavaScriptで記述した「PEN」「Pen」「pen」はまったくの「別もの」になります（**図2-1**）。

▼図2-1 大文字と小文字の区別

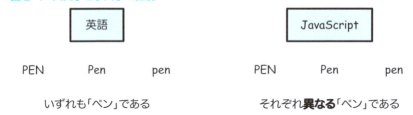

リスト2-1に大文字と小文字が区別されることがわかるJavaScriptのコードを示します（このコードでは変数を使用しています。変数については**3章**で詳しく説明します）。

1行目は「PEN」という名前のハコに「青いペン」という文字を入れる命令文です。同様にして2行目は「Pen」に「黄色いペン」を、3行目では「pen」に「赤いペン」という文字を入れています。

4行目は、「Penの中身をConsoleパネルに表示せよ」という命令です。

「Pen」には「黄色いペン」という文字を入れているので（2行目）、Consoleパネルには「黄色いペン」と表示されます。

このようにJavaScriptでは、大文字と小文字を厳密に区別しますので、コードを書く際には十分に注意する必要があります。

▼リスト2-1　大文字と小文字が区別されることを確認する例

```
01: let PEN = "青いペン";
02: let Pen = "黄色いペン";
03: let pen = "赤いペン";
04: console.log(Pen);
```

 ## データとしての文字の表し方

先ほど説明したPENやPen、penといった文字は、データを入れるハコの名前を表していました。次に、ハコに入れるデータとしての文字について学んでいきましょう。

JavaScriptでは、ログとしてConsoleパネルに表示する文字、ポップアップウィンドウに表示するための文字、ページに表示するための文字などは、ダブルクォーテーション記号「"」やシングルクォーテーション「'」で括（くく）るというルールがあります。

リスト2-1で、PENやPenといったハコにデータを入れる際、文字をダブルクォーテーションで括って入れていたのは、このルールに従っていたためです。ちなみに、プログラミングの世界では単に「文字」と言った場合には1文字を指し、「文字列」と言った場合は文字が1文字以上連なったものを指します。そういった意味では、PENやPenに入れていた「青いペン」や「黄色いペン」は文字列と呼ぶことができます。

リスト2-1の各文字列をシングルクォーテーションで書き換えた例を**リスト2-2**に示します。

▼リスト2-2　リスト2-1シングルクォーテーション版

```
01: let PEN = '青いペン';
02: let Pen = '黄色いペン';
03: let pen = '赤いペン';
04: console.log(Pen);
```

　リスト2-1とリスト2-2はどちらも同じ結果となります。よってデータとしての文字列を表す場合は、「"」「'」のどちらで括っても構いません。ただし、「"」と「'」のような異なる組み合わせで括ることはできませんので注意してください。

　それでは、「"」や「'」の2種類の使い分けについて見ていきましょう。

　「これは"青い"ペンです」という文字列を表すにはどうしたらよいでしょうか。リスト2-3のように書いた場合はどのようになるかを考えてみましょう。

▼リスト2-3　文字列をダブルクォーテーションで括る例

```
01: let PEN = "これは"青いペン"です";
02: console.log(PEN);
```

　正しいコードのようにも見えますが、「"」から「"」までの間を文字列と解釈するため、「これは」の部分が文字列と解釈されます（図2-2）。残りの部分は「青いペン"です"」となってしまうため、文字列を記述するルールから外れてしまい、結果としてこのコードはエラーになります。

▼図2-2　文字列の解釈

文字列と認識

　それでは、文字列の中にダブルクォーテーションがある場合はどうやって表したらよいでしょうか。答えは簡単で「'」で括れば良いのです。

リスト 2-4 は「これは " 青い " ペンです」をシングルクォーテーションで括った例です。

▼リスト 2-4　シングルクォーテーションで括る例
```
01: let PEN = 'これは"青いペン"です';
02: console.log(PEN);
```

以上のことからわかるように、文字列中に「"」を含む場合は、文字列全体をシングルクォーテーションで括ることで解決することができます。

 文字と数値

ここでは、JavaScript での文字と数値の違いについて学んでいきましょう。
リスト 2-5 は 1 行目も 2 行目も Console パネルに「32」という数字を表示するコードです。

▼リスト 2-5　32 という数字を表示するコード
```
01: console.log(32);
02: console.log("32");
```

実行結果は図 2-3 のとおりで、1 行目のコードも 2 行目のコードも「32」を出力していることに変わりはありません。

▼図 2-3　リスト 2-5 の実行結果

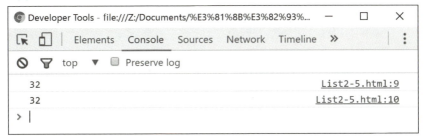

053

それでは**リスト 2-6** のコードではどうでしょうか。

「+」記号は文字通り「足す（加算）」を意味します（+記号については **4 章**で詳しく説明します）。

1 行目は数値の 32 の足し算になるため結果は「64」となりますが、2 行目は文字列の「32」と数値の「32」の足し算になります。足し算に文字列を含む場合は「32」と「32」が連結して、結果は「3232」となります。

このことからもわかるように、同じ数字あっても数値として扱うのか、文字として扱うのかによって結果は異なります（**図 2-4**）。

JavaScript のコードで数字を取り扱う際には、数値として扱いたいのか、文字列として扱いたいのかを意識してコードを書くようにしましょう。

▼リスト 2-6　足し算をする例

```
01: console.log(32 + 32);
02: console.log("32" + 32);
```

▼図 2-4　数値と文字の違い

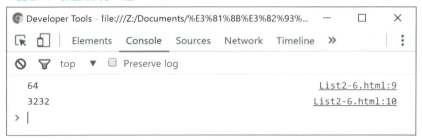

02 命令文を書く際のルール

Keyword ☑ ステートメント ☑ セミコロン ☑ 改行 ☑ スペース

 ## 文末の判断

日本語や英語の文章と同じように、JavaScriptにも文の終わりがあります。

JavaScriptの最小処理単位である文を<u>ステートメント</u>と呼びます。ステートメントの終わりを示すには<u>セミコロン</u>(;) 記号を使用します。

ここまで、いくつかのJavaScriptのコードを見てきましたが、いずれもステートメントの終わりには「;」があります。

これまでの例では、**リスト2-7**のように1行1ステートメントで記述をしていました。**リスト2-8**のように、1行に複数のステートメントを記述することもできます。これを<u>マルチステートメント</u>と呼びます。

▼リスト2-7　複数の命令文の例

```
01: console.log("Hello");
02: console.log("かんたんJavaScript");
```

▼リスト2-8　リスト2-7を1行で記述した例

```
01: console.log("Hello"); console.log("かんたんJavaScript");
```

改行が可能な位置を知っておこう

　日本語で「ある晴れた日の朝」という文は「ある晴れ」で改行し、次の行に「た日の朝」となっていても、日本語がわかる方であれば読み取ることができます。

　しかし JavaScript のコードで、「console.log(" かんたん JavaScript")」を「conso」「le.log(" かんたん JavaScript")」のように改行した場合は、正しく解釈することができずエラーとなってしまいます。JavaScript では改行をできる位置が決まっています（図 2-5）。

▼図 2-5　改行による文の解釈

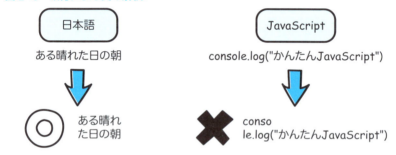

　JavaScript では単語の途中で改行することは許されていません。

　リスト 2-9 に示すように「.」「(」「)」「;」やスペース（空白）といった記号の位置で改行をすることができます。

▼リスト 2-9　改行の例

```
01: console
02: .
03: log(
04: "かんたんJavaScript"
05: )
06: ;
```

空白の位置を知っておこう

JavaScript では、半角の空白を使用してステートメントを見やすくすることができます。

リスト 2-10 にいくつか例を示します。

▼リスト 2-10　空白の使用例

```
01: var hensu1=3;
02: var hensu2 = 3;
03:
04: if(hensu1==3){
05: console.log("値は3です");
06: }
07: if (hensu1 == 3){
08:    console.log("値は3です");
09: }
```

1 行目は変数に数字の 3 を入れる例です。変数については第 3 章で詳しく学びます。ここでは hensu1 という名前が付いたハコに数字の 3 を入れておくとだけ理解してください。このコードでは「var」と「hensu1」の間に半角の空白があるだけで、そのほかには空白はありません。空白はスペースとも呼びます。

スペースは、意味のある単位毎に置くことができるため、2 行目のように「var」「hensu2」「=」「3」の間に空白を置くことができます（図 2-6）。

JavaScript では、HTML ページやダイアログ、Console パネルに表示する文字以外では全角スペースを使用しません。コードを見やすくするために使用する空白はすべて半角で記述します。

続いて 4 行目から 6 行目までのコードを見てみましょう。このコードは if 文といって、条件に応じて実行するコードを切り分けるものです。if 文については 5 章で詳しく学びます。このコードは、hensu1 というハコに 3 が

入っている場合に Console パネルに「値は 3 です」を表示します。

　4 〜 6 行目のコードを、スペースを使用して読みやすくした例が 7 〜 9 行目です。ここでも意味のある単位でスペースを使用しています。8 行目は先頭に 2 個の空白を置いています。スペースを置く数は任意ですので、3 つでも 4 つでも構いません。

▼図 2-6　半角スペースの位置

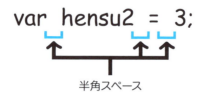

半角スペース

COLUMN

スタイルガイド

　コードを記述する際には、様々な約束事が必要となります。

　このようなときに参考となるのがスタイルガイドです。JavaScript の代表的なスタイルガイドとして、Google が提供する「Google JavaScript Style Guide（https://google.github.io/styleguide/jsguide.html）」があります。

　このガイドでは、変数はどのように宣言すべきか、命名規則はどうすべきかといったことが記されています。英語で記述されていますが、独自で日本語に訳されている方のサイトも数多くあります。チームで開発する際などは参考にしてみることをおすすめします。

1行コメント

JavaScriptのコードは日本語ではないため、あとから見たときに自分が何を書いたのかわからなくなる場合があります。また、**7章**で学ぶ関数のように、まとまった処理を記述している場合は、その内容がどのようなものなのかは、コードを見なければわかりません。

このことを解決するために、多くのプログラミング言語では、コード中に説明書きを入れることができます。この説明書きのことをコメントと呼びます。JavaScriptでもコード中にコメントを入れることができますので、その方法について見ていきましょう。

はじめに**構文 2-1**に示す1行コメントについて説明します。

2-1 1行コメント

```
// ここにコメントを記述
```

1行コメントとは、文字通り1行のコメントを付ける際に使用します。半角のスラッシュを2つ連ねて書いた後にコメントを記述します。1行コメントなので、「//」〜行末までがコメントになります。

コメントはプログラムの実行時に無視されます。よって動作には影響しません。

リスト 2-11 に 1 行コメントの例を示します。

この例では「税率」というコメントを入れています。これにより 2 行目のコードの 1.08 という値は税率を表していることがわかります。

▼リスト 2-11　1 行コメントの例
```
01: // 税率
02: var tax = 1.08;
```

またリスト 2-11 は**リスト 2-12** のようにすることもできます。このようにステートメントの後ろに 1 行コメントを書くこともできます。

▼リスト 2-12　ステートメントの後ろにコメントを付ける例
```
01: var tax = 1.08;  // 税率
```

複数行コメント

JavaScript では 1 行コメントの他に、複数行にわたるコメントを入れることもできます。複数行コメントは**構文 2-2** を使用します。

複数行コメントは「/*」～「*/」の内側であれば、何行でもコメントを入れることができます。

　構　文　2-2　複数行コメント
```
/*
   ここに複数行にわたるコメントを記述
*/
```

複数行コメントの例を**リスト 2-13** に示します。

この例では、JavaScript で作成したコードの機能や作成者、作成日といった情報を複数行コメントで記述しています。

2-03 コメント

▼リスト2-13 複数行コメント例

```
01: /* =================================================
02:     機能：受け取った引数を元に挨拶文を作成する
03:     作成者：HIRO
04:     作成日：2017-04-01
05: ================================================= */
06: function createGreeting(name) {
07:   return name + "さん、こんにちは";
08: }
09: // HIROさんへの挨拶文を作成する
10: var sayHello = createGreeting("HIRO");
```

　コメントはコードの説明をするだけではなく、今後の自分のためにメモ書きとして使用しても構いません。

　リスト2-14に例を示します。TODOやUNDONEなど、コメントに使用する文字をあらかじめ決めておくと良いでしょう。

▼リスト2-14 コメントの活用例

```
01: // TODO：ここにあとで税金を計算するための処理を作成する
02:
03: // UNDONE：以下のコードは未完成。期限2017-05-10
```

2

プログラムを書く際の約束

061

04 予約語と未来予約語

Keyword ☑ 予約語 ☑ 未来予約語

 予約語ってなんだろう

予約語とは、あらかじめJavaScriptの中で使用目的が決められているキーワードのことです。次章以降で学ぶ変数名や関数名は、予約語と同じ名前を付けてはいけないことになっています。予約語には、将来使用されるであろうキーワードも含まれています。ECMAScript 2015では**表2-1**に示すものが予約語（reserved words）となっています。

▼表2-1 ECMAScript 2015の予約語

break	do	in	typeof
case	else	instanceof	var
catch	export	new	void
class	extends	return	while
const	finally	super	with
continue	for	switch	yield
debugger	function	this	default
if	throw	delete	import
try			

本書では詳細な説明は省略しますが、ECMAScript 2015では制限なし（unrestricted）と厳密なモード構文（strict mode syntax and semantics）というものがあります。

厳密なモード構文とした場合には、letやstaticというキーワードも予約語となります。

未来予約語ってなんだろう

次に、将来予約語になる可能性のあるキーワード（未来予約語）を見てみましょう。

表 2-2 に示すものは ECMAScript 2015 では将来の予約語（Future Reserved Words）として定められています。

▼表 2-2　将来の予約語

enum	await	implements	package
protected	interface	private	public

予約語が使用できないことについて、リスト 2-15 で確認しましょう。この例では予約語である「catch」や「enum」を変数として使用しているためエラーになります。

▼リスト 2-15　予約語や未来予約語が使用できないことを確認する例

```
01: // 予約語catchを変数として使用する例
02: var catch = 3;
03: // 未来予約語enumを変数として使用する例
04: var enum = 5;
```

インデントとは何だろう

インデントとは、日本語で「字下げ」と呼びます。

繰り返しや条件分岐（**5章**で説明します）といった処理は、「{」から「}」の中に一連の処理を記述します。この一連の処理が「どこから始まってどこまでなのか」を見やすくするがインデントです。

どのような場面で使用するのかを、コード例で見ていきましょう。

はじめに if 文でインデントを使用しない例を示します（**リスト 2-16**）。

▼リスト 2-16　インデントを使用しない if 文の例

```
01: var gender = "男";
02: var name = "HIRO";
03: var msg = "";
04: // if文で変数genderの値が男かどうかを判断する
05: if (gender == "男") {
06: msg = name + "さんは男です。";
07: } else {
08: msg = name + "さんは男ではありません。";
09: }
```

if 文とは、指定した条件が成り立つときに「{」～「}」の中に書かれたステートメントを実行するためのものです。この「{」～「}」までを**ブロック**と呼びます。

ifの後ろにある ( ) 内には、条件式を書きます。条件が成り立つ場合には最初のブロック内のステートメントを実行し、条件が成り立たない場合にはelseの後ろにあるブロック内のステートメントを実行します。

5〜9行目までがif文です。このコード例のように短いif文であれば { } がどこであるかは数行見ただけで判断することができます。しかし長いif文で、ブロック内のステートメントすべてが左寄せとなっている場合には、ifの後ろの「{」から「}」の部分とelseの後ろの「{」〜「}」がどの部分なのかはすぐには判断が付きません。

リスト2-16のif文をインデントを使用して書き直したコードを以下（**リスト2-17**）に示します。

▼**リスト2-17　インデントを使用したif文の例**

```
01: var gender = "男";
02: var name = "HIRO";
03: var msg = "";
04: // if文で変数genderの値が男かどうかを判断する
05: if (gender == "男") {
06:   msg = name + "さんは男です。";
07: } else {
08:   msg = name + "さんは男ではありません。";
09: }
```

6行目と8行目でインデントを使用しています。インデントされたことによって、その行のステートメントが「{」〜「}」の中にあることをすぐに判断することができます。インデントの箇所がわかれば、その上の行を見て「ここはifの条件が満たされたときに実行する文だな」「ここはelseのときに実行する文だな」と判断することができます。

インデント幅

インデントをするには半角スペースを使用するか、行の先頭で［Tab］キーを押します。

では半角スペースはいくつ入れたらよいのでしょうか。また［Tab］キーは何回押したらよいのでしょうか。

実は特別なルールはなく、プログラマの書き手にゆだねられています。よって半角スペース1個でインデントしても、4個でインデントしても構いません。また、［Tab］スペースを何回押してインデントをしても構いません。

一般的には半角スペースは2個か4個、［Tab］キーなら1回押してインデントを行います。

多くのエディタには［Tab］キーを押したときのインデント幅を半角スペース何個分にするかを設定することができます。

自分一人で開発する際は自由に決めても構いませんが、チームで開発する際はインデント幅のルールはあらかじめ決めておくことをおすすめします。

またブロック内に複数のステートメントがある場合には図2-7に示すようにインデントの位置を揃えるようにしましょう。

▼図2-7　インデントの位置

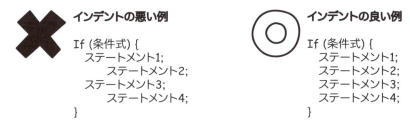

次にインデントの応用例を見てみましょう。

前項で説明したif文は、if文の中にif文を記述することができます。このことを入れ子やネストと呼びます。

入れ子は if の中に if 文のほかに for 文や while 文などの制御構文でも行うことが可能です。

入れ子にした場合はどのようにインデントすればよいのかを見ていきましょう。

リスト 2-18 は、ブロックの中に記述されたステートメントを繰り返し実行することができる for 文を入れ子にした例です。この例ではインデントを使用していません。

▼リスト 2-18　for 文を入れ子にした例（インデントなし）

```
01: for (let i = 0; i < 5; i++) {
02: for (let j = 0; j < 5; j++)
03: var ans = i * j;
04: console.log(ans);
05: }
06: }
```

インデントがないと、if 文の例と同様にどこからどこまでが内側のブロックなのか外側のブロックなのかをすぐに判断することができません。

リスト 2-19 にインデントを使用して書き直した例を示します。

▼リスト 2-19　for 文を使用した例（インデントあり）

```
01: for (let i = 0; i < 5; i++) {
02:   for (let j = 0; j < 5; j++)
03:     var ans = i * j;
04:     console.log(ans);
05:   }
06: }
```

インデントがあることによって、外側の for と内側の for のブロックが明確になりました。コードの意味そのものがわからない場合でも、どこからどこまでをどのように繰り返しているかは判断が付きます。現時点では for 文については学んでいないため、「ブロック内のステートメントを繰り返し処理

する」という点だけを理解してください。

　もう少し詳しくインデントを見てみましょう。

　1行目のfor文のブロック内のインデントは2〜5行目で、それぞれ半角スペース2文字分としています。内側のfor文ではさらにそこから2文字分の半角スペースでインデントをしています。

　このように、入れ子にした先のインデントは、親のインデント位置からさらにインデントをして記述するようにします。

COLUMN

JavaScriptおすすめ開発初環境

　JavaScriptはメモ帳のようなテキストエディタがあれば開発することができますが、キーワードを色付けしたり、コードの補間をしてくれるエディタがあります。このようなエディタを使用することで、より効率的により速く開発を行うことができるようになります。

　以下に、おすすめエディタを紹介します。

・Visual Studio
　Microsoft社の統合開発環境。主にC#やVB.NETでのアプリ開発用として知られていますが、HTMLやJavaScriptのエディタとしても有用です。

・Eclipse
　Eclipseと言えば主にJava開発用の統合開発環境のように思われがちですが、HTML5やJavaScriptにも適した環境です。様々なプラグインで自分好みにカスタマイズが可能です。

命名ルールを決めてコードを見やすくしよう

　JavaScriptでは、変数や関数など任意の名前を付けて作成・使用するものがあります。適当に名前を付けてしまうと、可読性の悪いコードになってしまいます。そこで本節では、どのように命名をしたら見やすいコードになるのか、サンプルコードを見ながら学んでいきましょう。まだ学んでいない変数や関数、クラスが登場します。本節を読み飛ばして後から読み返しても構いません。

スネークケースとキャメルケース

　変数名や関数名が1つの単語で構成される場合は、すべての文字が大文字や小文字で記述されていても読みにくいと感じることは少ないでしょう。
　しかし、複数の単語からなる名前の場合は、切れ目を判断しにくいため可読性が悪くなってしまいます。
　例として「Tax」と「Rate」を連結した場合を考えてみましょう。
　すべてを大文字にした場合は「TAXRATE」、小文字にした場合は「taxrate」となります。2つの単語から構成されていることを知らなければ読みにくい名前となってしまいます。

読みやすくするための工夫として、「スネークケース」や「キャメルケース」というルールで命名する方法があります（**リスト 2-20**）。

スネークケースとは、単語と単語の間を半角のアンダースコア（_）で連結します。文字通り形がヘビ（スネーク）のように見えます。「Tax」「Rate」は「Tax_Rate」となり単語の切れ目がアンダースコアになります。

一方キャメルケースは、スペースを詰めて次の単語の先頭を大文字から記述します。「Tax」「Rate」は「taxRate」となり、形がラクダ（キャメル）のように見えます。

▼**リスト 2-20　キャメルケースとスネークケースの例**

```
01: var Tax_Rate = 1.08;    // スネークケースの例
02: var taxRate = 1.08;     // キャメルケースの例
```

以上のことを踏まえ、次節ではどのように命名をすべきかを見ていきましょう。なお本書で説明する命名ルールは推奨するものであり絶対ではありません。

変数名

JavaScript では、一般的に先頭が小文字のキャメルケースを使用します。
変数名は主に名詞を使用するようにします。
人の名前を管理する変数として「Person」という単語を使用したい場合は、先頭の「P」を小文字の「p」にして、変数名を「person」とします。「Person」と「Name」を組み合わせた変数名にしたい場合は「personName」とします（**リスト 2-21**）。

▼リスト2-21　変数名の例

```
01: var person = "HIRO";       // 1つの単語での変数名の例
02: var personName = "HIRO";   // 複数の単語からなる変数名の例
```

　またハンガリアン記法を組み合わせて変数名を作る場合もあります。

　ハンガリアン記法とは、接頭文字や接尾文字を付けて名前に意味を持たせる方法です。

　例えば、文字だけを格納する変数の場合は、接頭辞として「s」を付けます。この「s」は string（文字）であることを意味します。先ほどの「PersonName」の場合は「sPersonName」のようにします。

　同様にして、論理型（true または false）の値を格納する変数の場合は接頭辞として「b」を付けます。この「b」は Boolean を表します。データを保存したかどうかを true/false の値で管理したい場合は「bSaved」のような変数名を付けます（リスト2-22）。

▼リスト2-22　変数名の例（ハンガリアン記法）

```
01: var sPersonName = "HIRO";  // 先頭のsが文字列であることを示す
02: var bSaved = true;         // 先頭のbが論理型であることを示す
```

　この他に、整数の値を格納したい場合は接頭辞として「i」（Integer の意）を付けます。

　続いて状態を表す変数の命名方法を見ていきましょう。

　状態を表す変数の多くは true または false のいずれかの値を格納します。

　例えば 「isClosed」という変数名を使用してファイルが開かれているかどうかを表すとしましょう。値が true であればファイルが閉じられている状態を、false であれば開いている状態を表すことができます。

　また、現在ブラウザで開いているページから、「前のページに戻れるか」を表す変数名を「canGoBack」とすれば、true が戻れる状態を false が戻れない状態を表します。このように「〜できるかどうか」は「can」との組み合

わせで作ると、可読性が上がります。

「is」や「can」のように状態を表す単語として「has（持っているかどうか）」もあります。「hasData」とすれば「データをもっているかどうか」という意味を表すことができます（**リスト2-23**）。

▼リスト2-23　状態を表す変数名の例

```
01: var isOpened = true;    // isは〜かどうかを表す
02: var canGoBack= true;    // canは〜をできるかどうかを表す
03: var hasData = true;     // hasは〜を持っているかどうかを表す
```

定数

定数は、アプリケーションの中で不変の値を入れておくための一種の変数です。変数と異なり、一般的にはすべて大文字のアルファベットで表します。例えば税を表す定数の名前は「TAX」のようにします。

また複数の単語からなる定数名の場合はスネークケースを使用します。税率を表す定数として「TAX」と「RATE」の単語を使用したい場合は「TAX_RATE」のようにします（**リスト2-24**）。

▼リスト2-24　定数名の例

```
01: const TAX = 1.08;         // 1つの単語での定数名の例
02: const TAX_RATE = 1.08;    // 複数の単語からなる定数名の例
```

関数名

関数は、一連の処理をひとまとめにしたものです。一般的に動詞で名前を

付けます。例えば一連の処理が描画に関するものであれば「draw」のように命名します。名詞も含めて命名したい場合は動詞、名詞の順にして連結をします。四角形を描画するという名前の関数名にしたい場合は「drawRectangle」のようにします（**リスト2-25**）。

▼リスト2-25　関数名の例

```
01: function draw() {
02:    // 描画に関する処理
03: }
04: function drawRectangle() {
05:    // 四角形を描画する処理
06: }
```

　関数名でよく使用する動詞を**表2-3**に示します。もちろんこの表以外の動詞を使用しても構いません。

▼表2-3　関数名で使用する動詞の例

関数名	意味	関数名	意味
add	追加する	execute	実行する
append	追記する	find	探す
begin	始める	get	取得する
can	できる	insert	挿入する
cancel	取り消す	move	移動する
compare	比較する	read	読み取る
convert	変換する	remove	削除する
copy	コピーする	select	選択する
create	作成する	show	表示する
delete	削除する	write	書き込む

この章のまとめ

- JavaScript ではアルファベットの大文字と小文字を厳密に区別します。
- 文字や文字列はダブルクォーテーション（"）やシングルクォーテーション（'）で括って表します。
- ステートメントの終わりを示すには、末尾にセミコロン（;）記号を記述します。
- 半角スペースを使用することでコードを見やすくすることができます。
- 「//」や「/*」〜「*/」でコメントを書くことができます。
- 変数名や関数名などに予約語を使用することができません。
- インデントを使用して、ブロックがどこからどこまでなのかをわかりやすくすることができます。
- 変数名や関数名はある一定のルールで命名するとコードの可読性が上がります。

《章末復習問題》

練習問題 2-1

Consoleパネルに「こんにちは」という文字列を表示してください。

 ヒント

Consoleパネルに文字列を表示するには「console.log("表示したい文字");」とします。

練習問題 2-2

練習問題2-1で作成したコードの上に「挨拶を表示する」というコメントを付けてください。

練習問題 2-3

次のコードをインデントして見やすくしてください。

 ヒント

インデントは { ~ } の中で行います。

```
var hasData = true;

if (hasData) {
console.log("データがあります");
} else {
console.log("データはありません");
}
```

3章

変数

前章では、プログラムを書く際の約束について学習しました。
それを踏まえたうえで、本章ではプログラムを書く際に欠か
せない変数について説明します。
変数の概念と、JavaScriptにおける変数の使い方や種類な
どについて学習しましょう。

変数とは

 変数とは

　中学校や高校の数学で「変数」について学んだことと思います。y = 2 x のような式では、x と y にいろいろな値を当てはめることができます。いろいろな値、つまり、変化する数字が当てはまるので、この x と y は変数と呼びます。

　プログラミングでも、x や y といった名前をつけた変数に、数字や文字列などの値を当てはめます。一般的に「値を入れておくハコ」としてイメージします。

　変数というハコに値を当てはめることにより、プログラム内で値を保存することが可能です。

　変数のイメージを図3-1に示します。変数 x というハコには 1 を、変数 y には文字列の「あいう」を保存しています。

▼図3-1 変数とは

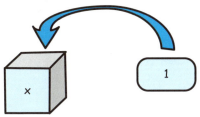

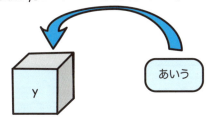

 ## 変数の役割

　プログラムを書くときに、長い文字列や、同じ数値を何度も繰り返し使う場合があります。しかし、何度も同じデータを記述するのは大変ですし、書く回数が増える場合にはタイプミスをすることもあるでしょう。

　例えば、「JavaScriptの勉強をしましょう。」という文を3回表示するプログラムを図3-2で考えてみましょう。

▼図3-2　プログラムイメージ（変数を使用しない場合）

```
「JavaScriptの勉強をしましょう。」を表示
「JavaScriptの勉強をしましょう。」を表示
「JavaScriptの勉強をしましょう。」を表示
```

では「JavaScriptの勉強をしましょう。」という文字列を変数に格納した場合はどうでしょうか（**図3-3**）。1行目で文字列を変数に格納したあとは「変数xを表示」という命令を実行することで、「JavaScriptの勉強をしましょう」という文字を表示できるようになります。このように変数を使用することで、値を再利用することができるようになります。

▼図3-3　プログラムイメージ（変数を使用した場合）

```
変数xに「JavaScriptの勉強をしましょう。」を格納する
変数xを表示
変数xを表示
変数xを表示
```

　図3-2のように変数を使用しない場合は、「JavaScriptの勉強をしましょう。」という長い文字列を何度も書いているため、プログラムの量も多くなります。しかし、変数を使用した場合は、最初に「JavaScriptの勉強をしましょう。」という長い文字列を変数xに当てはめています。以降は変数xを使用すれば良いので、長い文字列を何度も書く手間が省けていることがわかります。また、プログラムも簡素化して見やすくなります。

　プログラムの修正が容易になるという利点もあります。「JavaScriptの勉強をしましょう。」という文字列を「JavaScriptの勉強をする！」という文字列に変更するとします。図3-2のように変数を使用しない場合は、文字列を出力している3行を修正しなければいけません。しかし、図3-3のように変数を使用した場合は、変数に文字列を格納する最初の1行を修正するだけで済みます。

代入とは

　図3-3のように、変数に値を格納することを「**代入**」と呼びます。この場合は、変数xに文字を代入する、と呼びます。**リスト3-1**に代入をするコードの例を示します。

▼リスト3-1　代入の例

```
01: x = " JavaScriptの勉強をしましょう。"
```

　「=」に注目してください。数学での「=」は左辺と右辺が等しいことを意味しますが、JavaScriptの「=」は右辺の値を左辺の変数へ代入することを意味します。代入のイメージを**図3-4**に示します。

▼図3-4　代入のイメージ

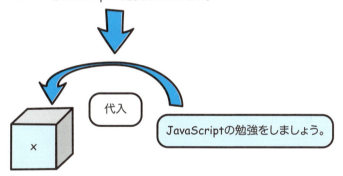

　リスト3-1では、変数に一つ（一文）の文字列を代入しましたが、計算をして結果を代入することも可能です。例として、変数yに計算式"1+2"を代入する場合を考えます。1+2=3ですので、変数yには結果として3が代入されることになります。**リスト3-2**にプログラムを、**図3-5**にイメージを示します。

▼リスト3-2　計算式の代入のコード例

```
01: y = 1 + 2;
```

▼図3-5　計算式の代入のイメージ

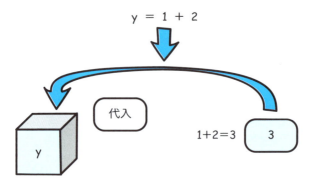

　代入は同じ変数に対して何度も行うことも可能です（再代入）。変数は代入される度に値が上書きされますので、最後に代入された値を保持します。例として、変数zに1を代入し、次に同じく変数zに2を代入する場合を考えてみましょう。変数zに最後に代入された値は2なので、変数zには結果として2が格納されることになります。**リスト3-3**にコード例を、**図3-6**にイメージを示します。

▼リスト3-3　再代入のコード例

```
01: z = 1;
02: z = 2;
```

▼図 3-6　再代入のイメージ

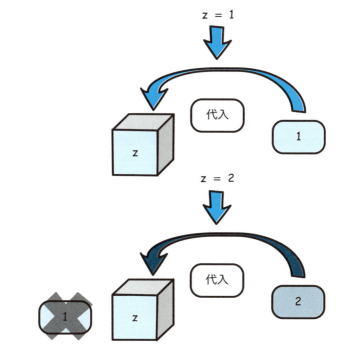

zの元の値である1は消えます

Keyword ☑宣言 ☑初期化 ☑var ☑let

 変数の宣言とは

　前節で、変数に値を代入して使用できることを学びました。変数を使用するには、はじめに「変数名」を宣言しなければいけません。宣言とは「これからこの変数を使用します」ということを示すものです。また、変数名とは、変数（ハコ）に付ける名前のことです。プログラムでは多くの値を使用するので、それぞれの値を格納する変数が必要です。その変数一つ一つを識別するために付ける名称が変数名になります。

 変数の宣言の構文を理解しよう

　変数を宣言するには、**構文 3-1** に示すように var キーワードの後ろに変数名を記述します。

 3-1 変数の宣言

```
var 変数名 ;
```

　変数を宣言しただけでは、ハコができただけで、中身が空の状態です。よって、空のハコに値を代入する必要があります。変数への値の代入は**構文**

3-2 を使用します。

構文　3-2　値の代入

変数名 = 値;

リスト3-4に変数を宣言し、値を代入するコードの例を示します。

▼リスト3-4　変数の宣言と値を代入するコードの例

```
01: var x;
02: x = 1;
```

リスト3-4のプログラムでは、構文3-1を用いて変数xを使用しますという宣言をし、構文3-2を用いてxに1を代入しています。

変数の宣言と値と代入は、**構文3-3**を使用して同時に行うことも可能です。このように変数の宣言と同時に値を代入することを変数の初期化と呼びます。

構文　3-3　変数の初期化

var 変数名 = 値;

リスト3-5に変数の初期化をするコードの例を示します。

▼リスト3-5　変数の初期化をするコードの例

```
01: var x = 1;
```

リスト3-5のプログラムは、初期値が1である変数xを使用しますという宣言をしています。初期値とは、初期化するときに代入した値のことを呼びます。リスト3-4とリスト3-5はプログラムの書き方は異なりますが、同じ処理を行うプログラムです。

複数の変数を使用したい場合は、**リスト3-6**のように書くこともできます。

▼リスト3-6　複数の変数を宣言するコード例

```
01: var x, y, z;
02: x = 1;
03: y = 2;
04: z = 3;
```

リスト3-6のプログラムは、1行目で複数の変数をまとめて宣言し、2行目以降で変数を一つずつ初期化します。リスト3-6は、**リスト3-7**に示すように複数の変数の宣言と初期化をまとめて行うことも可能です。

▼リスト3-7　複数の変数の宣言と初期化をするコード例

```
01: var x = 1, y = 2, z = 3;
```

リスト3-6、リスト3-7のような書き方を説明しましたが、一般的に使用されているのは、構文3-3を使用した書き方です。

● **初期化をしないとどうなる？**

これまでのプログラムの例では、どの場合も値を代入しています。何故なら初期化を忘れると、プログラムでエラーが発生する可能性があるからです。例えば、「y = x + 1」という計算式があります。変数xに1が代入してある場合、yは2になります。

では、変数xを初期化していない場合、変数yはいくつになるでしょうか。変数xは空（0とは異なります）であるため、空に1を足す計算はできません。つまりプログラムでは変数xの値が決まっていないと変数yの答えを求められないためエラーとなります。ですので、初期化は忘れずに行いましょう。

リスト3-8に初期化をしない場合のコード例を示します。この例では1行目で変数xを宣言していますが、値を代入しないまま2行目で計算を行

っています。結果として変数 y には数値が未定義であることを表す「NaN」が代入されます（図 3-7）。

▼リスト 3-8　初期化をしない場合のコード例

```
01: var x; // 変数xを宣言。初期化無し
02: var y = x + 1; // 変数yを宣言
03:
04: console.log(x); // undefined（未定義）を表示
05: console.log(y); // NaN（数値の未定義）を表示
06:
07: var x = 1; // 変数xを宣言。1で初期化
08: var y = x + 1; // 変数yを宣言
09:
10: console.log(x); // 1を表示
11: console.log(y); // 2を表示
```

▼図 3-7　リスト 3-8 の実行結果

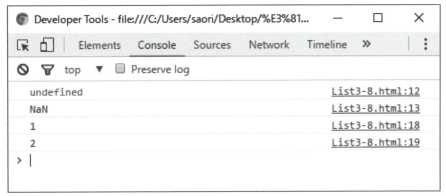

let とは

変数の宣言では var キーワードを使用するということについて学びましたが、let というキーワードを使用して宣言をする方法もあります。

let を使用するためには、JavaScript におけるスコープという概念を理解

しておく必要があります。変数は使用できる範囲があり、この範囲のことをスコープと呼びます（詳しくは「7-02 変数のスコープ」で学びます）。変数を var で宣言するか、let で宣言するかにより、変数の有効範囲が変わってきます。変数は不正な使用を避けるためにも、なるべく狭い範囲で使用するべきです。var より let のほうが狭い範囲で使用されます。

 ## let の構文を理解しよう

let キーワードを使用して変数を宣言する方法を**構文 3-4** に示します（構文 3-1 と構文 3-2 のように、変数の宣言と初期化をそれぞれ行うことも可能です）。

 3-4　let キーワードを使用した変数の宣言

```
let 変数名 = 値;
```

構文 3-3 と比較して、キーワードが var か let かが異なるだけで、書き方は同じであることがわかります。

 ## let の例を見てみよう

let を使用したサンプルコードを**リスト 3-9** に示します。リスト 3-9 の中で使用している if 文については「5-01 if 文」で学びます。

▼リスト 3-9　let キーワードを使用したプログラム例

```
01: var x = 1;
02:
03: if (true) {
04:   let x = 2;
05:   console.log(x);  // 2を表示
06: }
07:
08: console.log(x);    //1を表示
```

 実行結果を見てみよう

リスト 3-9 の 5 行目では 2 を、8 行目では 1 を表示します（図 3-8）。

▼図 3-8　リスト 3-9 の実行結果

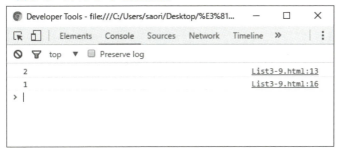

　リスト 3-9 の 1 行目では、var を用いて変数 x を宣言しています。4 行目では let を用いて変数 x を宣言しています。3 行目と 6 行目の括弧で括られた部分に注目してください。let の変数 x を宣言しています。この場合、括弧で括られている中のみが let の変数 x の有効範囲となります。ですので、5 行目で表示されるのは、let の変数 x に代入した 2 となります（正確には 1 行目で宣言した x も 3 〜 6 行目で有効範囲にありますが、4 行目で宣言した x が優先されます。「7-02 変数のスコープ」で学習します）。

　8 行目で表示されるのは、1 となります。8 行目は括弧の外にあるので、

letの変数xは有効範囲外となります。よって、1行目で宣言したvarの変数xの値である1が表示されます。

リスト3-9のように、letが活きてくるのは、括弧（後述のブロックスコープに相当します）を使用しているプログラムです（詳しくは**7章**で学びます）。

● letを使用する上での注意点

letを使用する場合、再宣言ができないという点に注意しなければいけません。**リスト3-10**のコード例を使用して説明します（**図3-9**）。

▼リスト3-10　letキーワードの再宣言のプログラム例

```
01: var x = 1;
02: var x = 2;
03:
04: if (true){
05:   let y = 3;
06:   let y = 4; // エラー
07: }
08: let y = 5;
09:
10: console.log(x); //2を表示
```

▼図3-9　リスト3-10の実行結果

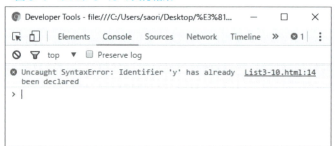

リスト3-10では、1行目でvarを使用して初期値1の変数xを宣言しています。2行目でも、同じくvarを使用して初期値2の変数xを宣言しています。このように同じ変数名を使用して、変数の宣言をすることを再宣言と

呼びます。varで宣言した変数は、再宣言が可能です。一方、5行目でlet
を使用して変数yを宣言し、6行目でもletを使用して変数yを再宣言して
いますが、letで宣言した変数は再宣言が出来ませんのでエラーとなります。

　リスト3-10でエラーとなった6行目をコメントアウト（その行をコメン
トにすること）して、もう一度プログラムを実行してみましょう（**リスト
3-11**）。8行目のように最初の変数の宣言（5行目）の括弧の範囲外であれ
ばエラーにはなりません（**図3-10**）。

▼リスト3-11　letキーワードの再宣言のプログラム例（再実行）

```
01: var x = 1;
02: var x = 2;
03:
04: if (true){
05:    let y = 3;
06:    //let y = 4;   // エラーとなる部分をコメントアウト
07: }
08: let y = 5;
09:
10: console.log(x);  //2を表示
```

▼図3-10　リスト3-11の実行結果

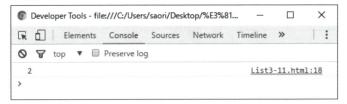

 グローバル変数とは

　変数には種類があり、ローカル変数と グローバル変数 に分けられます。ロ
ーカル変数はこれまで説明したものに該当します。ローカル変数は宣言した

スコープ内で有効ですが、グローバル変数はプログラム全体で有効となります。グローバル変数を宣言する構文は、ローカル変数と同様です。

グローバル変数のイメージを図3-11に示します。図の中にある「関数」については7章で学習します。ここでは、プログラム内の小さなスコープとイメージしてください。

▼図3-11　グローバル変数のイメージ

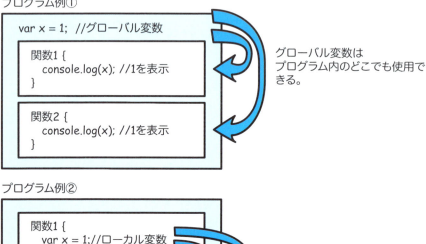

これまで、変数を宣言するときはvarまたはletを使用すると説明しましたが、これらを省略して変数を宣言することも可能です。その場合はグローバル変数として扱われます。図3-11のプログラム例②で、関数1のローカル変数の宣言でvarを使用せず「x = 1;」と書いた場合、変数xはグローバル変数となります。

グローバル変数はプログラム内のどこからでも使用できる反面、バグの温床となる可能性があります。変数を宣言する場合はグローバル変数ならばプログラムの最初に var を使用して宣言、ローカル変数の場合は適した場所で var または let を使用して宣言することを推奨します。

● 変数名に使用できる文字

変数には、任意の名前を付けることができます。この章では変数名の例として x や y という意味の無い名前を使用してきましたが、実際にコードを書くときは意味のある変数名を付けるべきです。「2-01 文字の区別」で学習したように、JavaScript では英字の大文字と小文字を区別しますし、数値や記号も含めて、様々な名前を付けることができます。どのような値が格納されているかわかるように変数名を付けるようにしましょう。名前の付け方にはルールがありますので学んでいきましょう。

- ・使用できる文字は、英字（大文字／小文字）、数字、アンダースコア（_）です
- ・先頭文字には数字は使用できません
- ・予約語は変数名として使用できません

予約語については「2-04 予約語と未来予約語」で学習済みです。**図3-12**に、変数名の例を示します。

▼図3-12　変数名の例

```
使用できる変数名

hensu_1
Dai3syo
LET（予約語であるletとは区別されるので使用できますが, 紛らわしいの
　　で予約語と同単語の使用は推奨しません）
```

```
使用できない変数名

hensu!（使用できない記号が含まれているため）
3syo（先頭文字が数字のため）
let（予約語であるため）
```

定数とは

Keyword ☑ 定数 ☑ const

 定数とは

　ここまで変数について学習してきました。変数とは再代入が可能であり、値が変更し得るものでした。「2-06 命名ルール」でも学習しましたが、変数とは別に、値の変更ができない定数というものがあります。

　定数は最初に値を入れた後、別の値を代入しようとした場合にエラーとなります。つまり、定数とは「固定値をいれておくハコ」のことです。

 定数の構文を見てみよう

　構文 3-5 に定数を宣言する構文を示します。

 構文　構文 3-5　定数の宣言

```
const 変数名 = 値;
```

　変数の宣言では「var」「let」といったキーワードを使用しましたが、定数の宣言では「const」キーワードを使用します。変数の宣言と比較し、最初のキーワードが異なるだけで、他は変わらないことがわかります。また、定数は再代入も再宣言もできません。

▼リスト3-12　定数の宣言をするコード例

```
01: const teisu = 1;
02: teisu = 2;          //再代入はエラーとなる
03: const teisu = 3;    //再宣言はエラーとなる
```

定数の例を見てみよう

　定数を使用すべき場面は、固定値を使いたい時です。例えば、消費税や円周率など、値が決まっているものを使用する場合に適しています。**リスト3-13**に、100円（税抜）のペンと200円（税抜）のノートの税込金額を表示するプログラム例を示します。

▼リスト3-13　税込金額を表示するプログラム例

```
01: const TAX = 1.08;  // 税込金額
02:
03: var pen = 100;      // ペン
04: var note = 200;     //ノート
05:
06: // "ペンの税込金額：108円" と表示される
07: console.log("ペンの税込金額：" + pen * TAX + "円");
08: // "ノートの税込金額：216円" と表示される
09: console.log("ノートの税込金額：" + note * TAX + "円");
```

実行結果を見てみよう

　リスト3-13の7行目では、100円のペンの税込金額108円を表示します。また、9行目では200円のノートの税込金額216円を表示します（**図3-13**）。

▼図 3-13　リスト 3-13 の実行結果

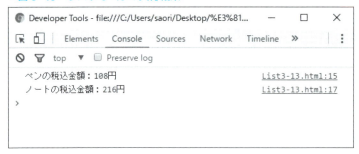

　ペンやノートはその種類により値段が変動しますが、消費税は決まった値です。法改正があれば変わる可能性もありますが、滅多にあることではありません。このように、変数と定数を使い分けることができます。

　定数のメリットについて考えてみましょう。リスト 3-13 のプログラムで税込金額は定数 TAX を使わずに 1.08 と書くとします。7 行目と 9 行目の TAX も 1.08 と書かれますので、もし消費税が上がった場合はこの 2 行も修正しなければいけません。この例ではペンとノートの 2 つのみの修正です。これが数十、数百もの数があるとしたら、法改正がある度に 1.08 と書かれているすべての部分を修正する必要があります。定数を使用している場合は、定数の値を書き換えるだけです。このため、入力する労力が少なく修正も容易です。これは変数の役割で説明したことと同じ考え方です。

データ型とは

ここまでで、変数に数値や文字列などの値を代入できることを学習しました。この"数値"や"文字列"のように、値の種類のことをデータ型と呼びます。ECMAScript 2015では、以下の7つのデータ型があります。

- Number
- String
- Boolean
- null
- undefined
- Object
- Array

これらの型について一つずつ学習していきます。ObjectとArrayは詳しくは9章で学びますので、そちらを参照してください。

Number型の例を見てみよう

Number型とは、数値型のことです。Number型の変数には、整数や小数などの数値を代入することができます。

Number型の変数を宣言する例をリスト3-14に示します。

▼リスト3-14　Number型の変数を宣言する例

```
01: var seisu = 5; // 整数
02: var syousu = 0.08; // 小数
03: var minus = -1234567890; // 負の数
04:
05: console.log(seisu); // 5を表示
06: console.log(syousu); // 0.08を表示
07: console.log(minus); // -1234567890を表示
```

● 実行結果を見てみよう

リスト3-14の5行目では5を、6行目では0.08を、7行目では-1234567890を表示します（図3-14）。

▼図3-14　リスト3-14の実行結果

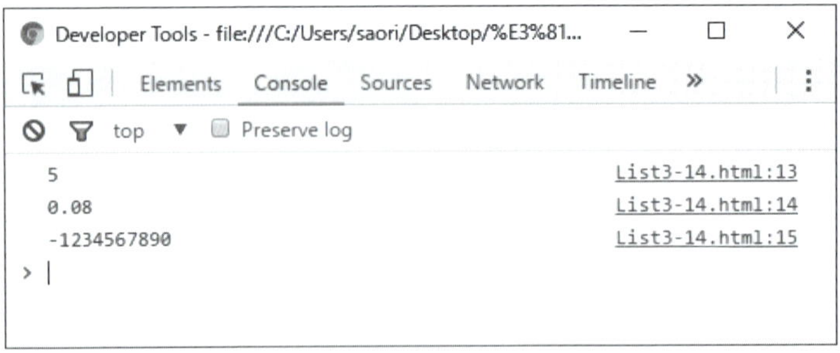

String 型の例を見てみよう

String 型とは、文字列型のことです。String 型の変数には、1 文字だけの文字や、複数文字から成る文字列を代入することができます。

String 型の変数を宣言する例を**リスト 3-15** に示します。

▼リスト 3-15 　String 型の変数を宣言する例

```
01: var moji = " a "; // 1文字
02: var mojiretu = "あいうえお"; // 文字列
03: var moji_suuji = " 123 "; // 数字
04:
05: console.log(moji); // aを表示
06: console.log(mojiretu); // あいうえおを表示
07: console.log(moji_suuji); // 123を表示
```

● 実行結果を見てみよう

リスト 3-15 の 5 行目では "a" を、6 行目では " あいうえお " を、7 行目では "123" を表示します（**図 3-15**）。

▼図 3-15 　リスト 3-15 の実行結果

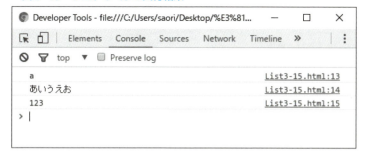

Boolean 型の例を見てみよう

Boolean 型とは、真偽型とも呼ばれます。Boolean 型で取り扱う値は、true（真）と false（偽）の 2 つのみです。

Boolean 値は、Number 型や String 型とは異なり、if 文などの条件判断で使用されます。if 文とは、条件が true（真）であれば A の処理を、条件が false（偽）であれば B の処理を、というように条件の真偽で分岐処理を行います。if 文は「5-01 if 文」で学習しますので、そちらを参照してください。

Boolean 型の変数を使用する例を**リスト 3-16** に示します。コインを投げて、表か裏か当てるゲームがあるとします。Boolean 型の変数（リスト 3-16 の omote）の値により、「表です。」または「裏です。」と表示するプログラムです。1 行目で omote に true を代入しているので、このプログラムでは「表です。」と表示します。

▼リスト 3-16　Boolean 型の変数を使用する例

```
01: var omote = true; // 表がtrue（真）とする
02: if (omote) {
03:   // omoteがtrue（真）の場合に表示する
04:   console.log("表です。");
05: } else {
06:   // omoteがfalse（偽）の場合に表示する
07:   console.log("裏です。");
08: }
```

● 実行結果を見てみよう

リスト 3-16 の 4 行目を実行し、" 表です。" を表示します（**図 3-16**）。

▼図3-16　リスト3-16の実行結果

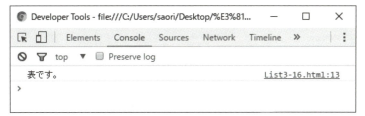

 ## null型の例を見てみよう

　null型は、"null"という値のみを扱います。nullとはJavaScriptで予約語として用意されているので、変数名として使用することはできません。

　nullは"値がありません"ということを明示的に扱うための値です。例えば、変数の値を消去したい時にnullを代入すれば、値の無い変数となります。また、エラーなどの何らかの事情で変数に値が入っていない場合にnullが返されることもあります。nullを代入する例を**リスト3-17**に示します。

▼リスト3-17　nullを代入する例

```
01: var x = 1;
02: console.log(x); // 1を表示
03:
04: x = null;
05: console.log(x); // nullを表示
```

● 実行結果を見てみよう

　リスト3-17の2行目では1を、5行目ではnullを表示します（図3-17）。

▼図3-17　リスト3-17の実行結果

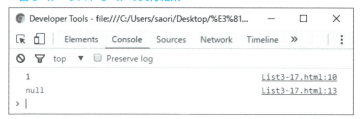

 # undefined型の例を見てみよう

undefined型は、未定義型と呼ばれます。変数を宣言したけれど、初期化をしていない場合など、変数の値が定義されていないときに返される型です。

if文で、変数に値が代入されているか判定する場合に使用することも可能です。

undefinedを使用する例をリスト3-18に示します。4行目のように、if文で使用することもできます。リスト3-18では、xは未定義なので、「xは未定義です」と出力します。

▼リスト3-18　undefinedを使用する例

```
01: var x;
02: console.log(x); // undefinedを表示
03:
04: if (x == undefined) {
05:    // xが未定義の場合に表示する
06:    console.log("xは未定義です");
07: } else {
08:    // xが代入済みの場合に表示する
09:    console.log("xは値があります");
10: }
```

● **実行結果を見てみよう**

リスト 3-18 では変数 x の値が定義されていないので、2 行目では undefined を表示します。また、6 行目を実行し、"x は未定義です " を表示します（図 3-18）。

▼図 3-18　リスト 3-18 の実行結果

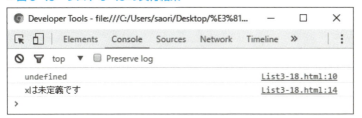

動的型付け言語の例を見てみよう

ここまでそれぞれのデータ型について学習しましたが、JavaScript は動的型付け言語なので、他のプログラムのように変数の宣言時に型を意識する必要はありません。動的型付けとは、変数に値を代入した時点で、データの型が自動で判断されることです。

例として、リスト 3-19 を見てみましょう。

▼リスト 3-19　異なる型で再代入する例

```
01: var num = 3;          // 数値を代入
02: num = "こんにちは";    // 文字列を代入
```

1 行目では、変数 num に数値の 3 を代入しているので、自動で Number 型と判断されます。次に 2 行目では " こんにちは " の文字列を代入します。1 行目で Number 型と判断された変数 num は、2 行目で文字列を代入されたので String 型と判断し、String 型の変数となります。このように、JavaScript では代入された値の型を自動で判定してくれるのです。

JavaScriptにはtypeof演算子というものがあり、変数の型を文字列で取得することが可能です。**リスト3-20**に例を挙げます。

▼リスト3-20　typeof演算子を用いた例

```
01: var x;
02: console.log(typeof x); // undefinedを表示
03: x=10;
04: console.log(typeof x); // numberを表示
05: x= "こんにちは";
06: console.log(typeof x); // stringを表示
07: x=false;
08: console.log(typeof x); // booleanを表示
```

● 実行結果を見てみよう

リスト3-20の2行目では、変数xの値が定義されていないのでundefinedを表示します。4行目では変数xは数値の10なのでnumberを、6行目では変数xは文字列の"こんにちは"なのでstringを、8行目では変数xはfalseなのでbooleanを表示します（**図3-19**）。

▼図3-19　リスト3-20の実行結果

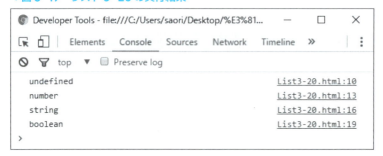

この章のまとめ

- 変数とは、値を入れておくハコであり、プログラム内で値を保存しておくことが可能です。

- 変数を使用する場合は、宣言してから使用します。

- 変数は忘れずに初期化してください。

- 定数とは、固定値を入れておくハコです。

- 変数（定数）を宣言するときは「var」「let」「const」キーワードが使用可能です。

- JavaScriptは動的型付け言語ですので、代入した値によりデータ型を自動判定します。

《章末復習問題》

練習問題 3-1

変数名「rensyu」、初期値「練習」である変数を宣言してください。

練習問題 3-2

練習問題 3-1 で宣言した変数「rensyu」のデータ型は何でしょうか。

練習問題 3-3

円周率を変数（定数）として宣言をしてください。但し、円周率の値は
3.14 とします。

4章

演算子

プログラムを書くうえで、値の計算や比較は欠かすことができません。その時に使用する記号が演算子です。
JavaScriptで使用できる演算子にはいくつか種類がありますので、本章で学習しましょう。

演算子とは

プログラムの中で行う計算のことを演算と呼びます。これまでの学習で x = 1 というような式では、代入を表すのに「=」の記号を使用しました。また、x + y という式では、値の加算に「+」記号を使用しました。

「=」や「+」など、演算に使用する記号のことを「**演算子（オペレータ）**」と呼びます。また、x や y など、演算に使用する値のことを「**オペランド**」と呼びます。

代入で使用する「=」は代入演算子、「+」のように四則演算で使用する演算子を算術演算子と呼びます。また、変数のことを変数オペランド、直接記述する値を定数オペランドと呼びます（図 4-1）。

▼図 4-1　演算子（オペレータ）とオペランド

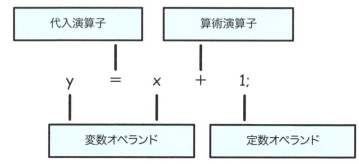

JavaScriptで使用可能な演算子の種類を**表4-1**に示します。これらの中でも、重要な演算子について詳しく学んで行きましょう。

▼表4-1 演算子の種類

演算子の種類	説明
算術演算子	数値を使用した計算をします
代入演算子	値を変数に代入します
ビットシフト演算子	ビットの計算をします
比較演算子	値の比較をします
論理演算子	論理演算をします
連結演算子	文字列同士を結合します
三項演算子	条件に対し、二択の結果を求めます
コンマ演算子	複数の演算対象を評価し、最後のオペランドを返します
単項演算子	オペランドに対して演算子の処理をします
関係演算子	オペランドの関係を比較します

演算子の優先順位

本章で学習する演算子の優先順位を**図4-2**に示します。

▼図4-2 演算子の優先順位

優先順位	演算子
高 ↑ ↓ 低	論理演算子の!
	算術演算子(+、-より*、/、%の方が優先順位は高い)
	ビットシフト演算子
	比較演算子(==、!=、===、!==より<、>、<=、>=の方が優先順位は高い)
	論理演算子の&&、||(||より&&の方が優先順位は高い)
	代入演算子

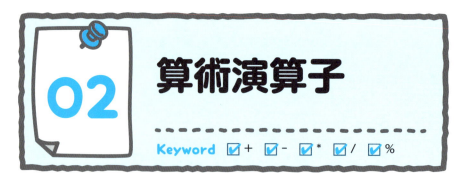

算術演算子とは

算術演算子は、四則演算（加算、減算、乗算、除算）をする際に使用する演算子です。表4-2に算術演算子の種類を示します。

▼表4-2　算術演算子の種類

種類	説明
+	加算します
-	減算します
*	乗算します
/	除算します
%	剰余を計算します

算術演算子の例を見てみよう

算術演算子の使用例を見てみましょう（リスト4-1）。

▼リスト4-1　算術演算子を使用したプログラム例

```
01: var x = 7;
02: var y = 3;
03:
04: console.log(x + y); // 加算
```

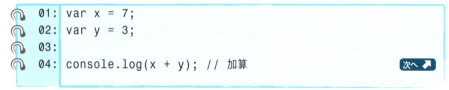

```
05: console.log(x - y); // 減算
06: console.log(x * y); // 乗算
07: console.log(x / y); // 除算
08: console.log(x % y); // 剰余
```

実行結果を見てみよう

リスト4-1の1、2行目で、xには7、yには3を代入しています（図4-3）。

4行目の実行結果は、「7 + 3」=10を表示します。

5行目の実行結果は、「7 - 3」=4を表示します。

6行目の実行結果は、「7 * 3」=21を表示します。

7行目の実行結果は、「7 / 3」=2.333…を表示します。

8行目の実行結果は、「7 % 3」=1を表示します。

▼図4-3 リスト4-1の実行結果

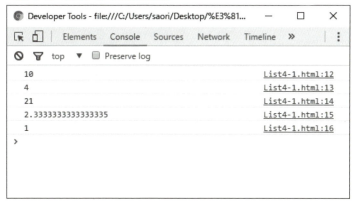

ここで、算術演算子の優先順位について説明します。

プログラムは、基本的に左から右へ計算をしていきますが、複数の算術演算子を使用した計算をする場合は、優先順位に従って演算を行います。算術

4章 演算子

演算子の優先順位を**図4-4**に示します。

▼**図4-4 算術演算子の優先順位**

優先順位	算術演算子
高	*、/、%
低	+、-

　演算の順位を変更したい場合には、丸括弧記号「( )」を使用します。丸括弧で括られた範囲は、優先して計算が行われます。複数の丸括弧を入れ子で使用することも可能で、その場合は一番内側の括弧の計算が最優先されます。

　丸括弧によって優先順位を付けたプログラム例を、**リスト4-2**に示します。

▼**リスト4-2 算術演算子の優先順位を意識したプログラム例**

```
01: console.log(1 + 2 * 3)
02: console.log(9 / (1 + 2) * 3);
03: console.log(9 / ((1 + 2) * 3));
```

　1行目のプログラムは、演算子「+」「*」があります。「*」は「+」より優先順位が高いため、「2 * 3」=6を始めに計算します。次に、「1 + 6」を計算するので、答えは7となります。

　2行目のプログラムは、「(1 + 2)」=3が丸括弧で括られているため、始めに計算します。次に、「9 / 3 * 3」を計算しますが、「/」「*」は優先順位が同じです。その場合は左から順番に計算するので、答えは9となります。

　3行目のプログラムは、「(1 + 2)」=3が一番内側の丸括弧で括られているため、始めに計算します。次に、外側の丸括弧で括られている「3 * 3」=9を計算します。最後に、「9 / 9」を計算するので、答えは1となります（**図4-5**）。

112

▼図4-5　リスト4-2の実行結果

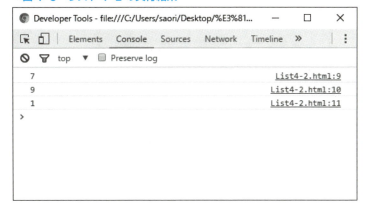

代入演算子とは

　値を代入する際に使用する演算子を代入演算子と呼びます。3章で代入について学習しましたが、その時に使用していた「=」がこの代入演算子となります。

　また、「=」の他にも表4-3に示す演算子があります。

▼表4-3　代入演算子の種類

種類	説明
=	右辺の値を左辺に代入します
+=	左辺と右辺の加算結果を、左辺に代入します
-=	左辺と右辺の減算結果を、左辺に代入します
*=	左辺と右辺の乗算結果を、左辺に代入します
/=	左辺と右辺の除算結果を、左辺に代入します
%=	左辺と右辺の除算による剰余を、左辺に代入します
**=	左辺と右辺のべき乗した結果を、左辺に代入します
<<=	左辺と右辺の左シフト結果を、左辺に代入します
>>=	左辺と右辺の右シフト結果を、左辺に代入します
>>>=	左辺と右辺の符号なし右シフト結果を、左辺に代入します
&=	左辺と右辺の論理積を、左辺に代入します
^=	左辺と右辺の排他論理和を、左辺に代入します
|=	左辺と右辺の論理和を、左辺に代入します

　「=」以外の代入演算子は、その他の演算子と「=」を組み合わせであることがわかります。例えば、「x+=1」という式は、左辺（x）と右辺（1）の加算

結果（x+1）を、左辺（x）に代入します。つまり「x+=1」は「x=x+1」と同意です（図4-6）。

このように、「＝」以外の代入演算子は、左辺と右辺を演算した結果を、左辺へ代入しているだけです。これらの演算子を使用すると、簡潔なプログラムを書くことができます。

▼図4-6　代入演算子「+=」とは

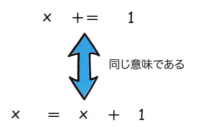

 ## 代入演算子の例を見てみよう

代入演算子の中で、算術演算子を使用するプログラム例をリスト4-3に示します。プログラム例では示していませんが、ビットシフトや論理演算の代入演算子も、左辺と右辺の演算結果を左辺の変数へ代入します。

▼リスト4-3　代入演算子を使用したプログラム例

```
01: var x = 10;
02:
03: x += 1; // 10 + 1をxに代入
04: console.log(x); // 11を表示
05:
06: x -= 5; // 11 - 5をxに代入
07: console.log(x); // 6を表示
08:
09: x *= 2; // 6 × 2をxに代入
10: console.log(x); // 12を表示
11:
```

```
12: x /= 3;  // 12 ÷ 3をxに代入
13: console.log(x);  // 4を表示
14:
15: x %= 3;  // 4 ÷ 3の剰余をxに代入
16: console.log(x);  // 1を表示
```

 ## 実行結果を見てみよう

リスト4-3の1行目で、xに10を代入しています。

3行目で「10 + 1」=11をxに代入しているので、4行目の実行結果は11を表示します。

6行目で「11 - 5」=6をxに代入しているので、7行目の実行結果は6を表示します。

9行目で「6 * 2」=12をxに代入しているので、10行目の実行結果は12を表示します。

12行目で「12 / 3」=4をxに代入しているので、13行目の実行結果は4を表示します。

15行目で「4 % 3」=1をxに代入しているので、16行目の実行結果は1を表示します（図4-7）。

▼図4-7　リスト4-3の実行結果

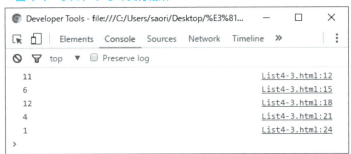

ビットシフト演算子とは

　ビットとは、コンピューターの最も基本となる単位です。ビットは2進数の1桁分のデータ量で、1ビットは「0」または「1」の2通りの値を扱います（図4-8）。

▼図4-8　ビットとは

```
2進数    0101010[1]
              └─ 1桁分が1ビット。
                 「0」または「1」の値である。
```

　1ビットでは「0」か「1」の数字を表せます。2ビットは（「0」か「1」）×2桁分、つまり2×2＝4通りですので、「0」～「3」までの数字を表せます。同様に3ビットは2×2×2＝8通り、「0」～「7」までの数字を表せます。

　コンピューターを扱ううえでバイトという単位をよく使いますが、1バイトとは8ビットです。8ビットは2^8＝256通り、「0」～「255」までの数字を表せます。

　JavaScriptで数字を扱う場合、大抵は10進数で表わしますが、ビット演算を行う場合には2進数で演算を行う必要があります。例えば、10進数の

「5」を2進数で表わすと「101」ですので、ビット演算する場合は「101」に対して演算します。

　ビットシフト演算子は、文字通りビットのシフト演算をする際に使用します。例として、10進数の「5」、つまり2進数の「00000101」を左に2ビットシフトする場合を考えます。2ビットシフトするとは、ビットの並びを2桁分ずらすことを表します。「00000101」を左に2桁分ずらすと「00010100」となります。シフトしたことで右端の空いた桁は0で埋めます。2進数「00010100」を10進数で表わすと「20」です。つまり、10進数の「5」を左に2ビットシフトすると「20」になります（図4-9）。

▼図4-9　ビットシフト演算のイメージ

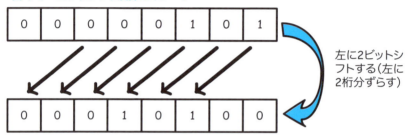

表4-4にビットシフト演算子の種類を示します。

▼表4-4　ビットシフト演算子の種類

種類	説明
<<	左辺の値を、右辺で指定された桁数分左へビットシフトします
>>	左辺の値を、右辺で指定された桁数分右へビットシフトします

 ## ビットシフト演算子の例を見てみよう

　図4-9でイメージとして挙げた左ビットシフト演算子を使用したプログラムをリスト4-4に示します（図4-10）。

▼リスト4-4　左ビットシフト演算子を使用したプログラム例

```
01: var x = 5;
02:
03: console.log(x << 2); // 変数xを左へ2ビットシフトする
```

▼図4-10　リスト4-4の実行結果

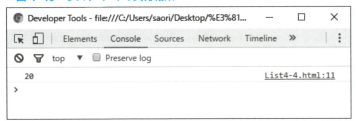

次に、「20」を右に3ビットシフトした値はいくつでしょうか。**リスト4-5**にプログラムを示します（**図4-11**）。

▼リスト4-5　右ビットシフト演算子を使用したプログラム例

```
01: var x = 20;
02:
03: console.log(x << 3); // 変数xを右へ3ビットシフトする
```

▼図4-11　リスト4-5の実行結果

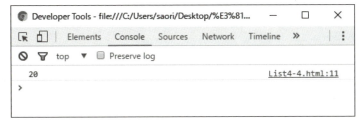

10進数の「20」は2進数「00010100」です。これを右に3ビットシフトすると、右3桁は切り捨てられて「00000010」になります。この値を10進数で表わすと「2」です。よって、10進数の「20」を右に3ビットシフトすると「2」となります。

比較演算子とは

　比較演算子とは、右辺と左辺の値を比較します。その比較結果の真偽（trueまたはfalse）を判定する演算子です。**表4-5**に比較演算子の種類を示します。

▼表4-5　比較演算子の種類

種類	説明
==	左辺と右辺の値が等しいか判定します
!=	左辺と右辺の値が異なるか判定します
===	左辺と右辺の値、型やオブジェクトが厳密に等しいか判定します
!==	左辺と右辺の値、型やオブジェクトが厳密に異なるか判定します
<	左辺の値が右辺の値より小さいかを判定します
>	左辺の値が右辺の値より大きいかを判定します
<=	左辺の値が右辺の値以下かを判定します
>=	左辺の値が右辺の値以上かを判定します

比較演算子の例を見てみよう

　比較演算子「==」は、左辺と右辺のデータ型が異なる場合、同じデータ型に変換してから値の比較をします（**リスト4-6**）。例えば、Number型の「1」とString型の「"1"」を比較する場合、String型の「"1"」をNumber型に変換してから比較するので、比較結果は真（true）となります（**図4-12**）。

▼リスト4-6　比較演算子「==」を使用したプログラム例

```
01: // Number型同士の比較
02: console.log(10 == 10);    // 比較結果はtrue
03: console.log(1 == 10);     // 比較結果はfalse
04:
05: // String型同士の比較
06: console.log("a" == "a");  // 比較結果はtrue
07: console.log("a" == "b");  // 比較結果はfalse
08:
09: // Number型とString型の比較
10: console.log(1 == "1");    // 比較結果はtrue
```

▼図4-12　リスト4-6の実行結果

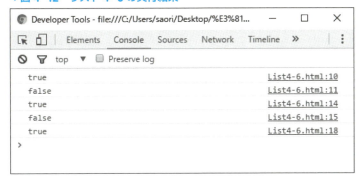

　一方、比較演算子「===」は値を比較するだけではなく、データ型も左辺と右辺で等しいかを厳密に比較します（**リスト4-7**）。よって、データ型が異なる場合は偽（false）となります（**図4-13**）。

▼リスト4-7　比較演算子「===」を使用したプログラム例

```
01: // Number型同士の比較
02: console.log(10 === 10);    // 比較結果はtrue
03: console.log(1 === 10);     // 比較結果はfalse
04:
05: // String型同士の比較
06: console.log("a" === "a");  // 比較結果はtrue
07: console.log("a" === "b");  // 比較結果はfalse
```

```
08:
09: // Number型とString型の比較
10: console.log(1 === "1");    // 比較結果はfalse
```

▼図4-13　リスト4-7の実行結果

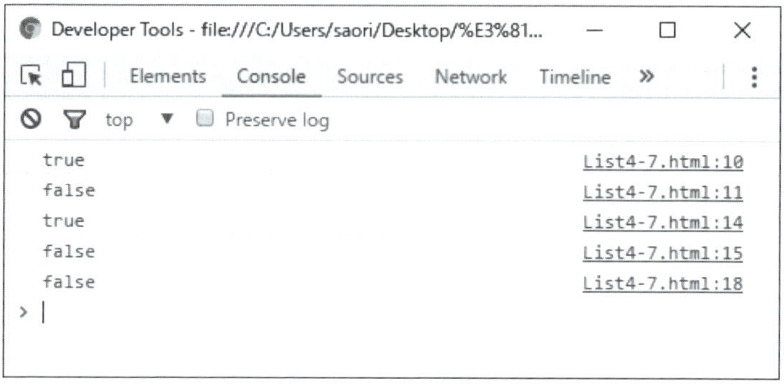

```
Developer Tools - file:///C:/Users/saori/Desktop/%E3%81...    —    □    ×

  [icon][icon]  Elements  Console  Sources  Network  Timeline  »    ⋮

  ⊘  ▽  top  ▼  ☐ Preserve log

    true                                      List4-7.html:10
    false                                     List4-7.html:11
    true                                      List4-7.html:14
    false                                     List4-7.html:15
    false                                     List4-7.html:18
  >  |
```

　「!=」は「==」の否定形を、「!==」は「===」の否定形を表します（**リスト4-8**）。つまり、左辺と右辺の値が等しくない場合に真（true）となります（**図4-14**）。

▼リスト4-8　比較演算子「!=」「!==」を使用したプログラム例

```
01: // Number型同士の比較
02: console.log(10 != 10); // 比較結果はfalse
03: console.log(1 != 10); // 比較結果はtrue
04:
05: // String型同士の比較
06: console.log("a" !== "a"); // 比較結果はfalse
07: console.log("a" !== "b"); // 比較結果はtrue
08:
09: // Number型とString型の比較
10: console.log(1 != "1"); // 比較結果はfalse
11: console.log(1 !== "1"); // 比較結果はtrue
```

122

▼図 4-14　リスト 4-8 の実行結果

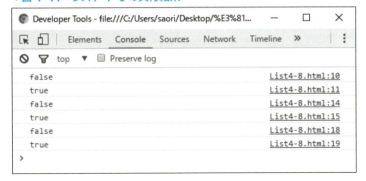

　比較演算子「<」「>」は左辺と右辺の大小を比較し、真偽を判定します（リスト 4-9）。また、「<=」「>=」は等号（=）を含んでいるため、左辺と右辺の値が等しい場合にも真（true）となります（図 4-15）。

▼リスト 4-9　比較演算子「<」「>」「<=」「>=」を使用したプログラム例
```
01: console.log(3 < 5);        // 比較結果はtrue
02: console.log(5 < 5);        // 比較結果はfalse
03: console.log(10 <= 10);     // 比較結果はtrue
04: console.log(5 > -1);       // 比較結果はtrue
05: console.log(-3 >= 3);      // 比較結果はfalse
```

▼図 4-15　リスト 4-9 の実行結果

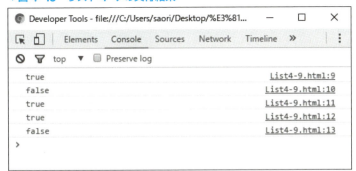

論理演算子

Keyword ☑ && ☑ || ☑ !

 論理演算子とは

はじめに、論理演算についてご説明します。

論理演算とは、2つ以上の0または1の入力値に対して、1つの（0または1）を出す演算のことです。論理演算には「AND演算」、「OR演算」、「XOR演算」、「NOT演算」の4種類があります。各論理演算は、真理値表と呼ばれる表にまとめることができますので、**表4-6〜表4-8**に示します。

「AND演算」は、2つ以上の入力値がすべて1の場合に、結果が1となります。2つ以上の値の中に一つでも0があれば、結果は0となります。

▼表4-6　AND演算子

値1	値2	値1 AND 値2
0	0	0
1	0	0
0	1	0
1	1	1

「OR演算」は、2つ以上の入力値の中に一つでも1が含まれる場合に、結果が1となります。2つ以上の値がすべて0であれば、結果は0となります。

▼表 4-7　OR 演算子

値 1	値 2	値 1 OR 値 2
0	0	0
1	0	1
0	1	1
1	1	1

「NOT 演算」は、1 つの入力値に対して、否定した結果を返します。入力値が 1 の場合は 0、入力値が 0 の場合は 1 となります。

▼表 4-8　NOT 演算子

値 1	NOT 値 1
0	1
1	0

「XOR 演算」については、本書では省略します。

　論理演算子とは、論理演算を行う際に使用する演算子です。論理演算の結果を真偽（true または false）で返します。前述の真理値表で 1 が真（true）、0 が偽（false）に相当します。**表 4-9** に論理演算子の種類を示します。

▼表 4-9　論理演算子の種類

論理演算子の種類	説明
&&	AND 演算します
||	OR 演算します
!	NOT 演算します

論理演算子の例を見てみよう

　AND 演算子のプログラム例を**リスト 4-10** に示します。論理演算では真偽値（true また false）だけでなく、その他の演算子を使用して演算した結果に対して、論理演算することも可能です（**図 4-16**）。

▼リスト4-10　AND演算子のプログラム例

```
01: console.log("AND演算");
02: console.log(true && true);
03: console.log(true && false);
04: console.log(false && false);
05:
06: console.log("演算結果を使用したAND演算");
07: var x = 5;
08: console.log((x == 5) && (x != 10));
09: console.log((x > 5) && (x < 10));
10: console.log((x == 1 + 2) && (x == 3 * 0));
```

▼図4-16　リスト4-10の実行結果

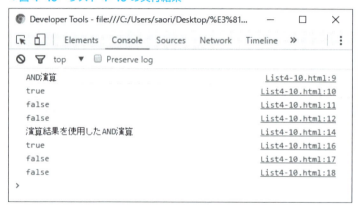

OR演算子のプログラム例をリスト4-11に示します（図4-17）。

▼リスト4-11　OR演算子のプログラム例

```
01: console.log("OR演算");
02: console.log(true || true);
03: console.log(true || false);
04: console.log(false || false);
05:
06: console.log("演算結果を使用したOR演算");
07: var x = 5;
08: console.log((x == 5) || (x != 10));
```

```
09: console.log((x > 5) || (x < 10));
10: console.log((x == 1 + 2) || (x == 3 * 0));
```

▼図 4-17　リスト 4-11 の実行結果

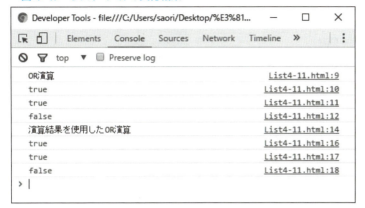

NOT 演算子のプログラム例を**リスト 4-12** に示します（**図 4-18**）。

▼リスト 4-12　NOT 演算子のプログラム例
```
01: console.log("NOT演算");
02: console.log(!true);
03: console.log(!false);
04:
05: console.log("演算結果を使用したNOT演算");
06: var x = 5;
07: console.log(!(x == 5));
08: console.log(!(x > 5));
```

▼図 4-18　リスト 4-12 の実行結果

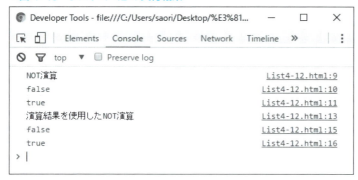

COLUMN

ショートサーキット評価

　論理演算で「true || true」と「true || false」の結果はどちらも true です。左側が true なので、右側が true でも false でも結果は変わりません。最後まで評価しなくても、途中で（左側が true の時点で）結果を判定できます。「false && ○」の場合も、最後まで評価せずに結果を判定できます。

　JavaScript ではこのような場合に、結果を判定できた時点で後の処理を省略します。これをショートサーキット評価（短絡評価）と呼びます。

07 連結演算子

Keyword ☑ 文字列の連結 ☑ +

連結演算子

　連結演算子は、文字列と文字列を結合して、新しい文字列を作る場合に使用します。演算子の記号は「+」です。算術演算子の加算も同じ記号の「+」を使用します。複数の数値に対して「+」演算子を使用した場合は算術演算子とみなされますが、文字列を含む複数の値に対して「+」演算子を使用した場合は連結演算子とみなされます。

連結演算子の例を見てみよう

　連結演算子のプログラム例を**リスト4-13**に示します。

▼リスト4-13　連結演算子のプログラム例

```
01: // 数値同士の場合は算術演算子とみなされる
02: console.log(1 + 2); //3
03:
04: // 文字列の場合は連結演算子とみなされる
05: console.log("Java" + "Script"); //"JavaScript"
06:
07: // 文字列と数値の場合は連結演算子とみなされる
08: console.log(20 + "17"); //"2017"
```

実行結果を見てみよう

　リスト4-13の2行目にある「1 + 2」は、オペランドは数値の1と2なので「+」は算術演算子とみなされ、1+2=3の数値を表示します。
　5行目にある「"Java" + "Script"」は、オペランドは文字列の"Java"と"Script"なので、「+」は連結演算子とみなされ、文字列"JavaScript"を表示します。
　7行目にある「20 + "17"」は、オペランドは数値の20と文字列の"17"なので、文字列を含む場合に「+」は連結演算子とみなされ、文字列"2017"を表示します（図4-19）。

▼図4-19　リスト4-13の実行結果

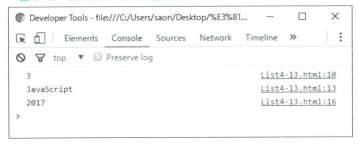

この章のまとめ

- 演算に使用する記号を「演算子」と呼びます。

- 算術演算子は「+」「-」「*」「/」「%」の記号を使用して四則演算を行います。

- 代入演算子は「=」の記号を使用して値の代入を行います。「+=」など他の演算子付けることで演算結果を代入できるものもあります。

- ビットシフト演算子は「>>」「<<」の記号を使用して、ビット単位でシフト演算します。

- 比較演算子は「==」「===」の記号を使用して２つの値が等しいか判定します。また、「<」「>」の記号を使用すると大小関係を判定します。

- 論理演算子は「&&」「||」「!」の記号を使用して論理演算を行います。

- 連結演算子は「+」の記号を使用して文字列の結合を行います。

《章末復習問題》

練習問題 4-1

2つの Number 型の変数を宣言し、加算、減算、乗算、除算、剰余の計算を行ってください。変数名、変数の値は任意です。

練習問題 4-2

変数 x=10、y=5 を使用し、x と y の値が等しいか比較してください。また、x と y の大小関係も比較してください。

練習問題 4-3

自分の姓と名前を変数で宣言し、姓と名前を連結してください。ただし、姓と名前の間には全角スペースを入れてください。

5章

制御文

プログラムは上から順に実行されるだけではありません。
条件によって異なる処理を実行したり、同様の処理を繰り返
して実行する場合もあります。
本章ではJavaScriptにおける制御文について学び、より柔
軟性のあるプログラムを作成する方法を学びましょう。

 ## if 文とは

　JavaScript のコードは上から順番に解釈し実行されます。しかし、常に順番に実行されていたのでは、同じ動作をするプログラムになってしまいます。

　本節で学ぶ if 文を使用すると、「もし○○だったら△△をする」というように、ある条件が成り立った場合に処理を実行させることができます。

　図 5-1 は、[検索] ボタンクリック時に、if 文を使用して処理の流れを変える例です。[検索] ボタンクリックがクリックされたときに、if 文でキーワードが入力されているかどうかをチェックし、キーワードが入力されている場合は検索結果を表示します。

▼図 5-1　if 文のイメージ

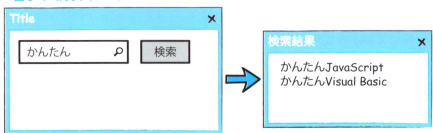

if 文の構文を理解しよう

それでは if 文の構文を見てみましょう（**構文 5-1**）。

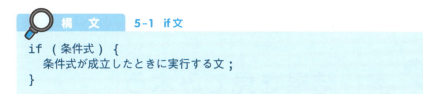

構文　5-1　if文

```
if ( 条件式 ) {
   条件式が成立したときに実行する文 ;
}
```

if の右側にある ( ) の中には条件式を書き、条件が成り立った場合は { 〜 } の中の処理を実行します。{ 〜 } の部分をブロックと呼びます。条件が成り立った場合というのは、条件式の演算結果が true であることを意味します。

 ## if 文の例を見てみよう

例として変数 gender の値が「男性」である場合に Console パネルに「男性です。」と表示するプログラムを考えてみましょう。

条件式は「変数 gender が男性と等しいか」となります。この条件式のみをコードで表すと**リスト 5-1** のようになります。演算結果は gender の値が「男性」の場合に true となり、「男性」以外の場合は false となります。

▼リスト 5-1　条件式の例

```
01: gender == "男性"
```

以上を踏まえて if 文を書くと**リスト 5-2** のようになります。

▼リスト 5-2　if文の例

```
01: var gender = "男性"
02: if (gender == "男性") {
03:   console.log("男性です");
04: }
```

 実行結果を見てみよう

　リスト 5-2 の 1 行目で、変数 gender には「男性」という文字列が代入されています。よって 2 行目の gender が「男性」と等しいかという if 文は成り立つため、3 行目が実行され Console パネルに「男性です」が表示されます（図 5-2）。

▼図 5-2　リスト 5-2 の実行結果

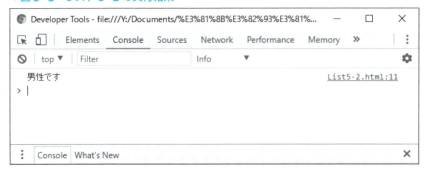

else文とは

if 文を使用することで、条件が成り立った場合にのみ実行される処理を書くことができました。else 文を使用すると、if 文が成り立たなかった場合の処理を実行することができます。

図 5-3 は、if 文と else 文を使用して［検索］ボタンクリック時の処理の流れを変える例です。

キーワードが入力されている状態で［検索］ボタンをクリックすると、検索結果を表示します。一方、キーワードが入力されていない状態で [検索] ボタンがクリックされた場合はエラー画面を表示します。このように if、else を組み合わせることにより、「もし○○だったら△△をする」「そうでない場合は××をする」といったように処理を分けることができます。

▼図 5-3　if 〜 else 文のイメージ

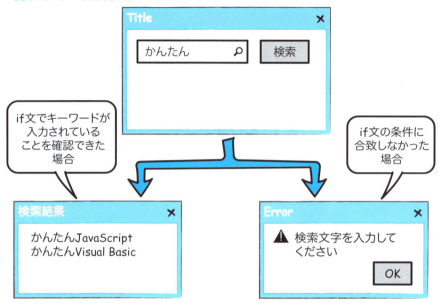

 ## else 文の構文を理解しよう

それでは else 文の構文を見てみましょう（**構文 5-2**）。else 文は if 文が成り立たなかった場合の処理を実行するので、if 文と組み合わせて使用します。

構　文　　5-2　else 文

```
if ( 条件式 ) {
} else {
   // 条件式が成り立たない場合に実行する処理
}
```

else 文の例を見てみよう

それでは else 文の使用例を見てみましょう。

リスト 5-3 は、リスト 5-2 の if 文に else ブロックを追加した例です。

2 行目の if 文は、変数 gender の値が「男性」かどうかを比較しています。この条件が成り立たない場合は 4 〜 6 行目の else ブロックが実行されます。

▼リスト 5-3　else の使用例

```
01: var gender = "女性"
02: if (gender == "男性") {
03:    console.log("男性です");
04: } else {
05:    console.log("女性です");
06: }
```

 ## 実行結果を見てみよう

1 行目で変数 gender には「女性」が代入されています。よって 2 行目の if 文が成り立たないため、4 〜 6 行目の else ブロックが実行され「女性です」を表示します (図 5-4)。

▼図 5-4　リスト 5-3 の実行結果

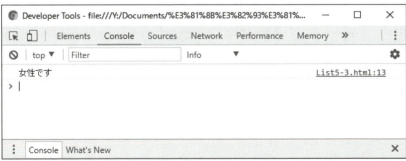

else if 文とは

「if」と「else」について学びましたが、このほかに else if もあります。「else if」は if の条件式以外にも判断したい条件式がある場合に使用します。

図 5-5 は、if 文と else if 文、else 文を使用して［検索］ボタンクリック時の処理の流れを変えるイメージです。

▼図 5-5 if, else if, else のイメージ

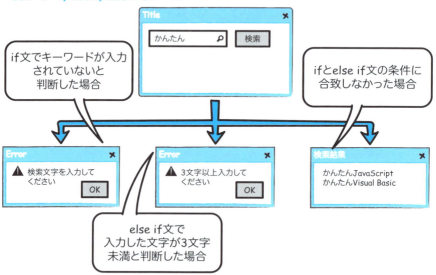

キーワードが入力されていない状態で［検索］ボタンをクリックすると、エラー画面を表示します。必要な文字数が入力されていない場合は、もう一つのエラー画面を表示します。どちらでもない場合は、必要な検索文字数が入力されているとみなし、検索結果を表示します。

else if 文の構文を理解しよう

else if 文は if 文とは別の条件で処理を判断したいときに使用します。

else if の構文を以下に示します（**構文 5-3**）。else if はいくつでも書くことができます。else if は if と else の間に書きます。else if、else ともに不要な場合は省略することができます。

構　文　5-3　else if 文

```
if ( 条件式 ) {
}
else if ( 条件式 ) {
    // else if の条件式が成り立つ場合に実行する処理
} else {
}
```

else if 文の例を見てみよう

それでは else if を使用したコード例をみてみましょう。

リスト 5-4 はリスト 5-3 の else ブロックを else if で書き直し、男性か女性かを示す文字列を表示する例です。2 行目の if 文で変数 gender が男性かを調べ、合致しない場合は 4 行目の else if 文で女性かどうかを調べます。どちらの条件にも当てはまらない場合は、else ブロックを実行します。

▼リスト5-4　else if の例

```
01: var gender = "女性"
02: if (gender == "男性") {
03:   console.log("男性です");
04: } else if (gender == "女性") {
05:   console.log("女性です");
06: } else {
07:   console.log("男性でも女性でもありません。");
08: }
```

 実行結果を見てみよう

1行目で変数 gender には「女性」が代入されています。よって2行目の if 文は成り立ちません。続いて、4行目の else if 文で「gender が女性か」をチェックしています。gender には「女性」が代入されていますので、条件が成り立ち、Console パネルに「女性です」を表示します（図5-6）。

▼図5-6　リスト5-4の実行結果

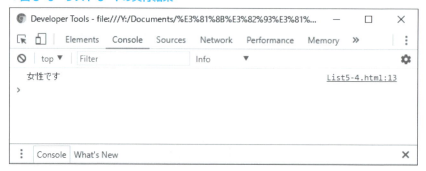

5-03 switch文

switch文とは

JavaScriptにはif文と同様に処理の流れを変える **switch文** があります。

if文は条件式の結果がtrueかどうかを判断して処理を実行しますが、switch文は、任意の値が複数の候補の中のどの値と等しいのかを比較し、一致した値の箇所に書かれている命令を実行するという特徴があります。

図5-7でswitch文のイメージを見てみましょう。

▼図5-7　switch文のイメージ

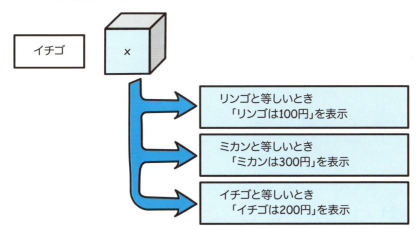

変数xに「イチゴ」という値が入っていて、「リンゴ」「ミカン」「イチゴ」の複数の候補から、一致するところに書かれている命令を実行します。よっ

143

て「イチゴは 200 円」を表示することになります。

switch 文の構文を理解しよう

switch 文は**構文 5-4** を使用します。switch 文は「式」で評価された値が case の隣に記述された定数と等しいかどうかを上から順に比較していきます。式と等しい定数が見つかった場合は、break キーワードが現れるまで処理を実行します。break に到達した場合は switch 文を抜け、後続の処理を実行します。break は省略をすることができます (使用例で説明します)。

式の値が、いずれの定数とも一致しない場合は default ラベルの箇所に書かれている処理を実行します。default の処理が必要ない場合には省略することができます。

構文　5-4　switch 文

```
switch (式) {
  case 定数1:
    // 式の値が定数1と一致する場合に実行する処理
    [break;]
  case 定数2:
    // 式の値が定数2と一致する場合に実行する処理
    [break;]
  case 定数n:
    // 式の値が定数nと一致する場合に実行する処理
    [break;]
  default:
    // 式の値が定数1～nと一致しない場合に実行する処理
}
```

switch 文の例を見てみよう

リスト 5-5 は、式の値が曜日を表す文字と一致するかを判断する例です。

式の値がいずれかの定数と一致した場合は、変数にメッセージを代入し、最後に consolo.log( ) で出力します。

▼リスト5-5　switch文の例

```
01: var yobi = "TUE";
02: var msg = "";
03: switch (yobi) {
04:   case "SUN":
05:     msg = "日曜日です";
06:     break;
07:   case "MON":
08:     msg = "月曜日です";
09:     break;
10:   case "TUE":
11:     msg = "火曜日です";
12:     break;
13:   case "WED":
14:     msg = "水曜日です";
15:     break;
16:   case "THU":
17:     msg = "木曜日です";
18:     break;
19:   case "FRI":
20:     msg = "金曜日です";
21:     break;
22:   case "SAT":
23:     msg = "土曜日です";
24:     break;
25:   default:
26:     msg = "どの曜日にも一致しません。";
27:     break;
28: }
29:
30: console.log(msg);
```

　3行目のswitch文の式には変数yobiを指定しています。yobiには火曜日を表す"TUE"が代入されているので、10行目の定数と一致します。

145

5章　制御文

このことから 11 行目が実行され、変数 msg には " 火曜日です " が代入さ
れ、12 行目の「break;」が実行されて switch 文を抜けます。

switch 文を抜けた後は 30 行目を実行するので Console パネルには「火曜
日です」が表示されます。

● フォールスルー

次に、break 文を記述し忘れた場合はどうなるのかをみてみましょう。

リスト 5-6 は、リスト 5-5 の「case "TUE"」で break 文を書き忘れてしま
った例です。

▼リスト 5-6　break 文を書き忘れた例

```
01: var yobi = "TUE";
02: var msg = "";
03: switch (yobi) {
04:   …省略
05:   case "TUE":
06:     msg = "火曜日です";
07:   case "WED":
08:     msg = "水曜日です";
09:     break;
10:   …省略
11: }
12: console.log(msg);
```

本来であれば、6 行目の次の行に「case "TUE"」に対する break 文が必要
です。

この例では、break 文を忘れてしまったために、9 行目の break 文に到達
するまで処理が行われます。結果として 8 行目の代入文「msg = " 水曜日で
す "」も実行されるので、Console パネルには「水曜日です。」が表示されます。

このように、break を忘れると、次の case 文の箇所も通って処理が行わ
れます。このことをフォールスルーと呼びます。

フォールスルーは、正しく使うことで処理をひとまとめにすることができ

146

ます。**リスト5-7**は、リスト5-5のコードを修正して英語と日本語の曜日
を判定できるようにした例です。

英語の曜日と日本語の曜日が書かれたcase文を連続して記述することで、
フォールスルーによる処理を行います。

例えば、変数yobiに"MON"が代入されているとして考えてみましょう。
この場合は8行目のcase文が該当しますので、フォールスルーして10行
目を実行し、11行目のbreakでswitch文を抜けます。変数yobiに「月」
が代入されている場合も同様に処理が行われます。

▼**リスト5-7　フォールスルーの使用例**

```
01: var yobi = "MON";
02: var msg = "";
03: switch (yobi) {
04:   case "SUN":
05:   case "日":
06:     msg = "日曜日です";
07:     break;
08:   case "MON":
09:   case "月":
10:     msg = "月曜日です";
11:     break;
12:   case "TUE":
13:   case "火":
14:     msg = "火曜日です";
15:     break;
16:   :
17:   :省略
18:   :
19:   case "FRI":
20:   case "金"
21:     msg = "金曜日です";
22:     break;
23:   case "SAT":
24:   case "土"
25:     msg = "土曜日です";
```

次へ ↗

```
26:     break;
27:   default:
28:     msg = "どの曜日にも一致しません。";
29:     break;
30: }
31: console.log(msg);
```

 実行結果を見てみよう

リスト 5-5 は、変数 yobi が「TUE」なので、10 行目が満たされて「火曜日です」が表示されます（図 5-8）。

▼図 5-8　リスト 5-5 実行例

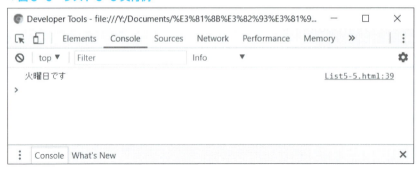

リスト 5-6 は 6 行目実行後にフォールスルーとなるため、「水曜日です」が表示されます（図 5-9）。

▼図 5-9　リスト 5-6 実行例

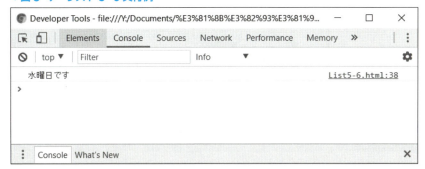

　リスト 5-7 は、変数 yobi に「MON」が入っていますが 9 行目をフォールスルーし、「月曜日です」を表示します（図 5-10）。

▼図 5-10　リスト 5-7 実行例

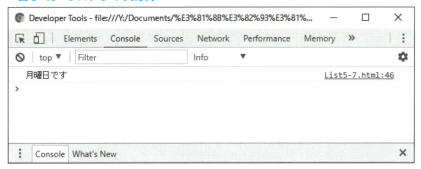

for文とは

「5-01 if 文」と「5-03 switch 文」で、条件によって処理を分岐させることについて学びました。ここからは繰り返し処理について学びましょう。

繰り返し処理を使用すると、似た内容の処理を短く書くことができます。

for 文は指定した回数分、処理を繰り返して実行することができます。

はじめに、for 文を使用せずに似たような処理を何度も繰り返す場合について考えてみましょう。

Console パネルに 0,1,2,3,4 の 5 つの整数を表示するプログラムは、リスト 5-8 に示すようなプログラムになります。

▼リスト 5-8　0,1,2,3,4 を Console パネルに表示するプログラム

```
01: console.log(0);
02: console.log(1);
03: console.log(2);
04: console.log(3);
05: console.log(4);
```

どの行も「console.log」という部分は同じで、異なるのは表示する数字の部分だけです。

この後さらに 5,6,7... と表示したい場合はどうでしょうか。「console.log(表示する数字);」を何度も書くことで実現は可能ですが、表示したい数字

が多くなるほどコードの記述量が増えますので現実的ではありません。

どの行も「console.log」を使用しており、異なる部分は ( ) の中の数字だけです。このように、似たような処理を何度も書くようなコードは、for 文を使用することで短くすることができます。

図 5-11 に for 文のイメージを示します。

for 文は、はじめに処理を繰り返すための設定を書きます。続いて { 〜 } の中に繰り返し処理をしたい内容を書きます。プログラムの実行時には、設定内容に沿ってブロック内の処理が繰り返し実行されます。

▼図 5-11 for 文のイメージ

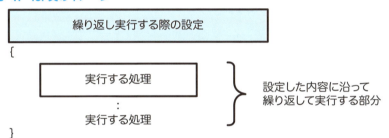

 for 文の構文を理解しよう

それでは for 文の構文を見てみましょう（**構文 5-5**）。

構文　5-5　for 文

```
for ( 初期化式 ; 条件式 ; 変化式 ) {
  実行する文
}
```

for 文は最初の ( ) に繰り返し実行する際の条件を記述します。設定は「初期化式」「条件式」「変化式」の 3 つがあります。

for 文は、決められた回数の繰り返しを行うため、「今何回繰り返したのか」

を変数を使って数えます。この変数を本書ではカウンタ変数と呼ぶこととします。「初期化式」は、カウンタ変数の初期化を行う場所です。

次の「条件式」は、カウンタ変数の値がいくつときに繰り返しを行っても良いかを表す条件式を書きます。例えば、カウンタ変数 i が 5 未満のときに繰り返し処理を実行したいのであれば「i < 5」という条件式を書きます。

最後の「変化式」は、繰り返しが 1 回行われた後で、カウンタ変数の値をいくつ増やすかということを表す式を書きます。1 ずつ増やした場合は、インクリメント演算子を使用して「i++」のように記述します。

5 回繰り返し処理を行う for 文は、以下のように書きます。この for 文のイメージを図 5-12 に示します。

```
for (let i = 0; i < 5; i++) {
}
```

▼図 5-12　for 文のイメージ

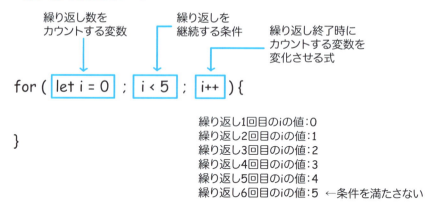

初期化式では「let i = 0;」としています。ここでは let キーワードで宣言をしていますので、{ 〜 } の中でのみ有効な変数となります。

続いて条件式を見てみましょう。「i < 5」と書いていますで、「i が 5 未満のとき」に繰り返して処理を行うことを表しています。このことから、i が 5 以上になったときに繰り返しを継続する条件が満たされなくなります。

最後の「i++」で、処理を一回繰り返した後にカウンタ変数に 1 が加算さ

れます。

 ## for 文の例を見てみよう

for 文の例として 0,2,4,6,8 を表示するプログラムを作成してみましょう（リスト 5-9）。

▼リスト 5-9　0,2,4,6,8 を表示する例
```
01: var num = 0;
02: for (let i = 0; i < 5; i++ ) {
03:   console.log(num);
04:   num += 2;
05: }
```

コードの内容を確認しましょう。

1 行目は Console パネルに表示する値を格納しておく変数 num を 0 で初期化しています。

続いて 2 行目で for 文の繰り返し設定を行っています。5 回繰り返しを行うことで、5 個の数字を表示します。表示する数字は 2 ずつ増えていくので、4 行目のように加算代入演算子を使用して「num += 2」とします。元の数に 2 を加算することになりますので、0 ⇒ 2 ⇒ 4 のように値が変化します。このようにして繰り返し処理を行い Console パネルに数字を表示します。

 ## 実行結果を見てみよう

図 5-13 にリスト 5-9 の実行結果を示します。5 回の繰り返し処理が行われ、0,2,4,6,8 の数字が表示されていることがわかります。

▼図5-13　リスト5-9実行結果

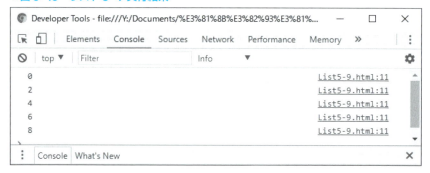

for文の初期化式の初期値はなぜ0なのか

　紹介したfor文では、初期化式で「let i = 0」としています。初期値として1を代入し、5回繰り返しを行いたい場合は、条件式を件は「i <= 5」と書きます。
　では、なぜ「let i = 0;」としたのかですが、**6章**で学ぶ配列の要素番号と関係しています（正確には配列以外のオブジェクトも対象です）。
　配列は、複数の値を1つのまとまりとして管理する変数なのですが、値を取り出す場合は、先頭から順に付けられた番号を指定する必要があります。この番号は0から数えます。配列とfor文は相性が良いので、初期化式では配列の開始番号に合わせて「let i = 0;」と書くことが多いのです。

for..of 文とは

for..of 文は、6 章で学ぶ配列のように、複数ある値の中から 1 つずつ値を取り出して処理をしたい場合に使用します。現時点では配列についてはわからなくても構いません。ここでは「配列は複数の値をひとまとめにして名前を付けたもの」ということだけ理解してください。

図 5-14 に for..of 文のイメージを示します。複数の値が入っている場所から値を 1 つずつ取り出し、繰り返し処理に渡します。すべての値が取り出されるまで繰り返し処理を実行するため、for 文のように繰返し回数を決める必要はありません。

▼図 5-14　for..of 文のイメージ

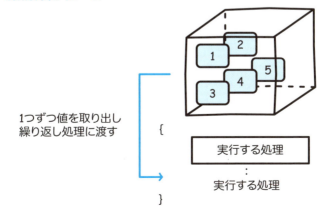

for..of 文の構文を理解しよう

for..of 文は**構文** 5-6 を使用します。

構文　5-6　for..of 文

```
for( 取り出した値を格納する変数 of 値の集合 ) {
    実行する文
}
```

「値の集合」には、複数の値が入った器（配列のような集合体）を指定します。繰り返しを 1 回行う毎に、値の集合から 1 つ値を取り出して { 〜 } の中の処理を行います。値を 1 つずつ取り出して処理を行うので、取り出す値がなくなったときに繰り返し処理を終了します。

具体的なイメージを**図** 5-15 で見てみましょう。この図では [1,2,3,4,5] という集合から 1 ずつ値を取り出し、変数 atai に格納して繰り返し処理を実行します。

▼図 5-15　for..of 文ですべての数字を取り出すイメージ

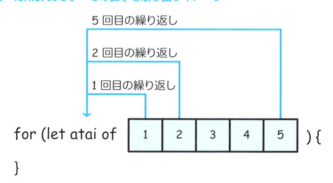

for..of 文の例を見てみよう

それでは for..of の使用例を見てみましょう。

リスト 5-10 は data という配列から 1 つずつ値を取り出して Console パネルに表示する例です。

配列 data には 1 〜 5 までの 5 つの数値が格納されています。よって繰り返しの 1 回目は 1 を取り出して変数 atai に代入をします（2 行目）。

取り出した値は 3 行目で Console パネルに表示をします。同様にして 2 回目は 2 を取り出して処理し、3 回目は 3 を取り出して処理し、といったように最後の値を取り出すまで処理が行われます。

▼リスト 5-10　for..of の使用例

```
01: var data = [1,2,3,4,5];
02: for (let atai of data) {
03:   console.log(atai);
04: }
```

実行結果を見てみよう

実行結果を**図 5-16** に示します。1 行目の配列 data に入っている 1 〜 5 の数値すべてが取り出され、表示されていることがわかります。

▼図 5-16　リスト 5-10 の実行結果

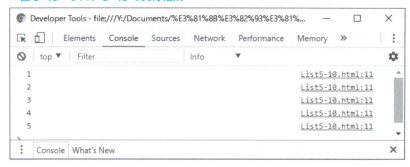

COLUMN

繰り返し処理の採用基準

　本章では、様々な繰り返し構文を学びます。実際にプログラムを作成する際に、何を基準に繰り返し構文を採用したらよいかをまとめておきます (表 5-A)。

▼表 5-A　繰り返し処理の採用基準

繰り返し処理	採用基準
for	繰返し回数があらかじめわかっている場合
while または do..while	繰返し回数が不明で、終了条件を決めることができる場合
for..of	配列のようなコレクションからすべての要素を参照したい場合

While 文とは

while 文は、指定された条件が満たされている間、繰り返し処理が行われます。

while 文のイメージを図 5-17 に示します。

条件式に「変数 x が 20 未満」を指定した場合は、変数の値が 20 未満であれば何度でも繰り返し処理を行います。逆に 20 以上になったときは繰り返し処理を終了します。条件式が満たされることがない場合には、永遠に処理が行われることになります。このような繰り返し処理は無限ループと呼びます。

▼図 5-17　while 文のイメージ

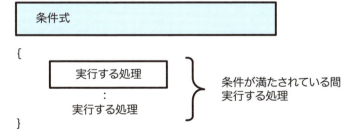

while 文の構文を理解しよう

while 文は**構文 5-7** を使用します。

while 文は条件式が満たされている間、ブロックの中に書かれた処理を繰り返し実行します。

構文 5-7　while 文

```
while ( 条件式 ) {
    実行する文
}
```

while 文の例を見てみよう

それでは while 文の使用例を見てみましょう。**リスト 5-11** は変数 x が 20 未満の場合に繰り返し処理を行う while 文です。繰り返し処理が行われるごとに Console パネルに、変数 x の現在の値を表示します。しかし、この例では繰り返し処理の中で変数 x の値が変化しないため、無限ループになります。実行するとブラウザから応答が帰ってこなくなる場合がありますので注意してください。

▼リスト 5-11　無限ループの例

```
01: var x = 0;
02: while ( x < 20 ) {
03:   console.log("xの値:" + x);
04: }
```

リスト 5-11 を修正して、無限ループにならないようにしてみましょう。繰り返しが 1 回行われるごとに、変数 x の値を 2 増やすようにした例を

リスト 5-12 に示します。

処理の最後で「x += 2;」としていますので、x の値は 0, 2, 4 と変化していきます。変数 x が 20 になると条件式は満たされなくなり while 文を終了します。

▼リスト 5-12　while 文の例

```
01: var x = 0;
02: while ( x < 20 ) {
03:   console.log("xの値:" + x);
04:   x += 2;
05: }
```

 実行結果を見てみよう

実行結果を図 5-18 に示します。

0,2,4,6.. と 2 ずつ値が増加して表示されていることがわかります。

▼図 5-18　リスト 5-12 の実行結果

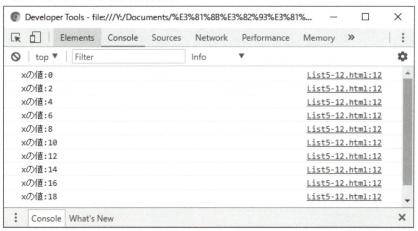

do..while 文とは

　while 文は繰り返しのはじめに条件式があるため、開始時点で条件式を満たさない場合は、1 度も処理を行わずに終了します。一方 do..while 文は処理の最後に繰り返しの条件式があります。

　do..while 文のイメージを図 5-19 に示します。do..while 文は繰り返しの条件式が最後にあるため、最低 1 回は繰り返し処理を実行します。

▼図 5-19　do..while 文のイメージ

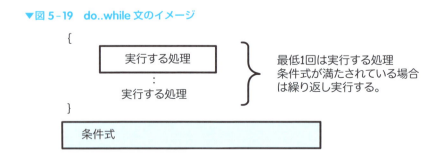

do..while 文の構文を理解しよう

　do..while 文は**構文 5-8** を使用します。
　繰り返す処理は do {～} の中に記述します。繰り返しの条件式が最後に

あるため、最低1回は処理を実行します。whileの条件式が満たされる場合は先頭のdoに戻って再び処理を実行します。

構文　5-8　do..while文
```
do {
    実行する文
} while (条件式)
```

do..while文の例を見てみよう

それではdo..whileの使用例を見てみましょう。

リスト5-13は変数xの値が10未満の場合に繰り返しを行う処理です。条件式が繰り返しの処理の最後にあることに注意してください。変数xの初期値は10ですので（1行目）、処理を1回だけ実行した後、do..whileを抜けます。

▼リスト5-13　do..whileの例1
```
01: var x = 10;
02: do {
03:     console.log("xの値:" + x);
04: } while (x < 10)
```

次にリスト5-13のxの初期値を0にして、繰り返し処理が行われるように修正してみましょう（リスト5-14）。

4行目のコードを追加して、繰り返しの中で変数xの値が1ずつ増えるようにしています。よって10回繰り返し処理を行った後にdo..whileを抜けます。

▼リスト 5-14　do..while の例 2

```
01: var x = 0;
02: do {
03:   console.log("xの値:" + x);
04:   x++;
05: } while (x < 10)
```

実行結果を見てみよう

リスト 5-13 の実行結果を**図 5-20**に示します。条件式が満たされないため、1 回だけ処理が行われていることがわかります。

▼図 5-20　リスト 5-13 実行結果

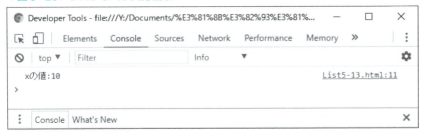

リスト 5-14 の実行結果を**図 5-21** に示します。

10 回繰り返して処理が行われていることがわかります。

▼図 5-21　リスト 5-14 実行結果

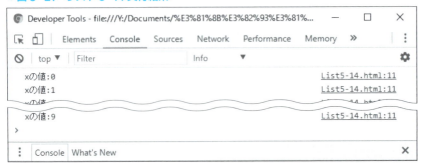

break 文とは

これまでに for, for..of, while, do..while の繰り返し処理を学んできました。いずれの繰り返し処理においても、条件式を満たす前に繰り返し処理を終了させたい場合があります。

処理の途中で終了させるには **break 文**を使用します。

break 文のイメージを見てみましょう（図 5-22）。

繰り返しの処理の中で break 文に到達した場合は、それ以降の処理は実行せずにブロックの外側へ抜けます。break に到達すると繰り返し処理を終了してしまいますので、一般的には if 文と組み合わせて使用します。

▼図 5-22　break のイメージ

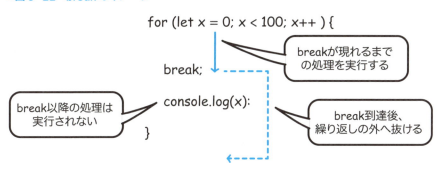

break 文の構文を理解しよう

break 文の構文を**構文 5-9** に示します。break 文は for 文や while 文といった繰り返し処理の中でキーワードを記述するだけです。

構文　5-9　break 文

```
break;
```

break 文の例を見てみよう

リスト 5-15 は for 文の中で break キーワードを使用し、繰り返し処理を途中で終了する例です。

▼リスト 5-15　break の使用例 1

```
01: var x = 0;
02:
03: for ( let i = 0; i < 100; i++ ) {
04:   x += i;
05:   if ( x > 50 ) {
06:     console.log("変数iが" + i + "のときに50を超えました");
07:     break;
08:   }
09: }
```

3 行目の for では i が 0 〜 99 までの間繰り返すように条件式を記述しています。

4 行目で変数 x に i を加算し、6 行目で 50 を超えたかを判断しています。

50 を超えたときは、6 行目で変数 i がいくつのときに処理を中断したのかを表示し、7 行目の break で繰り返し処理を終了します。

変数 x に 1,2,3 と加算していき、50 を超えた時点で繰り返し処理を終了します。

もう 1 つ例を見てみましょう。
リスト 5-16 はネストした while 文の中で break キーワードを使用する例です。

この例は九九を計算して表示するのですが、内側の for 文で j が 5 のときに中断するようにしています（7 行目）。この break は内側の for 文を中断しますので、処理は 3 行目の for へと戻ります。

このように break キーワードは、使用したブロック内でのみ有効で有り、ネストしたすべての for 文から脱出するわけではありませんので注意が必要です。

▼リスト 5-16　break の使用例 2

```
01: var x = 0;
02:
03: for ( let i = 1; i <= 9; i++ ) {
04:   for ( let j = 1; j <= 9; j++ ) {
05:     console.log(i + "×" + j + "=" + i * j);
06:     if ( j == 5 ) {
07:       break;
08:     }
09:   }
10: }
```

break 文の実行結果を見てみよう

リスト 5-15 の実行結果を**図 5-23** に示します。カウンタ変数 i が 10 のときに x の値が 50 を超え、メッセージを表示して for 文を抜けていることがわかります。

▼図 5-23　リスト 5-15 実行結果

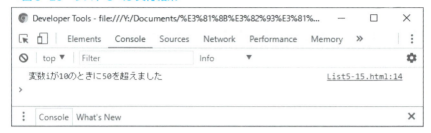

　リスト 5-16 の実行結果を図 5-24 に示します。九九を計算しますが内側の for 文で j が 5 のときに break 文が実行されるため「○× 5」を計算後、3 行目の繰り返しの先頭に戻って処理が継続されることがわかります。

▼図 5-24　リスト 5-16 実行結果

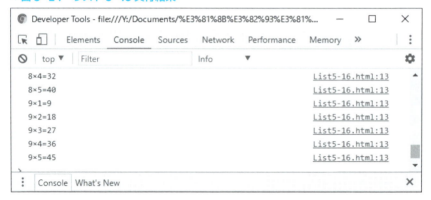

continue 文とは

　繰り返しの途中で処理を終了するには break 文を使用することがわかりました。
　continue 文は break 文とは異なり、処理を途中で中断し、再び繰り返しの先頭に戻って継続するという特徴があります。
　continue 文のイメージを見てみましょう（図 5-25）。

繰り返しの処理の中で continue 文に到達した場合は、それ以降の処理は実行せずに繰り返しの先頭へと処理が戻ります。break 文と同様に、一般的には if 文と組み合わせて使用します

▼図 5-25　continue のイメージ

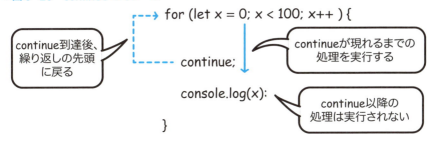

 ## continue 文の構文を理解しよう

continue 文の構文を**構文 5-10** に示します。continue 文は for 文や while 文といった繰り返し処理の中でキーワードを記述するだけです。

構文　5-10　continue 文

```
continue;
```

 ## continue 文の例を見てみよう

リスト 5-17 は、for 文の繰り返しの中で continue キーワードを使用する例です。初期化式の変数 i の値が奇数のときに continue を使用していますので、console パネルには偶数の値のみが表示されます。

▼リスト 5-17　continue の使用例 1

```
01: for ( let i = 0; i < 100; i++ ) {
02:   if ( i % 2 == 1 ) {
03:     continue;
04:   }
05:   console.log(i);
06: }
```

もう 1 つ例を見てみましょう。

リスト 5-18 は、九九を計算するリスト 5-16 を修正し、break を continue に変更したものです。

九九を計算しますが、5 行目で j が 5 のときに continue を実行するようにしています。これにより、「i × 5」の計算は行われなくなります。

▼リスト 5-18　continue の例 2

```
01: var x = 0;
02:
03: for ( let i = 1; i <= 9; i++ ) {
04:   for ( let j = 1; j <= 9; j++ ) {
05:     if ( j == 5 ) {
06:       continue;
07:     }
08:     console.log(i + "×" + j + "=" + i * j);
09:   }
10: }
```

continue 文の実行結果を見てみよう

リスト 5-17 の実行結果を図 5-26 に示します。

変数 i の値が奇数のときに continue が実行されて偶数のみが表示されていることがわかります。

▼図 5-26　リスト 5-17 実行結果

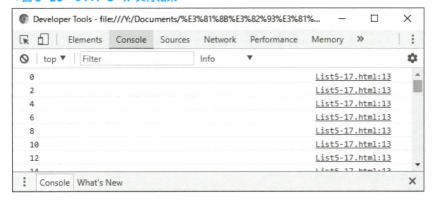

リスト 5-18 の実行結果を図 5-27 に示します。

内側の for 文で j が 5 のときに continue 文が実行されるため、「○× 5」が表示されていないことがわかります。

▼図 5-27　リスト 5-18 実行結果

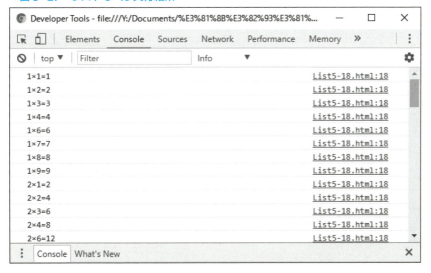

Keyword ☑ try〜catch〜finally ☑ throw

try..catch 文とは

プログラミングにおいて、エラー発生時の対応は必要不可欠です。

あらかじめ予測可能なエラーにおいては if 文で対応することが可能ですが、予期せぬエラーにおいては if 文だけでは対処することはできません。この予期せぬエラーは例外と呼ばれます。この例外を適切に対処するには try..catch 文を使用します。

図 5-28 に try..catch のイメージを示します。

try..catch 文は大きく 2 つのブロックから成り立ちます。初めのブロックは例外（エラー）が発生する処理を記述します。このブロックの中で例外が発生した場合は、発生した例外に対応する処理を実行するブロックへと移動します。

例えば、最初のブロックで例外が発生したとしましょう。例外が発生したことがわかっているので、下のブロックでは「エラーが発生しました」のように例外に対する処理を適切に行うことが可能になります。

▼図 5-28　try..catch 文のイメージ

| 例外が発生する可能性のある処理 |
| 発生した例外に対応する処理 |

try..catch 文の構文を理解しよう

try..catch 文は**構文 5-11** を使用します。

例外が発生する可能性のあるコードは try ブロックの中に、例外発生時の処理は catch ブロックに記述します。

> **構　文**　5-11　try..catch
> ```
> try {
>     例外が発生する可能正のあるコード
> }
> catch (e) {
>     例外発生時の処理
> }
> ```

catch の脇にある (e) は、例外発生時の情報が格納される変数です。変数のため、名前は e である必要はありません。

try..catch の実行イメージを**図 5-29** に示します。

▼図 5-29　try..catch のイメージ

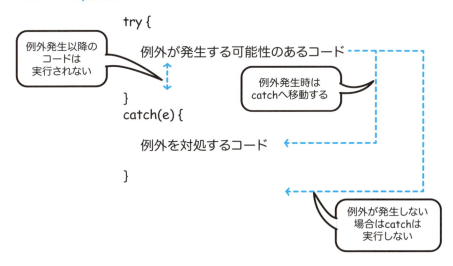

tryブロックの中で例外が発生すると、残りの処理をスキップしてcatchブロック内のコードを実行します。また、例外が発生しない場合はcatchブロックの処理は実行しません。

　例外を作成して発生させることを、「例外を投げる」と呼びます。例外の作成と発生は**構文5-12**を使用します。

　tryブロックの中でthrow文を記述すると、それ以降の処理は行われなくなりcatchブロックへ移動させることができます。

5-12　例外の作成と発生

throw 例外発生時の値

 try..catch文の例を見てみよう

　はじめにthrowの使用例を**リスト5-19**に示します。1行目は文字列「エラー」を例外として投げます。同様にして2行目は「-1」を、3行目は「false」を投げます。

▼リスト5-19　throwの使用例

```
01: throw "エラー";
02: throw -1;
03: throw false;
```

　例外の投げ方を理解できたら、実際にtry..catchの例を見てみましょう。

　リスト5-20はtryの中で、変数xの値が0より小さいときに例外を投げる例です。

　3行目で変数xの値が0未満と判断された場合は、4行目で例外を投げています。例外が投げられたので、6行目は処理されずに8行目のcatchへと処理が移ります。結果として、Consoleパネルには「xに負の値が代入され

ています。」が表示されます。

▼リスト 5-20　try..catch の例

```
01: var x = -3;
02: try {
03:   if ( x < 0 ) {
04:     throw "x に負の値が代入されています。";
05:   }
06:   console.log("xの値は" + x + "です。");
07: }
08: catch (e) {
09:   console.log(e);
10: }
```

try..catch 文の実行結果を見てみよう

リスト 5-20 の実行結果を**図 5-30** に示します。try ブロックの中で例外を発生させ、catch ブロックでメッセージを表示させていることがわかります。

▼図 5-30　リスト 5-20 実行結果

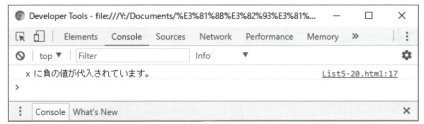

finally 文とは

finally は try ブロックの中で例外が投げられたかどうかに関わらず、必ず実行したい処理を記述するブロックです。

finally 文のイメージを**図 5-31** に示します。finally は try..catch 文と併せて使用します。

finally ブロックは、try ブロックの処理または catch ブロックの処理完了後に必ず実行したい処理を記述します。

▼**図 5-31　finally ブロックのイメージ**

 finally 文の構文を理解しよう

finally 文は**構文 5-13** を使用します。

try..catch 文と併せて使用するため、finally のみを記述することはできません。finally 文が不要な場合には省略することができます。

　　構　文　　5-13　finally 文

```
try {
}
catch {
}
finally {
   try または catch 実行後の処理
}
```

finally 文の例を見てみよう

それでは finally 文を使用した例を見てみましょう。

リスト 5-21 は、リスト 5-20 に finally を付加した例です。この例を実行すると、変数 x の値の正負にかかわらず、最後に finally ブロックが実行されます。

変数 x の値を変更して動作を確認してみてください。

▼リスト 5-21　**finally 文の例**

```
01: var x = -3;
02: try {
03:   if ( x < 0 ) {
04:     throw "x に負の値が代入されています。";
05:   }
06:   console.log("xの値は" + x + "です。");
07: }
08: catch (e) {
09:   console.log(e);
10: }
11: finally {
12:   console.log("処理が完了しました。");
13: }
```

 ## finally 文の実行結果を見てみよう

それでは実行結果を見てみましょう。

1 行目の変数 x が -3 の場合は、**図 5-32** のようになります。

▼図 5-32　リスト 5-21 で変数 x が -3 の場合の実行結果

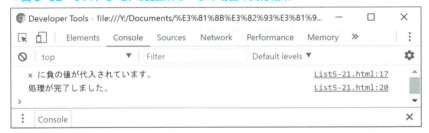

1 行目の変数 x に 3 を代入した場合は、**図 5-33** にようになります。

x に -3 を代入しても、3 を代入しても finally ブロックが実行されることがわかります。

▼図 5-33　リスト 5-21 で変数 x が 3 の場合の実行結果

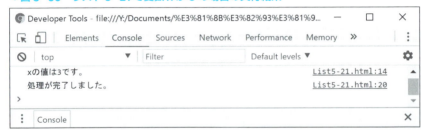

この章のまとめ

- 条件によって処理を分岐させたい場合は if 文や switch 文を使用します。
- 決められた回数の繰り返し処理を行うには for 文を使用します。
- データの集合からすべての値を取り出して処理を行うには for..of 文を使用します。
- 指定された条件の間繰り返し処理を行うには、while 文を使用します。
- 最低 1 回の繰り返し処理を行うには、do..while 文を使用します。
- 例外発生時の処理に対応するには、try..catch 文を使用します。
- 例外を投げるには throw を使用します。
- try ブロックや catch ブロックの最後に行いたい処理は finally ブロックに記述します

《章末復習問題》

練習問題 5-1

　if 文を使用して、変数 x が 0 のときには「ゼロです」を、0 未満の場合には「マイナスです」を、それ以外のときには「プラスです」を Console パネルに表示してください。

練習問題 5-2

　for 文を使用して 1 〜 10 までの値を加算し、最後に加算結果を表示してください。

練習問題 5-3

　while 文を使用して、変数 x が 10 未満の間繰り返し処理をするコードを作成してください。変数 x の初期値は 0 とし、繰り返しの中で変数 x を Console パネルに表示してください。

ヒント

無限ループにならないように、繰り返し処理の中で変数 x をインクリメントしてください。

6章

配列

3章で学んだ変数は、1つの値のみを読み書きすることができ
ました。本章で学ぶ配列を使用すると、1つの変数に複数の
値を持たせることができます。
この章では配列の基礎から使用方法までを学びましょう。

1次元配列

Keyword ☑配列 ☑要素 ☑添え字(インデックス) ☑宣言 ☑代入

 配列とは

　プログラムが大きくなるにつれ、取り扱うデータの量は必然的に増えていきます。これまでに学んだ変数では1つのデータしか取り扱うことができないため、多くのデータを取り扱うには、必要な分だけ変数を準備する必要があります。

　例として、5名分の名前を取り扱いたいとしましょう。5名分なので**リスト6-1**のようにname1～name5までの変数を準備すれば目的を果たすことができます。

▼リスト6-1　5名分の名前を管理する変数

```
01: var name1 = "高橋";
02: var name2 = "佐藤";
03: var name3 = "佐々木";
04: var name4 = "鈴木";
05: var name5 = "小松";
```

　5名分であれば変数は5つだけなので、入力自体はそれほど大変ではありません。

　それでは100名分、もしくは1000名分の名前を管理したい場合はどうでしょうか。変数名は異なるものを付ける必要があるため、100個や1000個の変数を準備しなければなりません。取り扱いたいデータ増えれば増える

ほど、準備する変数の数が増えコードが読みにくくなります。

このような問題を解決するのが配列変数です。配列変数は略して配列とも呼びます（以降、配列とします）。配列を使用すると、1 つの変数名で複数のデータを取り扱うことができるようになります。

ここで変数と配列の違いを図 6-1 で確認しておきましょう。

▼図 6-1　変数と配列変数の違い

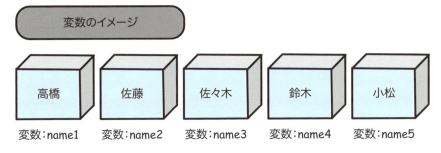

変数の場合は、1 つのデータに対して 1 つの箱を準備し、それぞれに名前を付ける必要があります。配列の場合は、1 つの箱の中を「しきり」で区切ってデータを格納するイメージです。よって 1 つの変数（箱）で複数のデータを管理することができます(このような配列を 1 次元配列とも呼びますが、一般的には略して配列と呼びます)。しきりで区切られた 1 つ 1 つの入れ物は要素とも呼びます。要素の一つひとつには 0 から始まる添え字（インデックスとも呼びます）が割り当てられ、使用時には変数名と添え字を使用してデータを扱います。

配列の構文を理解しよう

配列を作成してデータを代入するには、**構文 6-1** を使用して宣言します。[] の中には代入したいデータをカンマ (,) で区切って記述します。var の代わりに let を使用して宣言をしても構いません。

 6-1 配列の宣言とデータの代入
```
var 配列変数名 = [ データ1, データ2, ...];
```

リスト 6-2 に names という名前の配列にデータを 5 個代入する例を示します。

▼リスト 6-2　配列の宣言と代入

```
01: var names = ["高橋", "佐藤", "佐々木", "鈴木", "小松"];
```

 ## 配列の例を見てみよう

● 配列から要素を取得しよう

配列に代入したデータは「変数名 [添え字]」のようにして参照することができます。添え字は 0 から始まるので、1 番目の箱に入っている要素の添え字は 0 となります。

それではリスト 6-2 で作成した配列 names から要素を取得する例をみてみましょう（**リスト 6-3**）。この例では、配列の先頭から 4 番目の要素を取り出してコンソールへ出力をします。4 番目の要素の添え字は「3」なので、この例では「names[3]」を指定しています。

▼リスト6-3　配列データの取得例

```
01: console.log(names[3]); // 「鈴木」を表示
```

　それでは、動作を確認してみましょう。コードは**リスト6-4**のように編集してください。

▼リスト6-4　配列の動作確認

```
01: var names = ["高橋", "佐藤", "佐々木", "鈴木", "小松"];
02: console.log(names[3])
```

　コードの編集が完了したらデベロッパーツールを起動し、Console タブで動作を確認しましょう。コンソールには、console.log で出力した names[3] の値が表示されていることを確認できます（**図6-2**）。

▼図6-2　コンソールでの出力確認

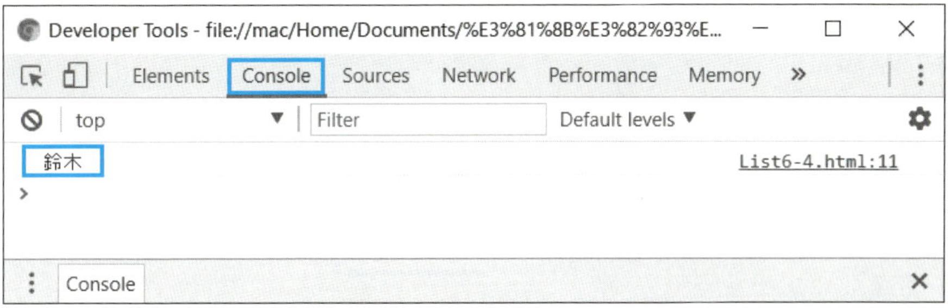

● 要素を書き換えてみよう

　続いて、配列の要素を書き換えてみましょう。任意の要素を書き換える場合は、代入演算子「=」を使用して書き換えたい値を代入します。要素を書き換えることを再代入とも呼びます。

　リスト6-5は先頭から4番目の要素である「鈴木」を「小野寺」に書き換える例です。このコードの動作を確認する場合は、リスト6-4の2行目の位置に挿入してください。

▼リスト6-5　配列の要素の書き換え

```
01: names[3] = "小野寺"; // 「鈴木」を「小野寺」に書き換える
```

デベロッパーツールを使用して、配列の中身を確認してみましょう（図6-3）。

▼図6-3　変数内容の確認手順

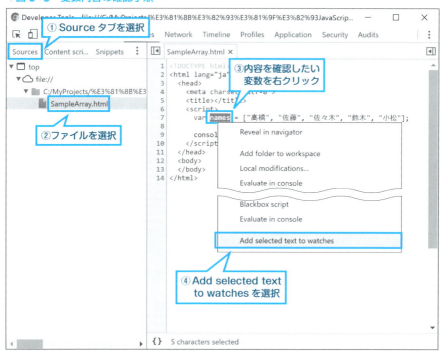

はじめに、「Source」タブを選択し（①）、左側のツリーで現在Chromeに表示しているファイルを選択します（②）。右側には、選択したファイルのコードが表示されるので、中身を確認したい変数を右クリックして（③）メニューの「Add selected text watches」を選択します（④）。

ウォッチウィンドウが表示され、選択した変数の内容を確認することができます（図6-4）。

▼図6-4　ウォッチウィンドウで内容を確認

　ここでは変数 names に入っている各要素の値を確認することができます。

　names の右にある「Array[5]」は、変数 names の要素数が 5 であることを表しています。

　変数 names の中身を確認すると、0 〜 4 までの添え字の脇に要素の値が表示されています。リスト 6-5 で names[3] の値を書き換えたので、配列 names の内容は「高橋」「佐藤」「佐々木」「小野寺」「小松」になっています。

　このように、現在の変数の内容を確認したい場合は、ウォッチウィンドウを使用します。

● すべての要素を取得してみよう

　配列の要素は「変数名 [添え字]」という書式で取得できますが、すべての要素を取得したい場合はどのようにしたらよいでしょうか。要素の数だけ「変数名 [添え字]」を記述して取得することもできますが、要素数が 100 や 1000 など多くの場合にはコード量が増え可読性が悪くなります。

　そこで、すべての要素を取得する際は **5 章**で学んだ for 文や for..of 文を使用します。

　リスト 6-6 に for 文を使用して配列のすべての要素を取得する例を示します。1 行目で配列を作成して、3 行目〜 5 行目ですべての要素を取得して表示します。配列が持っている要素の数は「変数名 .length」という書式で記

述することができるので、for 文の繰り返しをする条件は 3 行目のように「i < names.length」と記述をします。names.length は 5 なので、変数 i が 0 ～ 4 になるまで繰り返し処理を行います。結果としてすべての要素が表示されます。

▼リスト 6-6　1次元配列からすべての要素を取得する例

```
01: var names = ["高橋", "佐藤", "佐々木", "鈴木", "小松"];
02:
03: for (let i = 0; i < names.length; i++) {
04:   console.log(names[i]);
05: }
```

続いて for..of 構文を使用してすべての要素を取得してみましょう。

for..of 構文は for 構文とは異なり、要素数を気にする必要はありません。

リスト 6-7 にリスト 6-6 を for..of 構文で書き換えた例を示します。

for..of 構文の「of」の右側には取り出したい値が入っている配列を、左側には、取り出した要素を入れるための変数を記述します（3 行目）。

繰り返しを行う毎に配列 names から 1 つずつ要素を取り出して変数 val へと代入します。すべての要素を取り出し終わるまで繰り返し処理が行われます。

▼リスト 6-7　1次元配列からすべての要素を取得する例（for..of 構文版）

```
01: var names = ["高橋", "佐藤", "佐々木", "鈴木", "小松"];
02:
03: for (let val of names) {
04:   console.log(val);
05: }
```

リスト 6-7 の動作イメージを**図 6-5** に示します。1 回目の繰り返しでは変数 names の最初の要素「高橋」が変数 val に代入されて「console.log(val);」が実行されます。2 回目のループでは names の 2 つ目の要素「佐藤」が変数 val に代入されて「console.log(val);」が実行されます。このようにし

て、最後の要素になるまで繰り返しが行われます。

▼図6-5　for..of構文による要素の取得イメージ

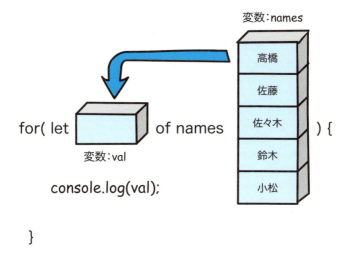

リスト6-6の実行結果を図6-6に示します。すべての要素を取り出して、Consoleパネルに表示されていることがわかります。

▼図6-6　リスト6-6実行結果

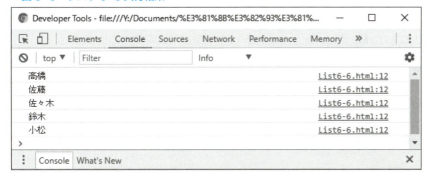

リスト6-7の実行結果を図6-7に示します。リスト6-6と結果が同様になることを確認しましょう。

▼図6-7　リスト6-7実行結果

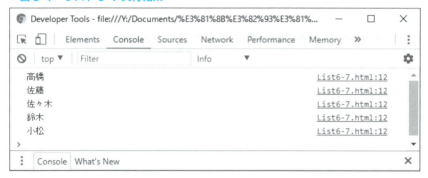

COLUMN

forEach メソッドによる値の参照

　本章では for..of 構文によってすべての値を取得する方法を学びますが、このほかにも forEach というメソッドでもすべての値を取得することができます。

　メソッドについては **9章** で詳しく学びます。ここでは「機能」とだけ理解してください。以下は、forEach メソッドを使用する例です。

　配列変数の後ろに forEach( ) と記述し、その中にそれぞれの値を操作する命令を書きます。この例では1つずつ要素（item）を取得して、Console パネルに表示します。

```
var names = ['高橋', '佐藤', '佐々木', '鈴木', '小松'];
names.forEach(function(item) {
console.log(item);
});
```

多次元配列

Keyword ☑ 2次元配列 ☑ 3次元配列 ☑ 多次元配列

 ## 多次元配列とは

　ここまでに学んだ配列は、1つの箱に「しきり」を付けて複数のデータを入れることができました。このような配列を正式には1次元配列と呼びます。このほかに2次元配列や3次元配列といった多次元の配列を作成して使用することが可能です。

　2次元配列は1次元配列を複数積み重ねた構造で、3次元配列は2次元配列を積み重ねたイメージです（図6-8）。4次元配列以降も同様の考え方でイメージをしてください。よく使用されるのは、多くても3次元配列までです。4次元以上の配列はコードの可読性が悪くなることと、データがどこに入っているのかをイメージしにくくなるため、あまり使用されません。

▼図6-8　2次元配列と3次元配列のイメージ

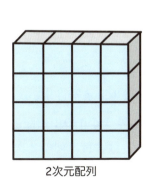
2次元配列

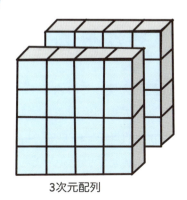
3次元配列

多次元配列の構文を理解しよう

イメージができたら2次元配列を作成してみましょう。
2次元配列を作成する際は**構文6-2**を使用します。

> 構文　6-2　2次元配列
>
> ```
> var 変数名 = [[データ1, データ2, ...], [データ1, データ2,
> ...], ...]
> ```

1次元配列の構文と比較すると複雑に見えますが、よく見ると[]の内側には、1次元配列をカンマで区切って配置していることがわかります。

次に3次元配列を作成してみましょう。3次元配列は**構文6-3**を使用して作成します。さらに複雑になったように見えますが、考え方は2次元配列と同様です。[]の中には必要な分だけ2次元配列のかたまりを配置します。

> 構文　6-3　3次元配列
>
> ```
> var 変数名 = [
>   [[データ1, データ2, ...], [データ1, データ2, ...], ...],
>   [[データ1, データ2, ...], [データ1, データ2, ...], ...]
> ]
> ```

多次元配列を使ってみよう

● 2次元配列を使ってみよう

実際に2次元配列の例をみてみましょう。**リスト6-8**では2つの1次元配列 ['A','B','C','D'] と ['E','F','G','H'] をカンマで区切って[]の中に配置し、2次元配列を作成しています。よって変数array2Dは2行4列の2次元配列であることがわかります。

リスト6-8のイメージを図6-9に示します。図6-9内の数字は、添え字を表しています。

▼リスト6-8　2次元配列の例

```
01: var array2D = [['A','B','C','D'], ['E','F','G','H']];
```

▼図6-9　リスト6-8のイメージ

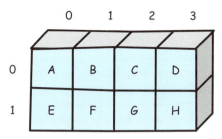

リスト6-8で作成した2次元配列から、要素を取り出す方法を見ていきましょう（**リスト6-9**）。

2次元配列から要素を取り出すには[]を2つ並べて記述し、左側の[]には行の添え字を、右側の[]には列の添え字を記述します。先ほどの図6-9に示している番号と比較しながらコードを確認してください。

添え字は0から数えるので、1行目は0、1列目は0になります。

▼リスト6-9　2次元配列の要素を取得する例

```
01: console.log(array2D[0][0]);   // A (1行1列目)
02: console.log(array2D[0][1]);   // B (1行2列目)
03: console.log(array2D[0][2]);   // C (1行3列目)
04: console.log(array2D[0][3]);   // D (1行4列目)
05: console.log(array2D[1][0]);   // E (2行1列目)
06: console.log(array2D[1][1]);   // F (2行2列目)
07: console.log(array2D[1][2]);   // G (2行3列目)
08: console.log(array2D[1][3]);   // H (2行4列目)
```

リスト 6-9 の実行結果を図 6-10 に示します。2 次元配列のすべての要素が表示されていることが確認できます。

▼図 6-10　リスト 6-9 実行結果

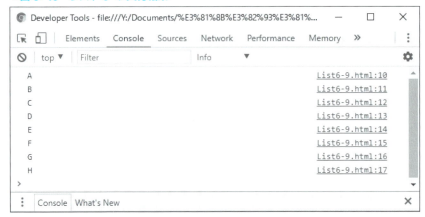

● 3 次元配列を使ってみよう

続いて 3 次元配列の例を見てみましょう（リスト 6-10）。この例では変数 array3D に A 〜 P までの文字を代入しています。

▼リスト 6-10　3 次元配列の例

```
01: var array3D = [[['A','B','C','D'], ['E','F','G','H']],
02: [['I','J','K','L'], ['M','N','O','P']]];
```

[] が多すぎるため理解しにくい場合は、改行を入れてリスト 6-11 のように記述しても構いません。2 行のコードが 10 行になりましたがその内容に変わりはありません。

▼リスト6-11　3次元配列の例

```
01: var array3D = [
02:   [
03:     ['A','B','C','D'],
04:     ['E','F','G','H']
05:   ],
06:   [
07:     ['I','J','K','L'],
08:     ['M','N','O','P']
09:   ]
10: ];
```

　リスト6-11をイメージでみてみましょう（**図6-11**）。2次元配列が2つあり、それぞれの2次元配列に対して添え字0と1が付けられています。コードで表す場合は、変数名の脇に[添え字]を3つ並べて記述し「array3D[3次元の添え字][2次元の添え字][1次元の添え字]」のようにします。

▼図6-11　リスト6-11のイメージ

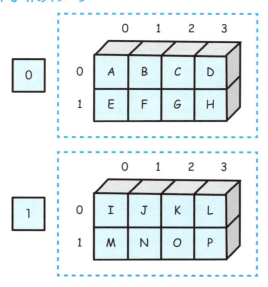

　3次元配列を作成したので、要素を取り出す例をみてみましょう（**リスト6-12**）。この例ではリスト6-11で作成したarray3DからA,F,K,Pの文字を

6章　配列

取得する例です。

▼リスト6-12　3次元配列から要素を取得する例

```
01: console.log(array3D[0][0][0]); // A
02: console.log(array3D[0][1][1]); // F
03: console.log(array3D[1][0][2]); // K
04: console.log(array3D[1][1][3]); // P
```

　変数array3Dの隣には3つの[]を記述し、それぞれ添え字を記述して取得をします。一番左側の[]には3次元の添え字、左から2番目の[]には2次元での添え字、最後の[]には1次元での添え字の順に記述をします。

　図6-11を見ながら考えていきましょう。3次元の添え字は「A～H」までのグループに付けられた番号0と「I～P」のグループに付けられた番号1があります。その内側の2次元の添え字を見ると「A～D」が0、「E～H」が1、「I～L」が0、「M～P」が1となっています。さらに1次元に目を向けてみると添え字は0～3まであることがわかります。

　以上を踏まえて、リスト6-11をもう一度見てみましょう。Aの文字は3次元のグループ「0」、2次元のグループ「0」、1次元の「0」にあることから「array3D[0][0][0]」となることがわかります。Fの文字は3次元のグループ「0」、2次元のグループ「1」、1次元の「1」なので「array3D[0][1][1]」となります。文字K,Pも同様に考えることで添え字どう指定すればよいかがわかります。

　リスト6-12の実行結果を図6-12に示します。3次元配列で指定した要素「A」「F」「K」「P」がConsoleパネルに表示されていることがわかります。

196

▼図6-12　リスト6-12実行結果

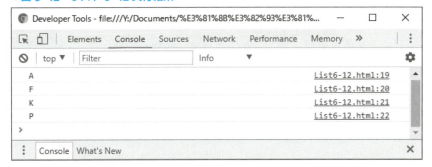

● すべての要素を取得してみよう

1次元配列と同様に多次元配列のすべての要素を取得したい場合はfor文やfor..of文を使用します。

2次元配列や3次元配列といった多次元配列は、繰り返し構文を次元の数だけ入れ子にして要素を取得します。入れ子とはforの中にforを記述したりifの中にifを記述することです。入れ子はネストとも呼びます。

2次元配列からすべての要素を取得するイメージを図6-13に示します（図の中の2次元配列array2Dはリスト6-8で説明したものです）。

▼図6-13　2次元配列の全要素取得イメージ

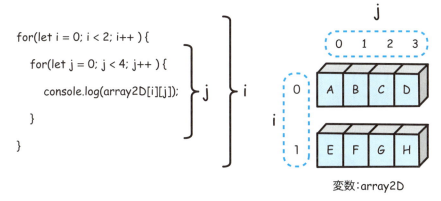

2次元配列なので、1次元の配列が2つありA〜Dまでは添え字0で、E〜Hは添え字1です。よってfor文で0〜1まで繰り返す条件にします。1

次元配列内の要素は4つなのでfor文で0〜3まで繰り返す条件とします。

よってfor文は図6-13の左側のようにfor文の中にfor文を記述（ネスト）することで全要素を取得することができます。3次元配列になっても考え方は同じです。

続いてfor..of構文を使用してすべての要素を取得してみましょう。for..of構文を使用して2次元配列からすべての要素を取得する例を**リスト6-13**に示します。

▼リスト6-13　for..of構文を使用した2次元配列要素の取得例

```
01: var array2D = [['A', 'B', 'C', 'D'], ['E', 'F', 'G', 'H']];
02: for (let array1D of array2D) {
03:   for (let val of array1D) {
04:     console.log(val);
05:   }
06: }
```

リスト6-13についてイメージで確認しましょう（**図6-14**）。

▼図6-14　for..of構文での2次元配列要素取得イメージ

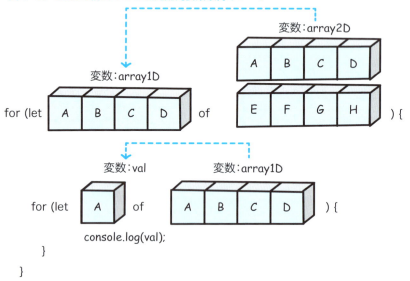

最初の for..of では変数 array2D から array1D へと要素が入ります。1回目のループでは array1D に A 〜 D までの 1 次元の要素が入ります。続いて内側の for..of で変数 array1D から要素を 1 つずつ取り出して console.log を実行します。A 〜 D までの値すべてを表示し終わると外側の for..of へ戻り、変数 array1D には E 〜 H の要素が入ります。続いて内側の for..of で E 〜 H を 1 つずつ取り出し console.log を実行します。

リスト 6-13 の実行結果を図 6-15 に示します。すべての要素を取り出して表示されていることがわかります。

▼図 6-15　リスト 6-13 実行結果

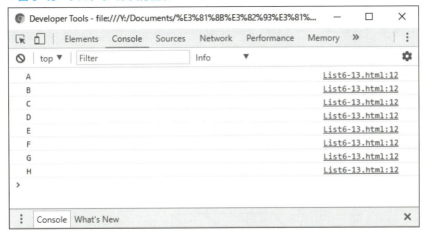

ジャグ配列とは

「6-02 多次元配列」で学んだ2次元配列や3次元配列では、各行の要素の数は同じでした。

ジャグ配列は、多次元配列であるという点では同じですが、行によって要素の数が異なるという特徴があります。図6-16 に3次元でのジャグ配列のイメージを示します。

▼図6-16　ジャグ配列のイメージ

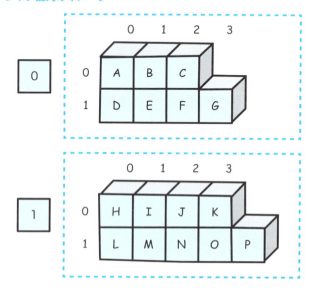

ジャグ配列のイメージはわかりましたが、どのようなデータを入れることができるでしょうか。

例えば、1月～12月までの日ごとの収支データを入れる配列が欲しいとしましょう。2月は28日、4、6、9、11月は30日、それ以外の月は31日あります。このように各月毎に日数が異なりますので、ジャグ配列が適しています。

ジャグ配列について理解できたら、実際のコード例をみてみましょう。

リスト6-14は先ほどの図6-11をコードで表したものです。変数名はjagged3Dとしています。

▼リスト6-14　ジャグ配列の例

```
01: var jagged3D = [
02:   [
03:     ['A','B','C'],
04:     ['D','E','F','G']
05:   ],
06:   [
07:     ['H','I','J','K'],
08:     ['L','M','N','O','P']
09:   ]
10: ];
```

 ## ジャグ配列を使ってみよう

ジャグ配列を作成したので、要素を取得する方法をみてみましょう。

リスト6-15はC,G,K,Pの文字を取得する例です。jagged3Dは3次元の配列のため、要素の取得方法は通常の3次元配列と同様です。

▼リスト 6-15　ジャグ配列から要素を取得する例

```
01: console.log(jagged3D[0][0][2]); // C
02: console.log(jagged3D[0][1][3]); // G
03: console.log(jagged3D[1][0][3]); // K
04: console.log(jagged3D[1][1][4]); // P
```

　リスト 6-15 の実行結果を図 6-17 に示します。ジャグ配列から指定した要素を取得できていることを確認できます。

▼図 6-17　リスト 6-15 実行結果

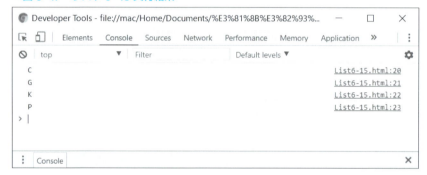

 すべての要素を取得してみよう

　ジャグ配列は多次元配列であり、要素数は内部の次元毎に異なる可能性があります。このためすべての要素を取得するには for..of 構文を使用します。

　リスト 6-14 に示したジャグ配列の jagged3D からすべての要素を取得する例をリスト 6-16 に示します。

　考え方は多次元配列のときと同様です。イメージがわかない場合は、「6-03 多次元配列」の図 6-10 を参考にしてください。

▼リスト 6-16　ジャグ配列からすべての要素を取得する例

```
01: for (let jagged2D of jagged3D) {
02:   for (let jagged1D of jagged2D) {
03:     for (let val of jagged1D) {
04:       console.log(val);
05:     }
06:   }
07: }
```

リスト 6-16 の実行結果を図 6-18 に示します。ジャグ配列の全要素である A～P までを取得できていることが確認できます。

▼図 6-18　リスト 6-16 実行結果

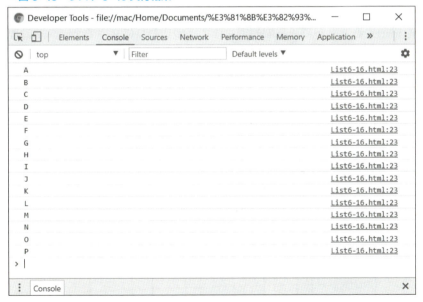

連想配列

Keyword ☑ キー(Key) ☑ バリュー(Value)

 連想配列とは

これまでに学んだ配列の添え字は数値でした。連想配列とは辞書のようデータを格納することができる配列で、添え字の代わりに文字でデータを管理します。添え字の代わりになる文字のことをキー（Key）、キーに紐付くデータのことをバリュー（Value）とも呼びます。

連想配列のイメージを図6-19に示します。この例ではキーに果物の名前を、値に金額を持たせることをイメージしています。

▼図6-19　連想配列のイメージ

fruit

キー:apple　バリュー 200
キー:orange　バリュー 300
キー:banana　バリュー 180

連想配列の構文を理解しよう

連想配列は**構文 6-4** をします。変数に代入するデータはキーとバリューのペアをコロン記号（:）で連結し、それぞれのデータはカンマで区切って記述します。

> **構文　6-4　連想配列**
> ```
> var 変数名 = { キー 1: バリュー 1, キー 2: バリュー 2, ...}
> ```

連想配列を使ってみよう

図 6-19 のイメージをコードで記述する例を**リスト 6-17** に示します。

変数 fruit には、apple が 200、orange が 300、banana が 180 というキーとバリューの組み合わせでデータを代入しています。

▼リスト 6-17　連想配列の例
```
01: var fruit = { 'apple': 200, 'orange': 300, 'banana': 180 };
```

続いてリスト 6-12 から要素を取得する方法を見ていきましょう。

連想配列では、データ（バリュー）に名前（キー）が付いているので、取得する際は「変数名 . キー名」という形でデータを取得します。

リスト 6-18 は、リスト 6-17 で作成した連想配列の要素を取得してコンソールに表示する例です。

▼リスト6-18　連想配列から要素を取得する例

```
01: console.log(fruit.apple);    // 200
02: console.log(fruit.orange);   // 300
03: console.log(fruit.banana);   // 180
```

連想配列のデータを書き換えたい場合は「変数名.キー名 = 新しいデータ;」という書式を使用します。

リスト6-19にそれぞれのデータを書き換える例を示します。

▼リスト6-19　連想配列のデータの書き換え（再代入）の例

```
01: fruit.apple = 120;
02: fruit.orange = 280;
03: fruit.banana = 130;
```

リスト6-18の実行結果を図6-20に示します。キー名を指定して値を取得できていることが確認できます。

▼図6-20　リスト6-18 実行結果

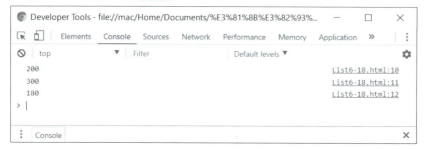

多次元の連想配列を作成しよう

1次元での連想配列の作成方法はわかりました。ここでは2次元の連想配列の例をみてみましょう。

リスト6-20は先ほどのfruitを2次元配にしてデータを追加した例です。

この例では、fruit の中に apple, orrange, banana と strawberry, kiwi, grapes の 2 つのグループを持つ連想配列です。

▼リスト 6-20　2 次元の連想配列の例

```
01: var fruit = [
02:     { apple: 200, orange: 300, banana: 180 },    // 添え字0
03:     { strawberry: 320, kiwi: 200, grapes: 400 }  // 添え字1
04: ];
```

リスト 6-20 で作成した連想配列からデータを取得するには**リスト 6-21**のようにします。連想配列は添え字ではなくキーでデータを取得することは既に説明した通りですが、多次元配列にした場合はリスト中のコメントにあるように各グループは添え字で表します。

▼リスト 6-21　2 次元の連想配列から要素を取得する例

```
01: console.log(fruit[0].apple);        // 200
02: console.log(fruit[0].orange);       // 300
03: console.log(fruit[0].banana);       // 180
04: console.log(fruit[1].strawberry);   // 320
05: console.log(fruit[1].kiwi);         // 200
06: console.log(fruit[1].grapes);       // 400
```

リスト 6-21 の実行結果を図 6-21 に示します。はじめに要素番号を、次にキーを指定して要素を取得できていることが確認できます。

▼図 6-21　リスト 6-21 実行結果

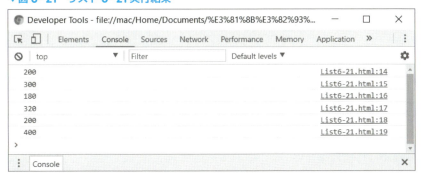

すべての要素を取得しよう

はじめに 1 次元の連想配列からすべての要素を取得する方法を見ていきましょう。連想配列自体は添え字を持たないため、for..in 構文を使用します。for..of 構文ではないことに注意してください。

for..in 構文を称して連想配列からすべてのデータを取得する例を**リスト 6-22** に示します。

▼リスト 6-22　for..in 構文で連想配列の要素を取得する例
```
01: var fruit = { apple: 200, orange: 300, banana: 180 };
02: for(let key in fruit){
03:   console.log(fruit[key]);
04: }
```

リスト 6-22 をイメージで表すと**図 6-22** のようになります。

for..in 構文を使用すると、連想配列から 1 つずつキーを取り出すことができます。変数 fruit の 1 つ目の要素のキーは apple なので、1 回目のループでは変数 key に apple が代入されます。console.log の ( ) の中に記述した fruit[key] は fruit[apple] と記述したことと同じであり、fruit[apple] は fruit.apple と同じです。よって 1 回目のループではコンソールに 200 が表示されます。同様にして 2 回目と 3 回目のループ処理が行われます。

▼図 6-22 連想配列から要素を取得するイメージ

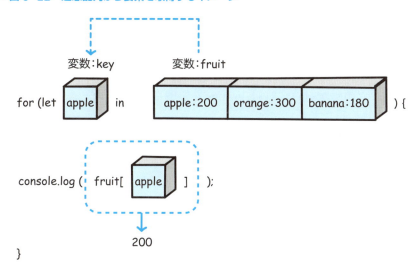

2次元の連想配列も取得方法は変わりません。ただし、既に説明したように2次元の中にある各グループ（1次元配列）は添え字で指定します。よってfor..of構文とfor..in構文のネストで取得することができます。**リスト6-23**に2次元の連想配列から要素を取得する例を示します。

▼リスト 6-23　2次元の連想配列から要素を取得する例

```
01: var fruit2D = [
02:     { apple: 200, orange: 300, banana: 180 },    // 添え字0
03:     { strawberry: 320, kiwi: 200, grapes: 400 }  // 添え字1
04: ];
05:
06: for (fruit1D of fruit2D){
07:   for(let key in fruit1D){
08:     console.log(fruit1D[key]);
09:   }
10: }
```

リスト6-23をイメージにしたのが**図6-23**です。はじめにfor..of構文の1回目のループで、fruit2Dからapple,orange,bananaのかたまりがfruit1D

に代入されます。続いて for..in 構文へと移動し、fruit1D から 1 つ目の key を取得します。この時点で要素は fruit1D に入っているので、console.log の ( ) には fruit1D[key] を記述して、要素を表示します。同様にして orange、banana を取り出して表示したあと、for..of のループへ戻って 2 つ目のグループの strawbery, kiwi, grapes を処理します。

▼図 6-23　2 次元の連想配列から要素を取得するイメージ

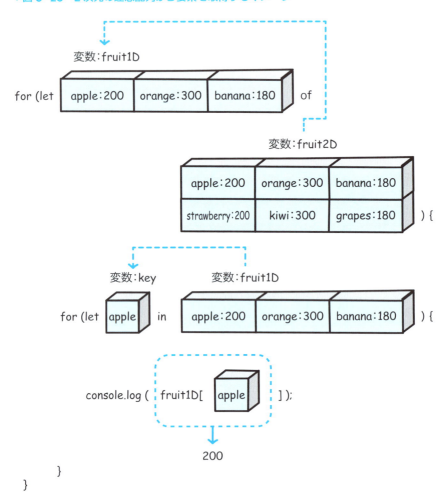

リスト 6-22 の実行結果を図 6-24 に示します。apple、orange、banana のすべての値を取得して表示できていることが確認できます。

▼図 6-24　リスト 6-22 実行結果

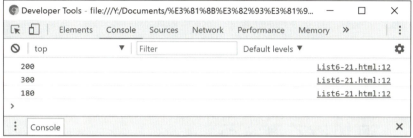

リスト 6-23 の実行結果を図 6-25 に示します。2 次元の連想配列からすべての要素を取得して表示できていることを確認できます。

▼図 6-25　リスト 6-23 実行結果

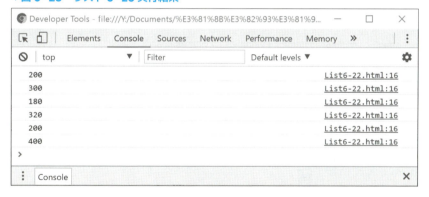

Keyword ☑ push ☑ unshift
☑ スプレッド演算子

 配列の最後に要素を追加してみよう

　これまでは宣言と同時にデータを代入していたため、配列の要素サイズは決まっていましたが、後からデータを付け加えることもできます。

　配列に要素を追加するイメージを図6-26に示します。

▼図6-26　pushメソッドによる要素追加イメージ

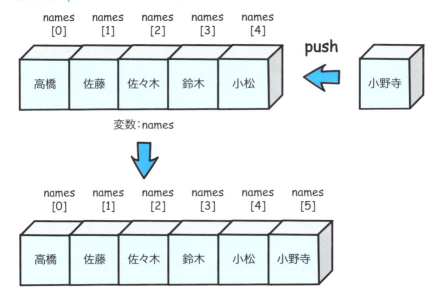

pushメソッドの構文を理解しよう

データを付け加えたい場合は、push というメソッドを使用します（**構文 6-5**）。

push メソッドを使用した場合は、図 6-26 に示したように、既存の配列の後ろにデータが追加されます。追加されたデータの添え字は、既存の「最大の添え字 +1」になります

 構 文　6-5　push メソッド

変数名 .push(追加したい要素) ;

 ポイント

メソッドとは命令のことです。メソッドについては第 8 章で学びます。

 ## push メソッドを使ってみよう

それでは push メソッドを使用して、実際に配列にデータを追加してみましょう。図 6-26 をコードにした例を**リスト 6-24** に示します。push メソッドは「配列変数 .push(追加したいデータ)」という書式で使用します。この例で push しているのは「小野寺」というデータです。元々要素数は 5 つだったので添え字は 0 〜 4 まででした。データを追加したことにより要素数は 0 〜 5 までとなり、最後の添え字 5 を指定すると「小野寺」というデータを取得することができます。

▼リスト6-24　pushによる要素の追加例

```
01: var names = ['高橋', '佐藤', '佐々木', '鈴木', '小松'];
02: names.push('小野寺');
03: console.log(names[5]);  // 小野寺
```

リスト6-24の実行結果を図6-27に示します。最後に追加した要素を表示できていることが確認できます。

▼図6-27　リスト6-23実行結果

 配列の先頭に要素を追加してみよう

続いて配列の先頭にデータを追加してみましょう。

配列の先頭に要素を追加するには unshift というメソッドを使用します。unshiftのイメージは図6-28のとおりです。先頭にデータを追加するため元々のデータの添え字は1つずつズレます。

▼図6-28 unshift メソッドによる要素追加のイメージ

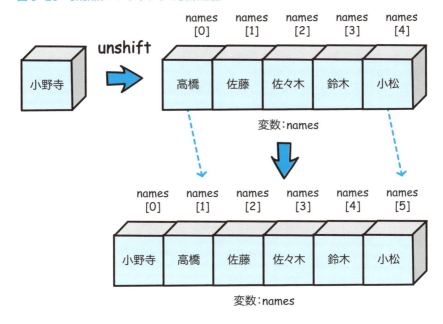

unshift メソッドの構文を理解しよう

unshift メソッドは**構文 6-6** を使用します。( ) の中には、既存の配列の先頭に追加したい要素を指定します。

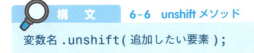

変数名.unshift(追加したい要素);

unshift メソッドを使ってみよう

それでは unshift 命令を使用して、配列にデータを追加してみましょう。

図 6-28 をコードにした例を**リスト 6-25** に示します。

▼リスト 6-25　unshift による要素の追加例

```
01: var names = ['高橋', '佐藤', '佐々木', '鈴木', '小松'];
02: names.unshift('小野寺');
03: console.log(names[1]);  // 高橋（元の添え字は0だった）
```

リスト 6-25 の実行結果を**図 6-29** に示します。要素の先頭に「小野寺」が追加されたことを確認できます。

▼図 6-29　リスト 6-25 実行結果

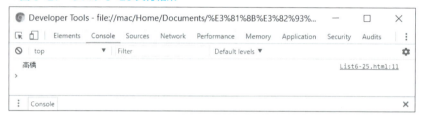

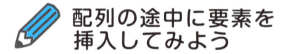
配列の途中に要素を挿入してみよう

配列の途中に要素を挿入するには**スプレッド演算子**を使用します。スプレッド演算子による要素の挿入イメージを**図 6-30** に示します。

▼図6-30　スプレッド演算子による要素追加イメージ

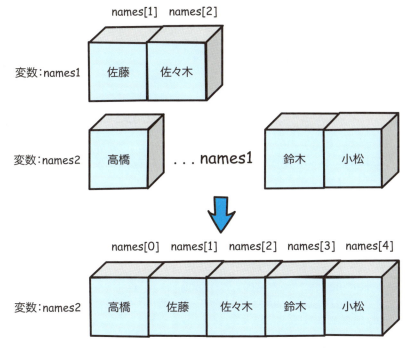

このイメージでは、変数names1が持つ「佐藤」、「佐々木」を、変数names2の「高橋」、「鈴木」、「小松」の2番目の位置に挿入します。

結果として、変数names2は「高橋」「佐藤」「佐々木」「鈴木」「小松」になります。

 ## スプレッド演算子の構文を理解しよう

スプレッド演算子による配列への要素追加は**構文6-7**を使用します。

[]の中に記述した「...」記号のすぐ後ろには、追加したい要素を持つ配列変数を記述します。

構文　6-7　スプレッド演算子による要素の追加

var 変数 = [値1 , 値2 , ...既存の配列変数 , 値n]

スプレッド演算子を使ってみよう

それではスプレッド演算子（...）を使用して、配列に要素を追加してみましょう。

図6-30をコードにした例を**リスト6-26**に示します。

▼リスト6-26　図6-30のコード例

```
01: var names1 = ['佐藤', '佐々木'];
02: var names2 = ['高橋', ...names1, '鈴木', '小松'];
03: console.log(names2[4]);  // 小松
```

スプレッド演算子による要素の追加は必ずしも複数である必要はありません。**リスト6-27**のようにして単一の要素を追加することもできます。

▼リスト6-27　単一要素の追加例

```
01: var names1 = ['佐藤'];
02: var names2 = ['高橋', ...names1, '佐々木''鈴木', '小松'];
03: console.log(names2[4]);  // 小松
```

リスト6-26の実行結果を**図6-31**に示します。リスト6-26では、高橋、鈴木、小松の2番目に要素を追加しているので、names2は高橋、佐藤、佐々木、小松、鈴木、小松となります。よって要素番号4のデータ「小松」が表示されます。

▼図6-31　リスト6-26実行結果

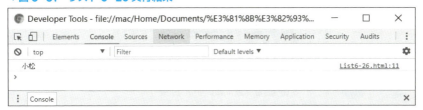

　リスト6-27の実行結果を**図6-32**に示します。リスト6-27では、高橋、佐々木、鈴木、小松の2番目に要素を追加しているので、names2は高橋、佐藤、佐々木、鈴木、小松となります。よって要素番号4のデータ「小松」が表示されます。

▼図6-32　リスト6-27実行結果

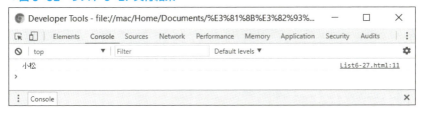

配列の先頭の要素を削除してみよう

　配列へのデータの追加方法がわかりましたので、削除をする方法について学んで行きましょう。

　配列の先頭要素を削除したい場合は shift メソッドを使用します。shift メソッドによる要素の削除イメージを図 6-33 に示します。

▼図 6-33　shift メソッドによる要素削除のイメージ

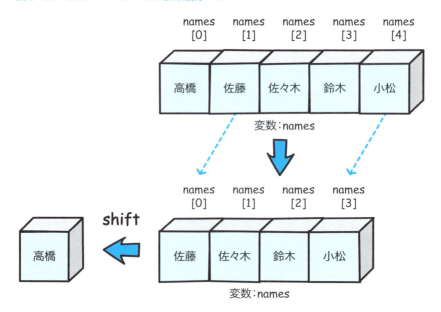

shiftメソッドを実行すると既存の配列から先頭の要素を削除します。よって、残ったデータの添え字はマイナス1されます。

shiftメソッドの構文を理解しよう

shiftメソッドは**構文6-8**を使用します。( )の中には何も指定せずに実行をします。

> **構文 6-8 shiftメソッド**
> 変数名.shift();

shiftメソッドを使ってみよう

図6-33をコードにした例を**リスト6-28**に示します。この例では変数namesの先頭から要素を1つ削除した後、names[0]の要素を表示します。

▼リスト6-28 shiftによる先頭要素の削除例
```
01: var names = ['高橋', '佐藤', '佐々木', '鈴木', '小松'];
02: names.shift();
03: console.log(names[0]); // 佐藤
```

リスト6-28の実行結果を**図6-34**に示します。

先頭の要素削除後のnames[0]である「佐藤」が表示されていることを確認できます。

▼図 6-34　リスト 6-28 実行結果

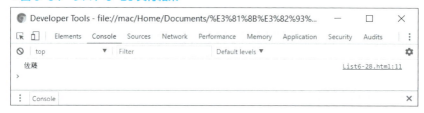

配列の最後の要素を
削除してみよう

続いて、配列の最後の要素を削除してみましょう。

配列の最後の要素を削除したい場合は pop メソッドを使用します。

pop メソッドによる要素の削除イメージを図 6-35 に示します。pop メソッドを使用すると、既存の配列から末尾の要素を削除します。末尾の要素が削除されるだけなので、既存要素の添え字は変わることはありません。ただし、末尾の要素は削除されるため、最大の添え字は「元の最大添え字 -1」となるので注意が必要です。

▼図6-35　popメソッドによる要素削除のイメージ

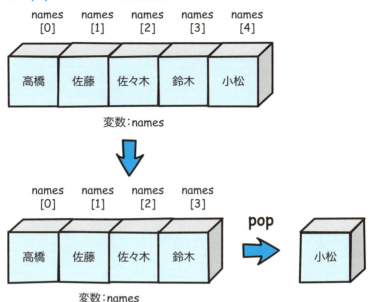

 popメソッドの構文を理解しよう

　配列の末尾のデータを削除するには**構文6-9**を使用します。( )の中には何も指定せずに実行をします。

6-9　popメソッド

変数名.pop();

 popメソッドを使ってみよう

　図6-35をコードにした例を**リスト6-29**に示します。names[4]はpopに

よって削除された要素なので、undefined（定義されていない）というエラーが発生します（4行目）。

▼リスト6-29　popメソッドによる末尾要素の削除例

```
01: var names = ['高橋', '佐藤', '佐々木', '鈴木', '小松'];
02: names.pop();
03: console.log(names[3]); // 鈴木
04: console.log(names[4]); // undefined
```

リスト6-29の実行結果を図6-36に示します。name[3]は「鈴木」を、nmaes[4]は「undefined」であることを確認できます。

▼図6-36　リスト6-29実行結果

この章のまとめ

- 配列を使用すると、複数のデータを1つの変数で扱うことができます。

- 配列に格納されているデータは添え字（インデックス）を指定して操作することができます。

- 配列は、1次元だけではなく多次元にすることもできます。

- 2次元以上の配列に、要素数の異なる配列を持たせたジャグ配列を使用することができます。

- 添え字ではなく、キーでデータを管理する連想配列を使用することができます。

- push, unshift, スプレッド演算子で要素を追加し、pop, shift で要素を削除することができます。

《章末復習問題》

練習問題 6-1

変数名がsportsという1次元配列を作成して「野球」、「バスケットボール」、「サッカー」という文字列を代入してください。

次にfor..of構文を使用してすべてのデータをConsoleパネルに表示してください。

6-02 の「すべての要素を取得してみよう」を参考にしてください。

練習問題 6-2

変数名がarray2Dという2次元配列を作成して、1,2,3,4,5と6,7,8,9,10の数字を代入してください。

次に for..of 構文を使用してすべてのデータをConsoleパネルに表示してください。

練習問題 6-3

練習問題6-1で作成した配列sportsにpushメソッドを使用して「バレーボール」を追加してください。

次に、shiftメソッドを使用して先頭のデータ「野球」を削除してください。

7章

関数

前章まででJavaScriptでプログラムを書く基礎事項につい
て学習しました。
本章では、処理をまとめて記述するための関数について説明
します。JavaScriptの関数の使用方法について学んでいき
ましょう。

関数とは

　プログラムが大きくなると、同じ内容の処理を何回も使用しなければならない場面がでてきます。同じ内容の処理を何度も記述したりするのは簡単ですが、プログラムが長くなってしまったり、修正が必要な場合にはすべての処理を直す必要があります。

　関数とは、同じ内容の処理を一つにまとめて定義したものです。定義した関数は、必要になった場合に呼び出すことができます。

　一般的に関数を使用することを「関数を呼び出す」という言い方をします。また、関数を呼び出す側を「呼び出し元」と呼びます。関数のイメージを図7-1に示します。

▼図7-1　関数のイメージ

関数の構文を理解しよう

関数は、**構文 7-1** を使用して定義します。

構文　7-1　関数の定義

```
function 関数名 () {
   関数で行う処理を記述
}
```

定義した関数は、**構文 7-2** で呼び出すことができます。

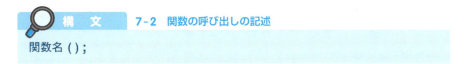

構文　7-2　関数の呼び出しの記述

```
関数名 ();
```

関数は、値を渡して利用することができます。関数に渡す値のことを<u>引数</u>と呼び、関数内では引数で受け取った値を使用したコードの記述が可能です。

引数がある関数は、**構文 7-3** を使用して定義します。

構文　7-3　引数がある関数の定義

```
function 関数名 ( 引数 1, 引数 2, …, 引数 N) {
   関数で行う処理を記述
}
```

構文に示した通り、関数には複数の引数を持たせることができます。

定義した関数は、**構文 7-4** で呼び出すことができます。

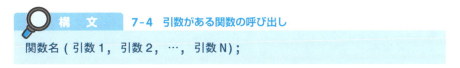

構文　7-4　引数がある関数の呼び出し

```
関数名 ( 引数 1, 引数 2, …, 引数 N);
```

関数は、処理をした結果を呼び出し元に返すことができます。呼び出し元に返す値は戻り値と呼びます。戻り値を呼び出し元に返す場合には、returnキーワードを使用します。

なお、関数の処理として戻り値を呼び出し元に返す必要がない場合は、省略しても構いません。

戻り値がある関数は、**構文 7-5** を使用して定義します。

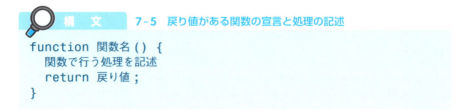

定義した関数は、**構文 7-6** で呼び出すことができます。

呼び出し元で関数の戻り値を受け取るには変数に代入します。

次に、引数と戻り値がある関数について見ていきましょう。引数と戻り値がある関数は、**構文 7-7** を使用して定義します。

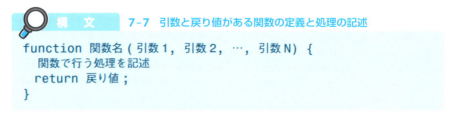

定義した関数は、**構文 7-8** で呼び出すことができます。

関数の例を見てみよう

　関数の使用例として、画面上に「関数学習中！」を3回出力するプログラムを**リスト7-1**に示します。

▼リスト7-1　「関数学習中！」を3回出力する例

```
01: function output() {
02:     console.log("関数学習中！"); // 画面出力処理を定義
03: }
04: for (let i = 0; i < 3; i++) {
05:     output(); // 関数の呼び出し
06: }
```

　1～3行目でoutputという名前の関数を定義し、4～6行目のfor文で関数を呼び出しています。

　引数がある関数の使用例として、Consoleパネルに「○回目の関数の呼び出しです。」を5回出力するプログラムを**リスト7-2**に示します。なお「○回目」は、関数が呼び出されるたびに「1回目」「2回目」と順に表示をします。

▼リスト7-2　引数がある関数の使用例

```
01: function output(count) {
02:     console.log("%d回目の関数の呼び出しです。", count);
03: }
04: for (let i = 0; i < 5; i++) {
05:     output(i + 1); // 関数の呼び出し
06: }
```

　1行目～3行目で引数のある関数を定義しています。この関数は、countという名前の引数を1つ持ち、2行目でConsoleパネルに表示する際に使用しています。ダブルクォーテーションで括られた文字列中の%dは、カン

マの後ろに続く count の値を数値として出力することを表します。

戻り値がある関数の使用例を**リスト 7-3** に示します。

▼**リスト7-3　戻り値がある関数の使用例**

```
01: function output() {
02:   return "戻り値勉強中！"; // 呼び出し元に「戻り値勉強中！」を返す
03: }
04: for (let i = 0; i < 7; i++) {
05:   var result = output(); // 関数の呼び出し
06:   console.log(result);
07: }
```

1 行目〜 3 行目が戻り値のある関数の定義です。この関数は呼び出されると、「戻り値勉強中！」という文字列を呼び出し元に返します。

4 行目〜 7 行目は for 文で 7 回関数を呼び出しています。よって Console パネルには 7 回「戻り値勉強中！」が出力されます。

引数と戻り値がある関数の使用例として、底辺と高さが異なる三角形の面積（面積 = 底辺×高さ÷ 2）の計算を 3 回行い、結果を画面上に出力するプログラムを作成します。関数を使用しない場合と関数を使用する場合、それぞれで記述の違いを確認しましょう。

関数を使用しない場合のプログラム例を**リスト 7-4** に示します。

▼**リスト7-4　三角形の面積を出力するプログラム例**

```
01: var triangle1 = 5 * 2 / 2;      // 底辺5、高さ2の三角形の面積
02: var triangle2 = 10 * 6 / 2;     // 底辺10、高さ6の三角形の面積
03: var triangle3 = 4 * 7 / 2;      // 底辺4、高さ7の三角形の面積
04: console.log("1つ目の三角形の面積：%d", triangle1);
05: console.log("2つ目の三角形の面積：%d", triangle2);
06: console.log("3つ目の三角形の面積：%d", triangle3);
```

次に、関数を使用した場合のプログラムを作成しましょう。

三角形の面積を求める関数を作成して、リスト 7-4 を書き換えてみましょ

う（**リスト 7-5**）。

1〜3行目で三角形の面積を求める triangle 関数を定義しています。引数は底辺を受け取る width と高さを受け取る height2 つで、戻り値として計算をした面積を返します。この関数は、for 文の中の 10 行目で呼び出しています。関数 triangle( ) に底辺と高さを渡し、計算結果を変数 result に格納し結果を出力しています。

▼**リスト 7-5　関数を使用して三角形の面積を出力するプログラム例**

```
01: function triangle(width, height) {
02:   return width * height / 2; // 三角形の面積の計算を定義
03: }
04: // 底辺5、高さ2、底辺10、高さ6、底辺4、高さ7を2次元配列に格納
05: var triangles2D = [[5, 2], [10, 6], [4, 7]];
06: for (let i = 0; i < 3; i++) {
07:   var width = triangles2D[i][0];
08:   var height = triangles2D[i][1];
09:   var result = triangle(width, height);
10:   console.log("%d つ目の三角形の面積：%d", i + 1, result);
11: }
```

実行結果を見てみよう

コードの記述が完了したら Chrome で開き、デベロッパーツールでリスト 7-1 からリスト 7-5 までの実行結果をそれぞれ確認しましょう。

リスト 7-1 の実行結果は**図 7-2** のように表示されます。

▼図7-2　リスト7-1の実行結果

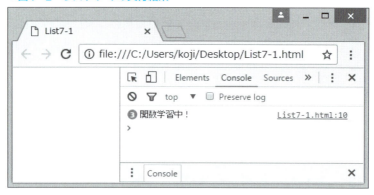

　実行結果を確認すると、「関数学習中！」の左脇に3という数字が表示されています。これは、コンソールに3回「関数学習中！」が出力されたことを示しています。
　リスト7-2の実行結果は図7-3のように表示されます。

▼図7-3　リスト7-2の実行結果

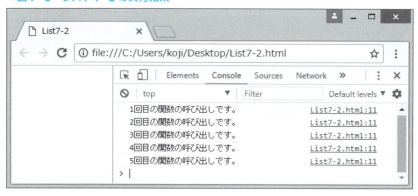

　リスト7-3の実行結果は図7-4のように表示されます。

▼図7-4　リスト7-3の実行結果

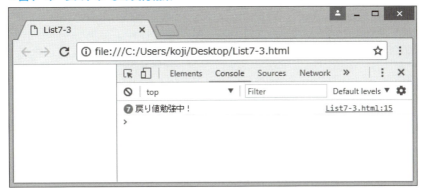

リスト7-4とリスト7-5の実行結果は**図7-5**のように表示されます。

▼図7-5　リスト7-4とリスト7-5の実行結果

 関数の定義位置

　関数は、同じscriptタグ内であれば呼び出し元の処理の前でも後でも定義することができます（**リスト7-6**、**リスト7-7**）。

▼リスト7-6　呼び出し元の処理の前に関数を定義する例

```
01: <script>
02:   function output() {
03:     console.log("関数が呼び出されました");
04:   }
05:   output(); // 関数の呼び出し
06: </script>
```

▼リスト7-7　呼び出し元の処理の後に関数を定義する例

```
01: <script>
02:   output(); // 関数の呼び出し
03:   function output() {
04:     console.log("関数が呼び出されました");
05:   }
06: </script>
```

　リスト7-6では2〜4行目で関数を定義し、5行目で呼び出しています。一方リスト7-7は2行目で関数の呼び出しを行い、3〜4行目で関数の定義を行っています。

　リスト7-6とリスト7-7は、実行結果に変わりはありません。複数の関数を定義する場合、処理の前や後に関数がバラバラに定義されていると可読性が悪くなります。また、コードは上から順に実行されますので、関数が先に解釈されている前提で呼び出すのが自然な形です。以上のことから、関数の定義は処理の前にまとめて記述することを推奨します。

変数のスコープ

Keyword ☑ スコープ ☑ ローカル変数 ☑ グローバル変数

 スコープとは

　プログラム内で宣言された変数は、宣言をした場所や宣言方法により使用可能な範囲が決まります。使用可能な範囲のことをスコープと呼びます。

　図7-6を見てみましょう。hikisuやhensuは関数の中で使用することができますが、関数の外では使用することはできません。

　このように関数内で参照できる変数をローカル変数といいます。

▼図7-6　引数や関数内で宣言した変数のスコープ

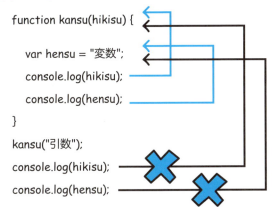

　一方、関数の外でvarやletを使用して宣言した変数は、プログラムのどこからでも参照することができます。

図7-7に示すように、関数の外で宣言されたhensu1やhensu2は、関数の中でも外でも使用することができます。

▼図7-7　関数外で宣言した変数のスコープ

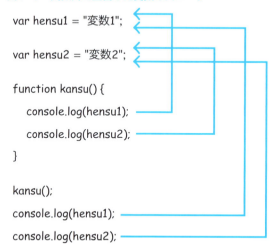

このようにプログラム全体で参照できる変数をグローバル変数と呼びます。

グローバル変数はプログラムのどこからでも参照できるため便利ですが、意図しない場所で変数が書き換わる危険性があります。プログラム全体で参照する値はグローバル変数、関数内でしか参照しない値はローカル変数と目的によって使い分けるとよいでしょう。

次にキーワードletを使用して宣言した変数のスコープを見てみましょう。

letを使用して宣言した変数は、図7-8に示すように{ ～ }のブロック内で限定して参照することができます。

最初のfor文は、varで変数iを宣言しています。この場合のiはfor文を抜けた後も使用することができます。

2つ目のfor文は、letで変数iを宣言しています。この場合のiは{ ～ }がスコープとなりますので、for文を抜けた後は使用することができません。

▼図7-8　letで宣言した変数のスコープ

```
for(var hensu1 = 0; hensu1 < 3; hensu1++ ) {
    console.log(hensu1);
}
console.log(hensu1);
```
varで宣言した変数は
ブロック外でも参照可能

```
for(let hensu2 = 0; hensu2 < 5; hensu2++ ) {
    console.log(hensu2);
}
console.log(hensu2);
```
letで宣言した変数は
ブロック外では参照不可能

　なお、varもletも使用せずに変数を宣言した場合には、関数内外を問わずグローバル変数となります。これはプログラムの誤動作のもととなりますので、変数の宣言の際にはvarやletを使用するようにしましょう（図7-9）。

▼図7-9　varおよびletを用いない変数のスコープ

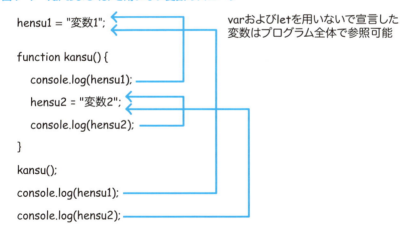

　ローカル変数とグローバル変数は同じ変数名をつけることができ、プログラム内では別々の変数として扱われます。なお、関数内で同じ名前の変数を参照した場合、ローカル変数が参照されます。

図 7-10 ではグローバル変数の hensu と関数内の hensu がありますが、関数内ではローカル変数が参照されます。

▼図 7-10　ローカル変数とグローバル変数が同じ変数名のスコープ

```
var hensu = "変数1";

function kansu() {
    var hensu = "変数2";
    console.log(hensu);
}
kansu();
console.log(hensu);
```

関数内で同名の変数を参照した場合、ローカル変数を参照

関数外で同名の変数を参照した場合、グローバル変数を参照
（関数外ではローカル変数を参照できない）

スコープの例を見てみよう

スコープの例として、関数の内と外でそれぞれ var、let、そして var と let を使用せずに宣言した各変数を出力するプログラムを**リスト 7-8** に示します。

▼リスト 7-8　スコープの例

```
01: var v_outHensu = "varで宣言した関数外の変数";
02: let l_outHensu = "letで宣言した関数外の変数";
03: outHensu = "関数外の変数";
04: function output() {
05: console.log("--- output()開始 ---");
06: var v_inHensu = "varで宣言した関数内の変数";
07:     let l_inHensu = "letで宣言した関数内の変数";
08:     inHensu = "関数内の変数";
09:     console.log("--- 関数外で宣言された変数を表示します ---");
10:     console.log(v_outHensu);    // 関数外のvarで宣言された変数を出力
```

次へ

```
11:     console.log(l_outHensu);   // 関数外のletで宣言された変数を出力
12:     console.log(outHensu);     // 関数外の変数を出力
13:     console.log("--- 関数内で宣言された変数を表示します ---");
14:     console.log(v_inHensu);    // 関数外のvarで宣言された変数を出力
15:     console.log(l_inHensu);    // 関数外のletで宣言された変数を出力
16:     console.log(inHensu);      // 関数外の変数を出力
17:     console.log("--- output()開始 ---");
18: }
19: output(); // 関数呼び出し
20: console.log("--- 関数外で宣言された変数を表示します ---");
21: console.log(v_outHensu);       // 関数外のvarで宣言された変数を出力
22: console.log(l_outHensu);       // 関数外のletで宣言された変数を出力
23: console.log(outHensu);         // 関数外の変数を出力
24: console.log("--- 関数内で宣言された変数を表示します ---");
25: console.log(inHensu);          // 関数内の変数を出力
26: console.log(v_inHensu);        // 関数内のvarで宣言された変数を出力
27: console.log(l_inHensu);        // 関数内のletで宣言された変数を出力
```

 ## 実行結果を見てみよう

　コードの記述が完了したら Chrome で開き、デベロッパーツールでリスト 7-8 の実行結果を確認しましょう。

　リスト 7-8 の実行結果は**図 7-11** のように表示されます。

▼図7-11　リスト7-8の実行結果

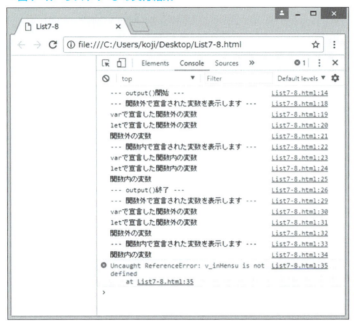

　実行結果を見ると関数内で出力した結果はすべて出力されています。しかし、関数外で出力した結果は、関数内で宣言された「inHensu」のみ出力されます。なお、「Uncaught ReferenceError」は、関数内で宣言された「v_inHensu」を関数外で表示しようとしたため発生したエラーです。

ホイスティングとは

　関数内で宣言された変数は、関数内全体でスコープを持ちます。これは関数の最後に変数を宣言したとしても、関数の先頭で変数を宣言したことと解釈されます。このことをホイスティング（巻き上げ）といいます（図7-12）。

　ただし、ホイスティングは変数の宣言のみ行われ、変数の初期化についてはホイスティングが行われません。そのため、変数を初期化する前に変数を参照した場合には、その変数は未定義（undefined）となります。

▼図7-12　ホイスティングのイメージ

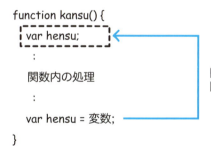

ホイスティングの例を見てみよう

　リスト7-9にホイスティングの例を示します。3行目のhensuの初期化

の前に2行目の console.log( ) で hensu の値を出力しています。ホイスティングは変数の宣言のみ行われますので、結果は undefined となります。

▼リスト7-9　ホイスティングの例
```
01: function output() {
02:   console.log(hensu);
03:   var hensu = "変数";
04: }
05: output();
```

 実行結果を見てみよう

　コードの記述が完了したら Chrome で開き、デベロッパーツールでリスト7-9の実行結果を確認しましょう。
　リスト7-9の実行結果は**図7-13**のように表示されます。

▼図7-13　リスト7-9の実行結果

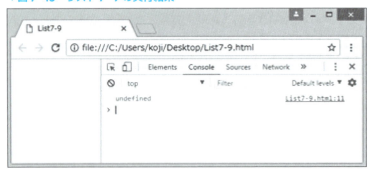

　リスト7-9は、実行時に**リスト7-10**のように解釈されます。

▼リスト7-10　リスト7-9がホイスティングにより解釈されたコード

```
01: function output() {
02:   var hensu;
03:   console.log(hensu);
04:   hensu = "変数";
05: }
06: output();
```

　ホイスティングはJavaScript特有の挙動であり、意図しない動作を行う原因になることもあります。そのため、変数の宣言はスコープの先頭で行い、ホイスティングが発生しないようにすることを推奨します。

COLUMN

同じ名前の関数を定義した場合どうなるか

　一般的に引数の型や数が異なる同じ名前の関数を定義することを「関数のオーバーロード」と呼びます。主にJavaやC++で実装することができます。

　しかし、JavaScriptでは同じ名前の関数を定義した場合、後に実装した関数の定義が優先されます。そのため、上述の「関数のオーバーロード」を実装することができません。

　JavaScriptでプログラムを書く際には、同じ名前の関数を定義しないように気を付けましょう。

04 無名関数

Keyword ☑ 無名関数

無名関数とは

無名関数（または匿名関数）とは、その名の通り関数名がない関数のことです。

無名関数は**構文 7-9** を使用して定義します。

構文　7-9　無名関数の宣言と処理の記述
```
var 変数名 = function ( 引数1, 引数2, ...) {
   関数で行う処理を記述
   return 戻り値 ;
}
```

無名関数は、名前がない関数を変数に代入して使用します。

定義した無名関数は、**構文 7-10** で呼び出すことができます。

構文　7-10　無名関数の呼び出しの記述（戻り値と引数が存在する場合）
```
変数名 = 無名関数で宣言した変数名 ( 引数1, 引数2, ...);
```

無名関数の呼び出しでは、関数名がありませんので代わりに構文 7-9 または構文 7-10 で記述した変数名 ( ) で呼び出しを行います。

また、戻り値と引数が存在しない場合については、**構文 7-11** で呼び出すことができます。

構 文　7-11　無名関数の呼び出しの記述（戻り値と引数が存在しない場合）

無名関数で宣言した変数名 ();

無名関数の例を見てみよう

「7-01 関数」では、「引数と戻り値がない関数」と「引数と戻り値がある関数」について学びました。

上記を無名関数に編集して実行結果が同じになることを確認しましょう。

無名関数で「console.log(" 関数学習中！ ");」を 3 行出力するプログラムの記述例をリスト 7-11 に示します。

▼リスト 7-11　無名関数の使用例

```
01: var output2 = function () {
02:    console.log("関数学習中！"); // 画面出力処理を定義
03: }
04: for (let i = 0; i < 3; i++) {
05:    output2(); // 無名関数の呼び出し
06: }
```

次に、無名関数で三角形の面積を 3 回計算し、結果を出力するプログラムの記述例をリスト 7-12 に示します。

▼リスト7-12　無名関数を使用して三角形の面積を出力するプログラム例

```
01: var triangle = function (width, height) {
02:   return width * height / 2; // 三角形の面積の計算を定義
03: }
04: // 底辺5、高さ2、底辺10、高さ6、底辺4、高さ7を2次元配列に格納
05: var triangles2D = [[5, 2], [10, 6], [4, 7]];
06: for (let i = 0; i < 3; i++) {
07:   var width = triangles2D[i][0];
08:   var height = triangles2D[i][1];
09:   var result = triangle(width, height);
10:   console.log("%dつ目の三角形の面積：%d", i + 1, result);
11: }
```

実行結果を見てみよう

　コードの記述が完了したらChromeで開き、デベロッパーツールでリスト7-11とリスト7-12の実行結果をそれぞれ確認しましょう。

　実行結果は前節のリスト7-6、リスト7-7とそれぞれ同じ内容になります。

即時関数とは

即時関数とは、JavaScript が読み込まれたときに一回だけ実行される無名関数です。

即時関数は構文 7-12 を使用して定義します。

 構文　7-12　即時関数の宣言と処理の記述

```
(function ( 引数 1, 引数 2, ...) {
    関数で行う処理を記述
    return 戻り値 ;
})( 即時関数への引数 1, 即時関数への引数 2, ...);
```

即時関数は、前述のように関数の定義と同時に即実行される関数ですので、呼び出す必要はありません。

また、「function (引数 1, 引数 2, ...) {～}」を ( ) で囲みますが、即時関数へ渡す引数は「(即時関数への引数 1, 即時関数への引数 2, ...);」で記載する必要があることに注意してください。

なお、即時関数内で宣言された変数はローカル変数となりますので、関数外から参照することはできません（図 7-14）。つまり、即時関数内で宣言された変数は、グローバル変数に影響を与えることがありません。これは、即時関数を使用するメリットであり、プログラムが意図しない動作をすることを防ぐことにもつながります。

▼図7-14　即時関数内で宣言した変数のスコープ

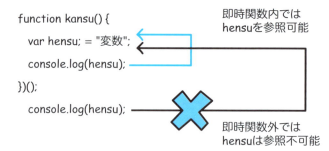

 ## 即時関数の例を見てみよう

　即時関数の使用例として、三角形の面積を計算し、結果をConsoleパネルに出力するプログラムを作成します。

　本項で作成する即時関数は底辺を受け取るwidthと高さを受け取るheightを引数として、計算結果を返します。即時関数へ渡す引数は底辺10、高さを8とします。このプログラムの記述例を**リスト7-13**に示します。

▼リスト7-13　即時関数を使用して三角形の面積を出力するプログラム例

```
01: // 底辺10，高さ8の三角形の面積の計算結果を変数に格納
02: var result = (function (width, height) {
03:   return width * height / 2; // 三角形の面積の計算を定義
04: })(10, 8);
05: console.log("三角形の面積：%d", triangle);
```

 ## 実行結果を見てみよう

　コードの記述が完了したらChromeで開き、デベロッパーツールでリスト7-12の実行結果を確認しましょう。

リスト 7-13 の実行結果は**図 7-15** のように表示されます。

▼**図 7-15　リスト 7-13 の実行結果**

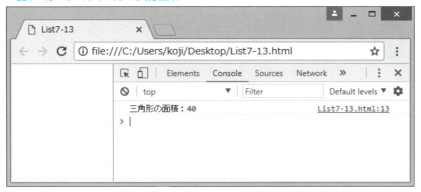

COLUMN

arguments オブジェクト

　関数内で受け取った引数は、定義した引数名以外で参照する方法として arguments オブジェクトを使用する方法があります。このオブジェクトを使用すると、渡された引数を関数内で arguments[0]、arguments[1]、…のように指定すれば参照することができます。
　また、渡された引数の数は、length プロパティを用いて arguments.length として指定すれば参照することができます。
　オブジェクトについては、**9 章**を参照してください。

組み込み関数とは

JavaScriptではあらかじめ定義された関数があり、組み込み関数（または ビルトイン関数）と呼びます。本節では様々な組み込み関数について学びましょう。

組み込み関数の構文を理解しよう

● eval

evalは、引数に指定した文字列をJavaScriptのコードとして評価して結果を返す関数です。文字列に指定された内容が計算式の場合は、計算結果を返します。

evalは**構文7-13**で呼び出すことができます。

 7-13 evalの呼び出しの記述
```
eval( 文字列 );
```

● parseInt

parseIntは、基数変換した結果を整数で返す関数です。引数には文字列と

基数を渡します。小数点付きの文字列を指定した場合には、小数点以下を切り捨てて結果を返します。また、数値以外の文字列を指定した場合には、NaN（非数）を返します。NaN とは Not a Number の略で、非数とは数値以外の値のことです。

なお、引数の基数は省略可能であり、省略した場合には基数が 10 の計算結果を返します。また、引数で指定可能な基数の範囲は 2 〜 36 までです。範囲外の基数を指定した場合には、NaN を返します。

parseInt は**構文 7-14** で呼び出すことができます。

7-14　parseInt の呼び出しの記述

```
parseInt( 文字列 , 基数 );
```

● isNaN

isNaN は、引数に指定した値が非数（数値ではない値）かどうかをチェックする関数です。引数に指定した値が非数であれば true、非数でなければ false を返します。

isNaN は**構文 7-15** で呼び出すことができます。

7-15　isNaN の呼び出しの記述

```
isNaN( 値 );
```

組み込み関数の例を見てみよう

● eval

eval の使用例を**リスト 7-14** に示します。

▼リスト7-14　evalの使用例

```
01: var result = eval("1 + 2");  // 1 + 2の計算結果3を返す
02: console.log(result);
```

コードの記述が完了したらChromeで開き、デベロッパーツールでリスト7-14の実行結果を確認しましょう。

リスト7-14の実行結果は図7-16のように表示されます。

▼図7-16　リスト7-14の実行結果

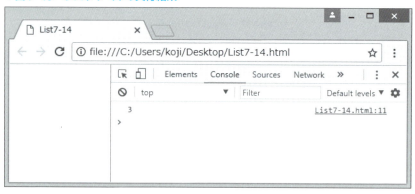

● parseInt

parseIntの使用例をリスト7-15に示します。

▼リスト7-15　parseIntの使用例

```
01: var result1 = parseInt("10", 2);    // 基数が2の10の結果2を返す
02: var result2 = parseInt("10");       // 基数が10の10の結果10を返す
03: var result3 = parseInt("11.1", 2);  // 基数が2の11.1の結果3を返す
04: var result4 = parseInt("ABC");      // 数値ではないためNaNを返す
05: console.log(result1);
06: console.log(result2);
07: console.log(result3);
08: console.log(result4);
```

リスト7-15の実行結果は図7-17のように表示されます。

▼図 7-17　リスト 7-15 の実行結果

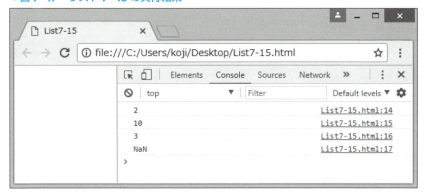

● isNaN

isNaN の使用例を**リスト 7-16** に示します。

▼リスト 7-16　isNaN の使用例

```
01: var result1 = isNaN("ABC");  // 非数のためtrueを返す
02: var result2 = isNaN("20");   // 非数ではないためfalseを返す
03: console.log(result1);
04: console.log(result2);
```

実行結果は**図 7-18** のように表示されます。

▼図 7-18　リスト 7-16 の実行結果

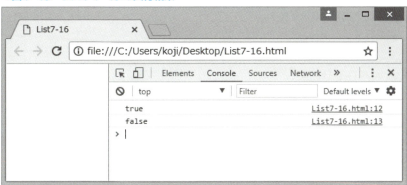

その他の組み込み関数

本節で紹介した関数以外の組み込み関数について、表7-Aに示します。

▼表7-A　組み込み関数一覧

関数	処理内容
parseFloat（文字列）	文字列を浮動小数点に変換する
isFinite（値）	値が有限数か否かを判定する
escape（文字列）	文字列をASCII形式の文字列に変換する
unescape（文字列）	ASCII形式の文字列を文字列に変換する
decodeURI（URI形式の文字列）	URI形式の文字列を文字列に変換する
decodeURIComponent（URI形式の文字列）	完全なURI形式の文字列を文字列に変換する
encodeURI（文字列）	文字列をURI形式の文字列に変換する
encodeURIComponent（文字列）	文字列を完全なURI形式の文字列に変換する

クロージャとは

　JavaScript の関数は、関数の中に関数を定義することができます。関数の中に関数を定義する方法は、一般的には無名関数で定義を行います（**構文 7-16**）。

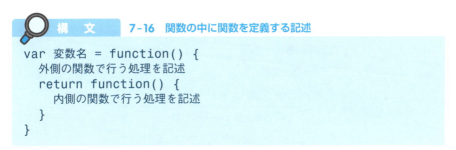

構文　7-16　関数の中に関数を定義する記述

```
var 変数名 = function() {
   外側の関数で行う処理を記述
   return function() {
      内側の関数で行う処理を記述
   }
}
```

　関数の中にある関数の特徴として、内側の関数は外側の関数で宣言された変数を参照することができます（**図 7-19**）。

▼図7-19　関数内で宣言した変数のスコープ

```
function outFunction() {
  var hensu = 変数;

  return function(){
   console.log(hensu);
  }
}
```

内側の関数は外側の関数で
宣言されたhensuを参照可能

クロージャとはローカル変数を参照する関数内で定義された関数のことです。図7-19ではreturnキーワード以降で定義した関数がクロージャとなります。クロージャの特徴として、ローカル変数の値を保持し続ける性質があります。

クロージャのイメージを図7-20に示します。

▼図7-20　クロージャのイメージ

```
外側の関数 {
  ローカル変数
    return クロージャ {
      クロージャ内の処理は
      ローカル変数の値を保持し続ける
    }
}
```

クロージャの例を見てみよう

クロージャの例として、外側の関数で宣言した変数を関数の呼び出し毎に10ずつ増やすコードをリスト7-17に示します。

▼リスト7-17　クロージャの例

```javascript
01: var outerFunction = function() {
02:   var num = 1;      // 外側の関数で変数を宣言
03:   return function() {    // 内側の関数（クロージャ）
04:     console.log(num);
05:     num = num + 10;
06:   }
07: }
08: var callFunction = outerFunction();
09: for (let i = 0; i < 3; i++) {
10:   callFunction();
11: }
```

　8行目で外側の関数 outerFunction を変数 callFunction に格納しています。戻り値は内側の関数、つまりクロージャが callFunction に格納されます。

　9〜11行目ではそれぞれ callFunction( ) で内側の関数を呼び出します。このとき内側の関数は、前述のとおりローカル変数 num の値を保持し続けています。従って、5行目の変数 num は関数の呼び出し毎に 10 増えることになります。

実行結果を見てみよう

　コードの記述が完了したら Chrome で開き、デベロッパーツールでリスト 7-17 の実行結果を確認しましょう。

　リスト 7-17 の実行結果を**図 7-21** に示します。

　クロージャを活用することによりグローバル変数の宣言を減らすことができます。グローバル変数はプログラムのどの位置からでも参照できるため、値が書き換わってしまう恐れがあります。グローバル変数の宣言は必要な分だけに留めるように注意しましょう。

▼図7-21　リスト7-17の実行結果

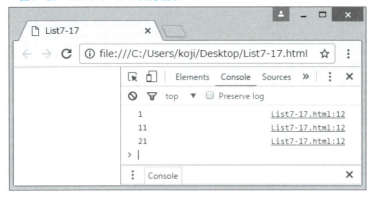

メモリリークについて

　メモリリークとは、プログラムが確保したメモリが確保されたままとなり、使用可能なメモリが少なくなっていく現象のことです。

　JavaScriptでは、ガベージコレクションを採用しており、プログラムを起動する上で必要なメモリを動的に割り当てたり、解放したりします。しかし、何らかの原因で不要なオブジェクトの参照が残ってしまうと、メモリが正しく解放されずに確保され続けたままとなってしまいます。この状態で処理を続行すると、メモリが少なくなる一方となり、プログラムやPCの動作に影響を及ぼします。

　メモリリークを調査する手段として、Google Chromeのタスクマネージャによるメモリの使用量を表示する方法があります。

　自分の書いたプログラムにメモリリークの疑いがある場合には、下記サイトを参考に調査を行い、原因を特定しましょう。

```
https://developers.google.com/web/tools/chrome-devtools/
memory-problems/?hl=ja
```

この章のまとめ

- 関数を使用すると同じ内容の処理を一つにまとめることができます。

- 関数は引数を渡すことができ、関数内で引数を参照することができます。

- 関数内で処理した結果を戻り値として呼び出し元に返すことができます。

- 関数には関数名を省略した無名関数があります。

- 関数には関数の定義と同時に1回だけ即時に実行される即時関数があります。

- 関数にはJavaScriptであらかじめ定義された組み込み関数があります。

- 関数の内側には、関数を定義することができます。

- ローカル変数を参照する関数内で定義された関数のことをクロージャと呼びます。

《章末復習問題》

練習問題 7-1

　税込み金額を求める tax 関数を作成してください。引数には金額を私、戻り値で税込み金額を返すようにします。

　次に、100、500、1500 を引数として関数を3回呼び出し、戻り値をコンソールに表示してください。

練習問題 7-2

　引数として上底、下底、高さを渡すと台形の面積の計算結果をコンソールに表示する無名関数を作成してください。

　次に、上底10、下底8、高さ4を引数として関数を呼び出してください。

練習問題 7-3

無名関数の中で変数 num を宣言し、10 を値として代入してください。

　定義した関数の中でさらに無名関数を定義し、変数 num と 10 を乗算した結果を変数 num に代入し、計算結果をコンソールに表示してください。

　上記で作成した関数を5回呼び出し、結果が 100、1000、10000、100000、1000000 と表示されることを確認してください。

「7-07 関数の応用」を参考にしてください。

8章

クラスと
プロトタイプ

7章では、処理をまとめて記述する関数について学びました。

JavaScriptには、関数や関数に関連するデータをまとめて

扱うオブジェクト指向という考え方があります。

クラスとプロトタイプを使用したオブジェクト指向のプログ

ラムについて学んでいきましょう。

オブジェクト指向とは

● **オブジェクト**

オブジェクトは「物」という意味ですが、プログラミングをする際、どのような物がオブジェクトと呼ばれるのでしょうか？

ポイントカードを例に考えてみましょう。ポイントカードには、ポイント数や有効期限等のデータ、ポイントを使う、ポイントをもらうといった処理が考えられます（図8-1）。

▼図8-1 ポイントカードに関連するデータと処理

これらのデータや処理はいずれもポイントカードに関連するものです。このように、関連性のあるデータと処理の集まりを持つ物を**オブジェクト**と呼びます。このオブジェクトを中心にプログラミングを行う考え方を**オブジェクト指向**と呼びます。

● クラスベースとプロトタイプベース

オブジェクト指向を実現する方式には、**クラスベース**と**プロトタイプベース**があります（図8-2）。

クラスベースは、クラスとよばれる設計図を元にオブジェクトを作成する方法でJavaやC++言語などで採用されています。一方、プロトタイプベースは、プロトタイプとよばれるひな型に処理を定義しておき、作成したオブジェクトから処理を呼び出すことができます。

JavaScriptは、プロトタイプベースの言語とされてきましたが、ECMAScript 2015で class キーワードに対応し、クラスベースの言語と同じようにクラスを使ったオブジェクトの作成ができるようになりました。

▼図8-2 クラスベースとプロトタイプベース

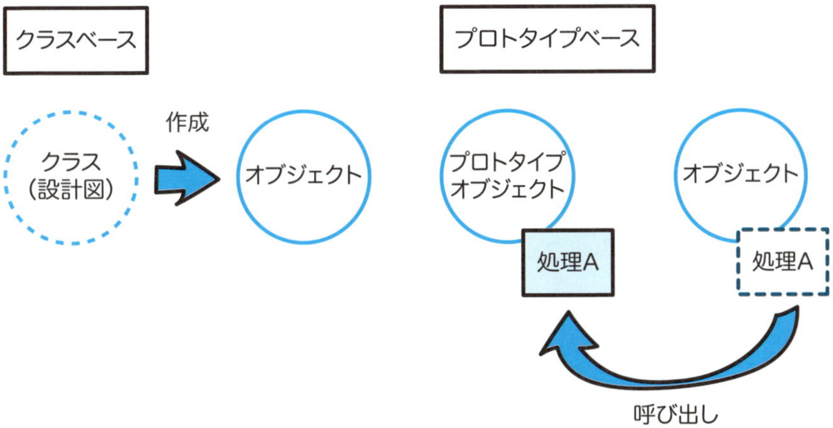

前述のポイントカードのオブジェクトを例にクラスベースとプロトタイプベースの違いを考えてみましょう。

クラスベースの場合、「ポイントカード」というクラス（設計図）には、「ポイント数のデータを持つ」ということ、「ポイントを使う処理がある」ということを定義しているだけにすぎません。このため、具体的に「ショップ A のポイントカード」をコードで表すには、定義したクラスから実際に使用可能な実体（オブジェクト）を作る必要があります。「コンビニ B のポイントカード」のように別のポイントカードを表すには、新たに別のオブジェクトを作ります。

一方、プロトタイプベースの場合、オブジェクトのベースになるのは「ポイント数」のデータと「ポイントを使う」処理を持つ関数（function）です。クラスベースの場合と同様に、オブジェクトを作ることで「ショップ A のポイントカード」というような具体的な実体を表すことができます。

クラスベースとプロトタイプベースが異なるのは、クラスは定義のみで実体を持たないのに対し、プロトタイプは関数としてコードから呼び出すことができる点です。

クラスおよびプロトタイプについては、次節以降で詳しく説明します。

オブジェクト作成の構文を理解しよう

プログラムでオブジェクトを使うには、はじめにオブジェクトを作る必要があります。JavaScript には、標準で提供されている組み込みオブジェクトがあります。組み込みオブジェクトの 1 つである String（文字列）オブジェクトを使ってオブジェクトを作ってみましょう。組み込みオブジェクトについては、9 章で詳しく説明します。

オブジェクトを作るには、構文 8-1 のように new 演算子を使います。

 8-1 オブジェクトの作成

var オブジェクト変数名 = new オブジェクトの型

オブジェクト作成の例を見てみよう

リスト8-1にstrという名前のオブジェクト変数（以下、オブジェクトと記述）に"Hello"という値を持つ文字列オブジェクトを作成する例を示します。

▼リスト8-1　Stringオブジェクトの作成
```
01: var str = new String( "Hello" );
```

Stringオブジェクトの作成の流れを図8-3で確認しましょう。まず、「new String("Hello")」で"Hello"という値を持つStringオブジェクトを作成します（①）。その後、作成したオブジェクトの格納先のアドレスを変数strに設定しています（②）。アドレスとは、実際にデータが保存されている場所を表すものです。

変数strはオブジェクトそのものではなく、オブジェクトのアドレスを表すことに注意しましょう。

▼図8-3　Stringオブジェクトの作成

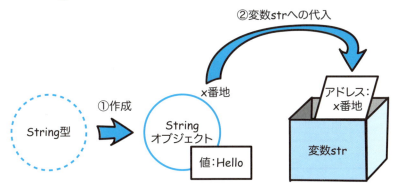

次のリスト8-2のように変数strを変数str2に代入した場合、変数str2

には、変数 str の参照先のアドレスが受け渡されるだけです。

▼リスト 8-2　オブジェクトの代入

```
01: var str = new String( "Hello" );
02: var str2 = str;
```

オブジェクトの代入を行った際の変数とオブジェクトの関係について、図 8-4 で確認しましょう。

まず、変数 str には作成したオブジェクトのアドレス x 番地が設定されています。2 行目で変数 str を変数 str2 に代入した際、変数 str2 には x 番地というアドレスのみがコピーされます。そのため、変数 str と変数 str2 は同じ x 番地にある String オブジェクトを指しています。実際のオブジェクトは new 演算子で作成した 1 つだけです。

▼図 8-4　オブジェクトの代入を行った際の変数とオブジェクトの関係

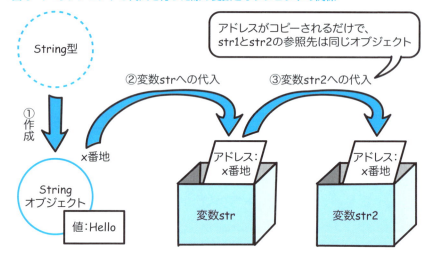

クラスとは

オブジェクトを使ってプログラミングを行う際、オブジェクトがどのようなデータや処理を持つのかを定義した設計図が**クラス**です。クラスは、個々のオブジェクトの持つデータや処理を一般化したものです。オブジェクトは、クラスを実体化したものという意味で**インスタンス**と呼びます（図8-5）。

▼図8-5 クラスとオブジェクト

ポイントカードクラス
- ポイント数：
- 有効期限：
- 処理 - ポイントを使う
- 処理 - ポイントをもらう

ショップAのポイントカードオブジェクト
- ポイント数：1000
- 有効期限：2030/3/31
- 処理 - ポイントを使う
- 処理 - ポイントをもらう

コンビニBのポイントカードオブジェクト
- ポイント数：300
- 有効期限：なし
- 処理 - ポイントを使う
- 処理 - ポイントをもらう

クラスの構文を理解しよう

それでは、前節ででてきたポイントカードオブジェクトについて、クラスを定義してみましょう（**構文 8-2**）。クラスの定義には、class キーワードを使用します。

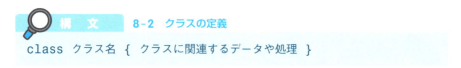

構文 8-2　クラスの定義

```
class クラス名 { クラスに関連するデータや処理 }
```

 ## クラス定義の例を見てみよう

PointCard クラスを定義してみましょう（**リスト 8-3**）。はじめに、①のようにクラスを宣言します。クラス名は、変数や関数と区別をしやすくするため、大文字で始まる名称をつけることが一般的です。②の関数は、コンストラクタと呼ばれるクラス内の特別な関数です。

▼リスト 8-3　ポイントカードクラスの定義

```
01: class PointCard {        // ①
02:   constructor(name) {    // ②
03:     this.name = name;
04:     this.point = 0;
05:     console.log(
06:     this.name + "のポイントは、" + this.point + "ptです。");
07:   }
08: }
```

コンストラクタはオブジェクトを作成した際、暗黙的に呼び出される戻り値のない関数です。オブジェクトの作成時に呼び出されることから、オブジ

ェクトの初期化に利用されます。

　上記の例では、コンストラクタの引数 name はカード名を表します。this.name をカード名、this.point を 0 で初期化しています。ここで出てきた this は自分自身のオブジェクトを表すキーワードです。this キーワードについては、「8-03 プロパティ」で詳しく説明します。

　なお、コンストラクタの引数は、上記のカード名のように、作成したオブジェクトごとに独自の値を設定したい場合などに利用します。ポイント数のように、どのオブジェクトでもすべて同じ値を設定する場合、コンストラクタに引数は必要ありません。コンストラクタでポイント数だけを初期化したい場合、引数のないコンストラクタを定義します。

 ## 実行結果を見てみよう

　さて、PointCard クラスの定義ができました。しかし、クラスは単なる設計図なので、このままでは図 8-6 のように何も表示されません。

▼図 8-6　リスト 8-3 の実行結果

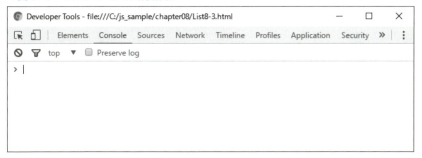

　定義したクラスを利用するには、オブジェクトを作成する必要があります。

　リスト 8-4 のように PointCard クラスから cardA というオブジェクトを作成するコードをリスト 8-3 の後に追加して、実行結果を見てみましょう。

▼リスト 8-4　ポイントカードオブジェクトの作成

```
01: var cardA = new PointCard("カードA");
```

▼図 8-7　リスト 8-4 追加後の実行結果

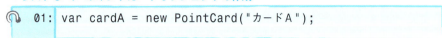

　図 8-7 の結果から cardA オブジェクトが作成され、constructor 関数が実行されたことがわかります。cardA のように、ユーザーが独自に定義したクラスから作成したオブジェクトを**ユーザー定義オブジェクト**と呼びます。

クラスと class

　プロトタイプベースのオブジェクト指向言語とされてきた JavaScript では、プロトタイプオブジェクトとして定義した関数もクラスと呼ばれてきました。例えば、「function PointCard( ){...}」関数は、PointCard クラスとなります。
　本書では、クラスとプロトタイプの違いを説明するため、class キーワードを使って定義したものを「クラス」、fuction キーワードを使って定義したものを「プロトタイプ」としています。

プロパティとは

　前節でポイントカードに関連するデータとしてポイント数を使った例を見てきました。ポイント数のように、オブジェクトに関連したデータをオブジェクトの**属性**と呼びます。JavaScriptでは、属性を表す変数を**プロパティ**と呼び、オブジェクトの属性を保持するために使用します。

　本来、オブジェクト指向言語では、属性を表す変数を**メンバ変数**と呼び、外部からアクセス可能なメンバ変数のみを**プロパティ**と呼んでいます。

　JavaScriptでは、メンバ変数のアクセスを制限するという概念がないため、メンバ変数はプロパティと同じような意味で使用されています。

プロパティの構文を理解しよう

　プロパティは、オブジェクト名とプロパティ名をピリオドで区切って定義します（**構文 8-3**）。プロパティ名の前に、変数やクラスを定義する時のようなキーワードは必要ありません。代入処理を書くことで、プロパティを定義できます。

構文 8-3 プロパティの定義

```
オブジェクト名.プロパティ名 = プロパティの値
```

定義したプロパティを削除するには delete 演算子を使います（**構文 8-4**）。

構文 8-4 プロパティの削除

```
delete オブジェクト名.プロパティ名
```

プロパティ定義の例を見てみよう

はじめに、プロパティの定義例を見てみましょう（**リスト 8-5**）。プロパティは、オブジェクトの作成時に定義することもできますし、作成済みのオブジェクトにプロパティを追加することもできます。

▼リスト 8-5　プロパティの定義

```
01: class PointCard {
02:   constructor(name) {
03:     this.name = name;
04:     console.log(this.name + " オブジェクトを作成しました");
05:   }
06:   print() {
07:     console.log("ポイントは、" + this.point + " ptです。");
08:   }
09: }
10:
11: var cardA = new PointCard("カードA");
12: cardA.point = 1000;
13: cardA.print();
14: var cardB = new PointCard("カードB");
15: cardB.print();
```

3 行目は、オブジェクトの作成時にコンストラクタで定義する例です。ここで出てきた this というキーワードは自分自身のオブジェクトを表します。ここで注意したいのは自分自身のオブジェクトというのは cardA や cardB といった作成されたオブジェクトを指すという点です。this.name は、cardA オブジェクト作成時には cardA のカード名、cardB オブジェクトの作成時には cardB のカード名を表しています。

12 行目は、作成済みの cardA オブジェクトに point プロパティを追加しています。同一名称のプロパティがすでに定義されている場合は、プロパティの値を更新する代入文として扱われます。

また、定義したプロパティは、「オブジェクト名.プロパティ名」の形式で参照できます。例では、constructor 関数と print 関数でプロパティを参照しています。

● プロパティ定義の結果を見てみよう

実行結果から、リスト 8-5 の 3 行目の this.name がそれぞれ、「カード A」「カード B」に置き換えられていることがわかります。

リスト 8-5 の 12 行目では、point プロパティを追加したのは cardA オブジェクトのみなので、cardB オブジェクトには point プロパティは定義されません。未定義のプロパティを参照した場合は、実行結果の 4 行目のように「undefined」が返ります (図 8-8)。

▼図 8-8　リスト 8-5 の実行結果

プロパティ削除の例を見てみよう

それでは、プロパティの削除例を見てみましょう。**リスト 8-6** では、2 行目で point プロパティを定義し、4 行目で削除しています。

▼リスト 8-6　プロパティの削除

```
01: var cardA = new PointCard("カードA");
02: cardA.point = 1000;
03: cardA.print();
04: delete cardA.point;
05: cardA.print();
```

● プロパティ削除の結果を見てみよう

point プロパティを参照した場合、リスト 8-6 の 3 行目の print 関数では point プロパティに設定したポイント数を参照できますが、5 行目ではポイント数を参照できません。print 関数では「undefined」と表示されます（図 8-9）。

▼図 8-9　リスト 8-6 の実行結果

メソッドとは

　プロパティを使って、ポイントカードオブジェクトでポイント数を保持することができました。今度は、保持しているデータを利用してオブジェクトを操作するための処理を定義しましょう。処理の定義には関数を使います。オブジェクトを操作するための関数をメソッドと呼びます。

　「8-02 クラス」で紹介した constructor 関数もメソッドの1つです。

メソッド定義の構文を理解しよう

　メソッドは、オブジェクトを操作するための関数なので、定義方法は関数と同じです（構文 8-5）。関数との違いは、function キーワードをつけないことです。

> **構文** 8-5 メソッドの定義
>
> ```
> メソッド名 ( 引数 ) {
>     処理
>     return 戻り値 ;
> }
> ```

メソッド定義の例を見てみよう

それでは、前節で作成したポイントカードクラスにポイントを使用する処理を追加してみましょう。

リスト8-7では、ポイント数を使用するメソッドusePointと現在のポイント数を表示するprintメソッドを定義します。定義したメソッドを呼び出すには、「オブジェクト名.メソッド名(引数)」と書きます。

▼リスト8-7　メソッドの定義例

```
01: class PointCard {
02:   usePoint(point) {
03:     console.log(point + " pt使用します。");
04:     this.point = this.point - point;
05:   }
06:   print() {
07:     console.log("ポイントは、" + this.point + " ptです。");
08:   }
09: }
10:
11: var cardA = new PointCard();
12: cardA.point = 1000;
13: cardA.print();
14: cardA.usePoint(300);
15: cardA.print();
```

12行目でポイントカードのオブジェクトを作成しています。オブジェクト名はcardAですので、printメソッドを呼び出すには、cardA.print()と書きます。上記の例では、14行目のusePointメソッドでポイントを使います。

● メソッドの実行結果を見てみよう

ポイント使用の前後でポイント数がどのように変化するかprintメソッドを使って確認してみましょう。ポイント使用後（usePointメソッド呼び出し

後)、使用したポイント数分だけポイントが減っているのがわかります（図8-10）。

▼図8-10　リスト8-7の実行結果

　cardAオブジェクトの他に、cardBオブジェクトを作成しusePointメソッドを呼び出した場合はどのように処理されるか**リスト8-8**で確認してみましょう。クラスの定義はリスト8-7と同じです。

▼リスト8-8　複数のオブジェクトからのメソッド呼び出し

```
01: console.log("*** cardAオブジェクト ***");
02: var cardA = new PointCard();
03: cardA.point = 1000;
04: cardA.print();
05: cardA.usePoint(300);
06: cardA.print();
07: console.log("*** cardBオブジェクト ***");
08: var cardB = new PointCard();
09: cardB.point = 2000;
10: cardB.print();
11: cardB.usePoint(500);
12: cardB.print()
```

　リスト8-8では、cardAとcardBオブジェクトで異なるポイント数（pointプロパティ）を設定後、usePointメソッドを呼び出しています。実行結果からオブジェクトごとにポイントが使用されているのがわかります（図8-11）。

▼図 8-11　リスト 8-8 の実行結果

　このようにオブジェクトごとにメソッドを呼び出した場合、メソッドの定義は1つでも、オブジェクトごとにメソッドが定義されているかのように見えます。これは、図 8-12 のように、メソッドでそのオブジェクトに紐づくプロパティを参照しているからなのです。

▼図 8-12　オブジェクトとメソッドの関係

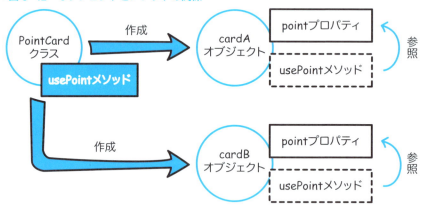

 静的なメソッド定義の例を見てみよう

　一方、同じクラスであれば、オブジェクトに関係なく同じ処理をしたい場

合があります。その場合、メソッドの前に static キーワードをつけます（**構文8-6**）。

> ### 構　文　　8-6　静的なメソッドの定義
>
> ```
> static メソッド名 ( 引数 ) {
>   処理
> }
> ```

static キーワードがついたメソッドを static メソッドと呼びます。static とは静的という意味で、オブジェクトの作成に関係なくクラス定義時に処理が決まることに由来します。

static メソッドは、「クラス名.メソッド名(引数)」の形式で呼び出します（リスト8-9）。

▼リスト8-9　static メソッドの定義と呼び出し

```
01: var cardCount = 0
02: class PointCard {
03:   constructor() {
04:     cardCount++;
05:   }
06:   static getCardCount() {
07:     return cardCount;
08:   }
09: }
10:
11: var cardA = new PointCard();
12: var cardB = new PointCard();
13: console.log("PointCardオブジェクトは、"
14:   + PointCard.getCardCount() + "個作成されました。");
```

● 静的なメソッドの実行結果を見てみよう

リスト 8-9 の 6 行目の static メソッド getCardCount では、変数 cardCount の値を返します。cardCount は、クラス定義の外で宣言しており、

コンストラクタで1ずつカウントアップしているため、PointCardオブジェクトの数を保持しています（図8-13）。

▼図8-13　リスト8-9の実行結果

staticメソッドは、オブジェクトの作成に関係なく定義するメソッドです。そのため、リスト8-10のように、8行目で変数cardCountをオブジェクトの属性を表すプロパティとして定義した場合、2行目のstaticメソッドgetCountからはcardCountプロパティを参照できずにエラーとなります。

また、リスト8-11のように、getCardCountメソッドをオブジェクト名.メソッド名の形式で呼び出した場合、メソッドが見つからずにエラーとなります。

▼リスト8-10　エラーケース1（staticメソッドからのプロパティ参照）

```
01: class PointCard {
02:   static getCardCount() {
03:     return cardCount;   // cardCountが参照できない
04:   }
05: }
06:
07: var cardA = new PointCard();
08: cardA.cardCount = 0;
09: var count = PointCard.getCardCount();
```

▼リスト8-11　エラーケース2（オブジェクト名.staticメソッド名での呼び出し）

```
01: var cardA = new PointCard();
02: var count = cardA.getCardCount();  // メソッドが見つからない
```

アクセッサメソッドの例を見てみよう

「8-03 プロパティ」では、「オブジェクト名 . プロパティ」の形式でプロパティに値を設定、参照する方法を学びました。今度は、メソッドを使ってプロパティにアクセスしてみましょう（**リスト 8-12**）。

▼リスト 8-12　プロパティへのアクセス

```
01: class PointCard {
02:   set point(value) {
03:     console.log("pointに" + value + "ptを設定します。");
04:     this._point = value;
05:   }
06:   get point() {
07:     console.log("pointメソッドが呼び出されました。");
08:     return this._point;
09:   }
10: }
11:
12: var cardA = new PointCard();
13: cardA.point = 1000;
14: console.log("ポイントは、" + cardA.point + " ptです。");
```

リスト 8-12 の 13、14 行目では、いずれも「オブジェクト名 . プロパティ」の形式で point プロパティにアクセスしています。「**8-03 プロパティ**」で説明した内容と異なるのは、クラス定義に point メソッドがある点です。この point メソッドは、メソッド名の前に「set」「get」が付いていることから想像が付くかもしれませんが、point プロパティを設定（set）または取得（get）するメソッドです。これらのメソッドは、プロパティにアクセスするメソッドという意味でアクセッサメソッドと呼ばれます。

アクセッサメソッドを使用することにより、プロパティへのアクセス時に処理を行うことができます。例えば、ポイント数は 0 以上の数値とするこ

とが多いでしょう。point プロパティの set メソッドを使用すれば、設定する値をチェックしマイナス値だったらエラーメッセージを表示するなどの処理を行うことができます。

アクセッサメソッドは、以下のようにプロパティ名の前に set または get をつけて定義します（**構文 8-7**）。

8-7 アクセッサメソッドの定義

```
set プロパティ名(引数){ 処理 }
get プロパティ名() { return 戻り値; }
```

アクセッサメソッドでプロパティにアクセスする際、値を保持する変数名には、プロパティ名とは別の名前を付ける必要があります。そのため、リスト 8-12 では、変数名に _point を使用しています。

● アクセッサメソッドの実行結果を見てみよう

実行結果では、リスト 8-12 の 3 行目および 7 行目にあるコンソール出力結果が表示されています。13、14 行目でプロパティにアクセスする際に、アクセッサメソッドが呼び出されていることがわかります（**図 8-14**）。

▼図 8-14　リスト 8-12 の実行結果

プロトタイプとは

　これまで、オブジェクトの設計図となるクラスを定義してからオブジェクトを生成してきました。JavaScriptでは、あらかじめクラスを定義しなくてもプロトタイプと呼ばれるオブジェクトを使ってオブジェクト指向のプログラミングを行うことができます。プロトタイプとは、関数オブジェクトを作成する際、同じ関数から生成されたオブジェクトが共有するオブジェクトです。

　プロトタイプの場合、オブジェクトの元になるのは関数です。クラスからオブジェクトを生成する場合と同様に、new演算子を使用してオブジェクトを作成します。関数を元に生成したオブジェクトを関数オブジェクトと呼びます。

　作成したオブジェクトとプロトタイプの関係は、図8-15のようになります。

▼図8-15　オブジェクトとプロトタイプの関係

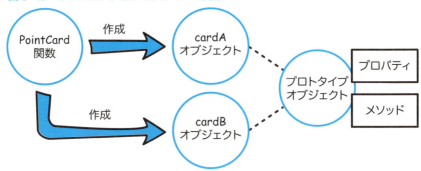

まず、PointCard 関数を定義し、「var cardA = new PointCard( )」としてオブジェクトを作成します。cardB オブジェクトも同様です。オブジェクトを作成する際に呼び出される PointCard 関数がコンストラクタになります。cardA と cardB オブジェクトのように同じコンストラクタから作成されたオブジェクトは、プロトタイプオブジェクトを共有します。

このプロトタイプオブジェクトにプロパティやメソッドを定義することで、オブジェクトごとにプロパティやメソッドを定義する必要がなくなります。

プロトタイプの構文を理解しよう

これまで PointCard クラスで定義してきたプロパティやメソッドについてプロトタイプで表してみましょう。プロトタイプを表すには、prototype キーワードを使用します（**構文 8-8**）。

 構文　8-8　プロトタイプを使ったプロパティ／メソッドの定義

```
関数名.prototype.プロパティ名 = プロトタイプの値
関数名.prototype.メソッド名 =  function(引数) { 処理 }
```

プロトタイプの例を見てみよう

はじめに、PointCard 関数を定義します。次に、PointCard のプロトタイプに point プロパティと usePoint メソッドを定義します。11 行目以降、PoinCard オブジェクトを作成し、point プロパティの参照と usePoint メソッドの呼び出しを行います（**リスト 8-13**）。

8-05　プロトタイプ

▼**リスト8-13　プロトタイプを使ったポイントカードの定義**

```javascript
01: function PointCard(name){
02:    this.name = name;
03: }
04:
05: PointCard.prototype.point = 1000;
06: PointCard.prototype.usePoint = function(point) {
07:   console.log(point + " pt使用します。");
08:   PointCard.prototype.point = PointCard.prototype.point - point;
09: }
10:
11: var cardA = new PointCard("カードA");
12: console.log(cardA.name + ":" + cardA.point + " pt");
13: var cardB = new PointCard("カードB");
14: console.log(cardB.name + ":" + cardB.point + " pt");
15: cardA.usePoint(300);
16: console.log(cardA.name + ":" + cardA.point + " pt");
17: console.log(cardB.name + ":" + cardB.point + " pt");
```

● **実行結果を見てみよう**

　実行結果を上から順に見ていきましょう（**図8-16**）。cardA、cardBの
pointプロパティには、両方とも1000が設定されています。プロトタイプ
オブジェクトとしてpointプロパティを共有しているため、オブジェクトご
とに定義する必要はなく同じ値を参照できます。

　オブジェクトを共有しているのが明確にわかるのが3行目以降の結果で
す。cardA.usePoint(300)とcardAオブジェクトのusePointメソッドを呼
び出しているのに対し、pointプロパティはcardA、cardBオブジェクトと
もに、300ポイント分差し引かれた700が設定されています。pointプロ
パティのように作成したオブジェクトごとに別々の値を保持したい場合は、
prototypeキーワードを使わずに定義します。

8

クラスとプロトタイプ

287

8章　クラスとプロトタイプ

▼図8-16　リスト8-13の実行結果

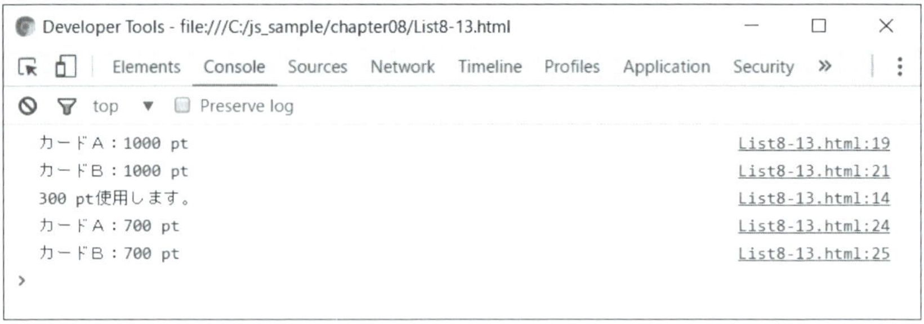

```
Developer Tools - file:///C:/js_sample/chapter08/List8-13.html        —    □    ×

    Elements   Console   Sources   Network   Timeline   Profiles   Application   Security   »    ⋮

    top    ▼    ☐ Preserve log

    カードA：1000 pt                                                    List8-13.html:19
    カードB：1000 pt                                                    List8-13.html:21
    300 pt使用します。                                                 List8-13.html:14
    カードA：700 pt                                                     List8-13.html:24
    カードB：700 pt                                                     List8-13.html:25
>
```

　オブジェクトを共有しないようにするために、リスト8-13の11行目以降を**リスト8-14**のように書き換えてみましょう。6〜7行目では、プロトタイプオブジェクトと同じ名称のpointプロパティとusePointメソッドをprototypeキーワードなしで定義しています。

▼リスト8-14　オブジェクトを共有しない例

```
01: var cardA = new PointCard("カードA");
02: console.log(cardA.name + ":" + cardA.point + " pt");
03: var cardB = new PointCard("カードB");
04: console.log(cardB.name + ":" + cardB.point + " pt");
05:
06: cardB.point = PointCard.prototype.point;
07: cardB.usePoint = function(point) {
08:    console.log(point + " pt使用します。(cardB)");
09:    this.point = this.point - point;
10: }
11: cardA.usePoint(300);
12: cardB.usePoint(100);
13: console.log(cardA.name + ":" + cardA.point + " pt");
14: console.log(cardB.name + ":" + cardB.pointB + " pt");
```

　実行結果から、cardA、cardBそれぞれのオブジェクトでポイントが使用されているのが確認できます（図8-17）。

288

▼図 8-17　リスト 8-14 の実行結果

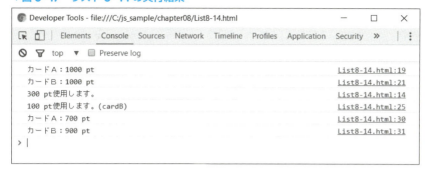

　メソッドを呼び出した場合、オブジェクトにメソッドが定義されていればそれを呼び出します。定義されていない場合は、プロトタイプオブジェクトに定義されているメソッドを呼び出します。プロパティも同様に、個々のオブジェクトでの定義が優先されます。

 既存の関数に処理を追加する例を見てみよう

　先ほど、プロトタイプにメソッドを定義した際、関数の外側で定義したことを覚えているでしょうか。これは、prototype キーワードを使って既存の関数にメソッドを追加したり、既存メソッドの処理を書き換えたりできることを表しています。

　組み込みオブジェクトである String オブジェクトにメソッドを追加する例を見てみましょう（**リスト 8-15**）。

▼リスト 8-15　**myreplace メソッドの追加**

```
01: var str = new String("boo");
02: console.log(str.replace("b", "h"));
03:
04: String.prototype.myreplace = function(pattern, replacement) {
05:     return "置換前:" + this.toString()
```

次へ

```
06:              + ",置換後:" + this.replace(pattern, replacement);
07: }
08:
09: console.log(str.myreplace("b", "h"));
10: var str2 = new String("boo");
11: console.log(str2.myreplace("b", "w"));
```

リスト 8-15 の 1 ～ 2 行目は既存の replace メソッドの使用例です。replace メソッドは、文字列に含まれる第 1 引数に指定した文字を第 2 引数に指定した文字で置換するメソッドです。例では文字列 "boo" に含まれる "b" を "h" で置換するため "hoo" が返ります。

4 行目で prototype キーワードを使って myreplace メソッドを追加しています。myreplace メソッドは、既存の replace メソッドを利用し置換前後の値を表示します。

prototype キーワードを使うことにより、myreplace メソッド定義以降、String コンストラクタを使って作成したすべてのオブジェクトで、myreplace メソッドを使用することができます。

リスト 8-15 はメソッドを追加する例ですが、既存メソッドと同じ名前のメソッドを定義した場合は、既存メソッドの処理を書き換えます。

● 既存の関数に処理を追加した結果を見てみよう

myreplace メソッドにより置換前後の値が表示されています（図 8-18）。

▼図 8-18　リスト 8-15 の実行結果

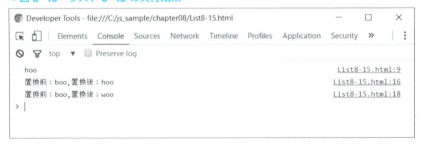

継承とは

オブジェクト指向のプログラミングをする上で知っておきたい機能に継承があります。継承とは、あるオブジェクトの機能を引き継いで新しいオブジェクトを作ることができる機能です。

すでに定義されているクラス（A）の機能を引き継いで新しいクラス（B）を定義した場合、BはAを継承しているといい、「B is a A」（BはAの一種である）の関係が成り立ちます。このとき継承元のAをスーパークラス、Bをサブクラスと呼びます（図8-19）。

▼図8-19 継承

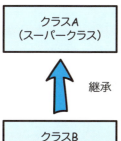

・クラスBはクラスAの機能を引き継ぐ
・クラスB独自の機能を追加できる

継承の構文を理解しよう

クラスを継承するには extends キーワードを使用します（**構文 8-9**）。

 8-9　クラスの継承

```
class クラス名 extends 継承元のクラス名 { クラスの定義 }
```

継承の例を見てみよう

　既存の PointCard クラスにランクを表示する printRank メソッドを追加してみましょう（**リスト 8-16**）。11 行目の super は、スーパークラスのメソッドを呼び出す際に使用します。通常、「super. メソッド名 (引数)」の形式で呼び出しますが、コンストラクタの場合は、「super(引数)」だけでメソッド名はつけません。

　スーパークラスで定義したプロパティはサブクラスで引き継ぐため、14 行目の this.point のように、サブクラスで point プロパティを定義しなくても参照することができます。

　また、22 〜 23 行目のように、サブクラスのオブジェクトからは、スーパークラスで定義したメソッドとサブクラスで定義したメソッドの両方を呼び出すことができます。

▼リスト 8-16　クラスの継承

```
01: class PointCard {
02:   constructor(point) {
03:     this.point = point;
04:   }
05:   print() {
```

次へ ▶

```
06:       console.log("ポイントは、" + this.point + " ptです。");
07:     }
08: }
09: class PointCardWithRank extends PointCard {
10:   constructor(point) {
11:     super(point);
12:   }
13:   printRank() {
14:     if (this.point >= 5000 ) {
15:       console.log("ランクは、gold です。");
16:     } else {
17:     console.log("ランクは、silver です。");
18:     }
19:   }
20: }
21: var cardA = new PointCardWithRank(1000);
22: cardA.print();
23: cardA.printRank();
24: var cardB = new PointCardWithRank(5000);
25: cardB.print();
26: cardB.printRank();
```

● 実行結果を見てみよう

図 8-20 の実行結果から、サブクラス PointCardWithRank のオブジェクトがスーパークラスの機能（point プロパティ、print メソッド）とサブクラスの機能（printRank メソッド）の両方を持っていることがわかります。

▼図 8-20　リスト 8-16 の実行結果

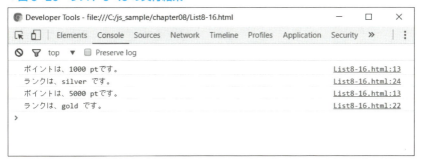

継承は 1 階層だけでなく複数階層で継承することができます。リスト 8-16 の例では、PointCard クラスを継承して PointCardWithRank クラスを作成しましたが、PointCardWithRank クラスを継承した新たなクラスを作成することができます。このようにして作成したクラスは親クラス PointCardWithRank と親の親である PointCard クラスの両方の機能を引き継ぎます。

COLUMN

クラスとプロトタイプの使い分け

　オブジェクト指向のコードを書くために、クラスとプロトタイプのどちらを使えばよいか迷うこともあるでしょう。学習用に簡単なコードを書く場合、どちらで書いても大きな違いはありません。

　クラスは、プロトタイプでは表現が難しかった継承が簡単に表現できることや、クラスベースのオブジェクト指向言語（Java など）の知識がある方には理解が容易というメリットがあります。一方、プロトタイプは、クラスに比べ歴史が長く、書籍やインターネットサイトでの情報が豊富というメリットがあります。

この章のまとめ

- オブジェクトは、関連性のあるデータと処理の集まりです。

- クラスは、オブジェクトの設計図です。クラスを元に new 演算子を使ってオブジェクトを生成します。生成したオブジェクトをインスタンスと呼びます。

- オブジェクト作成する際に暗黙的に呼び出される関数をコンストラクタといい、オブジェクトの初期化に利用します。

- プロパティは、オブジェクトの属性を表します。

- メソッドは、オブジェクトを操作するための関数です。

- プロトタイプは、関数オブジェクトを作成する際、同じコンストラクタから生成したオブジェクトが共有するオブジェクトです。

- クラスを継承することで、あるオブジェクトの機能を引き継いで新しいオブジェクトを作ることができます。

《章末復習問題》

練習問題 8-1

以下の条件を満たす、Person クラスを定義してください。

・名前と生年月日のプロパティを持つ。
・名前と生年月日をコンソールに表示するprintメソッドがある。

また、作成したクラスを元にオブジェクトを生成してください。

練習問題 8-2

プロトタイプを使って、String オブジェクトに 2 つの引数を連結して返す join メソッドを追加してください。
例：第 1 引数に "ab"、第 2 引数に "cd" を指定した場合、"abcd" を返します。

練習問題 8-3

練習問題 8-1 で作成した Person クラスを継承し、Student クラスを作成してください。Student クラスには、学生番号を返す getStudentID メソッドを追加してください。学生番号は、コンストラクタで設定します。

9章

JavaScript
オブジェクト

JavaScriptで扱うデータの種類を大きく分けると、プリミティブ型とオブジェクト型に分けられます。

第8章で学習したオブジェクト指向の考え方を基に、本章では、JavaScriptで扱うオブジェクト型のデータの種類や特徴、基本的な使い方を学習します。

オブジェクトとは

Keyword ☑ オブジェクト型

 ## オブジェクト型とは

JavaScriptで扱うデータにおいて、すべてのオブジェクトはオブジェクト型に分類されます。8章でオブジェクト指向の考え方について学習しましたが、オブジェクトとは「関連する変数や処理をひとつにまとめたもの」です（図9-1）。

オブジェクトに属する変数はプロパティと呼び、オブジェクトにはそのオブジェクトに対する処理を行うメソッドを定義することができます。

▼図9-1 オブジェクト型のイメージ

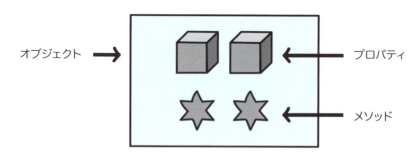

プロパティについては「8-03 プロパティ」、メソッドについては「8-04 メソッド」を参照してください。

JavaScript には、基本となるオブジェクトが標準で用意されており、そのオブジェクトのことを組み込みオブジェクトと言います。組み込みオブジェクトには扱うデータに応じていくつかの種類があります。

オブジェクト型の構文を理解しよう

　オブジェクトを生成するには、new 演算子を使って新しいオブジェクトを生成して変数へ代入します（構文 9-1）。

> **構文　9-1　new 演算子によるオブジェクトの生成**
> ```
> var 変数名 = new オブジェクト型（値、変数、…）
> ```

オブジェクト型の例を見てみよう

　実際にオブジェクトを生成し変数に代入してみましょう。
　リスト 9-1 では、1 行目は、文字列を扱う String オブジェクトを生成して変数 str に代入しています。2 行目は、console.log を使用し、String オブジェクトの文字列を出力しています。オブジェクト型のデータは、2 行目のように toString( ) メソッドを使用して出力します。toString( ) メソッドはオブジェクトのデータを文字列に変換するメソッドです。

▼リスト 9-1　オブジェクトの生成例
```
01: var str = new String ("サンプルオブジェクト");
02: console.log(str.toString());
```

● 実行結果を見てみよう

リスト 9-1 を実行すると、console.log で出力した String オブジェクトの文字列が表示されていることを確認できます（図 9-2）。

▼図 9-2　リスト 9-1の実行結果（コンソール）

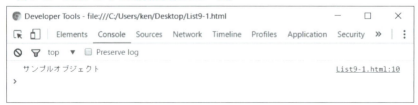

変数には直接値を代入することもできますし、リスト 9-1 のようにオブジェクトを代入することもできます。

変数に直接データを代入した場合と、オブジェクトを代入した場合の違いについて学んでいきましょう。

 ## オブジェクト型の参照渡しを理解しよう

JavaScript では、文字列や数値は値渡しで代入されます。リスト 9-2 では、1 行目の変数 num1 を 2 行目の変数 num2 に代入し、3 行目で変数 num2 のデータを変更しています。

▼リスト 9-2　参照渡しの確認
```
01: var num1 = 1;
02: var num2 = num1;
03: num2 = 2;
04: console.log(num1.toString());
05: console.log(num2.toString());
```

リスト 9-2 を実行すると、変数 num2 のみデータが変更されていること

を確認できます(図9-3)。

　このように値渡しでは、代入先のデータが変更されても代入元のデータは変更されません。

▼図9-3　リスト9-2の実行結果(コンソール)

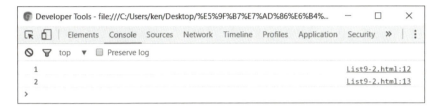

　一方、オブジェクト型は参照渡しとなるため、代入先のオブジェクトを変更すると、代入元の値も変更されるようになります。これは、変数にオブジェクトを代入すると、データの場所を参照するためのアドレス情報が代入されるためです(図9-4)。

▼図9-4　データのアドレス情報代入イメージ

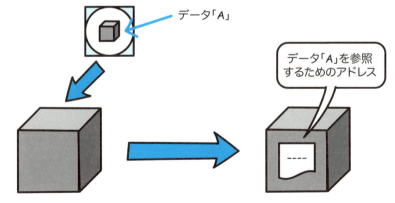

オブジェクト型の参照渡しの例を見てみよう

　実際にオブジェクト型が参照渡しであることを、Array オブジェクトを使用して確かめてみましょう。**リスト 9-3** では、1 行目で Array オブジェクトを生成し、変数 array1 に代入しています。2 行目では、変数 array1 を変数 array2 へ代入します。ここで array2 は、array1 のデータが代入されたのではなく、アドレス情報が代入されていることに注意してください。

　3 行目では、変数 array2 の 0 番目のデータを変更しています。array2 には array1 のアドレス情報が入っていますので、array1 の 0 番目のデータを書き換えることと同じ意味になります。

▼リスト 9-3　参照渡しの確認

```
01: var array1 = new Array("リンゴ", "ブドウ", "バナナ");
02: var array2 = array1;
03: array2[0] = "イチゴ"; //リンゴをイチゴに変更
04: console.log(array1.toString());
05: console.log(array2.toString());
```

● 実行結果を見てみよう

　リスト 9-3 を実行すると、代入元、代入先どちらもデータが変更されていることを確認できます（図 9-5）。

▼図 9-5　リスト 9-3 の実行結果（コンソール）

Number オブジェクトとは

Numberオブジェクトは、数値を扱うためのオブジェクトです。Numberオブジェクトのメソッドの一部を紹介します（表9-1）。

▼表9-1 Numberオブジェクトのメソッド

メソッド	用途
Number.isInteger メソッド	整数であるか評価する
Number.isFinite メソッド	有限数であるか評価する
toFixed メソッド	指定した桁数の小数点表記に変換する
toExponential メソッド	指定した桁数の指数表記に変換する

Number オブジェクトの構文を理解しよう

Numberオブジェクトは以下のように生成します（構文9-2）。

構文 9-2　Numberオブジェクトの生成

```
var 変数名 = new Number(数値);
```

Numberオブジェクトの例を見てみよう

実際に Number オブジェクトを生成してみましょう。**リスト 9-4** は、Number オブジェクトを生成し、toFixedl( ) メソッドを使用した小数点表記への変換と toExponential( ) メソッドを使用した指数表記への変換例です。

▼リスト 9-4　Number オブジェクトの使用例

```
01: var num = new Number(105.23456);
02: console.log("num1:" + num.toFixed());
03: console.log("num2:" + num.toFixed(4));
04: console.log("num3:" + num.toFixed(8));
05: console.log("num4:" + num.toExponential());
06: console.log("num5:" + num.toExponential(0));
07: console.log("num6:" + num.toExponential(4));
08: console.log("num7:" + num.toExponential(8));
```

　はじめに、1 行目の変数 num に小数点表記の「105.23456」という数値を指定して Number オブジェクトを代入します。この数値を toFixed( ) メソッドで指定した桁数の小数点表記に変換し、num1、num2、num3 としてコンソールに表示します。toFixed( ) メソッドの引数には、小数点以下の桁数（0 〜 20）を指定します。引数に桁数が指定されない場合は、0 桁として変換されます。2 行目では、小数点以下の桁数の指定はなし（小数点以下 0 桁）、3 行目では、小数点以下 4 桁を指定、4 行目では、小数点以下 8 桁を指定しています。

　続いて、toExponential( ) メソッドで指定した桁数の指数表記に変換し、num4、num5、num6、num7 としてコンソールに表示します。toExponential( ) メソッドの引数には、toFixed( ) メソッドと同様に小数点以下の桁数（0 〜 20）を指定します。引数に桁数が指定されない場合は、対象数値の小数点以下の桁数分が対象となります。5 行目では、小数点以下の

9-02　数値を扱うオブジェクト Number

桁数の指定はなし（小数点以下の桁数分）、6 行目では、小数点以下 0 桁を
指定、7 行目では、小数点以下 4 桁、8 行目では、小数点以下 8 桁を指定し
ています。

● 実行結果を見てみよう

　リスト 9-4 の出力結果を確認すると**図 9-6** のように表示されます。

　はじめに、toFixed( ) メソッドでの変換結果は、2 行目が小数点以下 0 桁
のため num1 は「105」、3 行目が小数点以下 4 桁のため num2 は「105.2346」、
4 行目が小数点以下 8 桁のため num3 は「105.23456000」が表示されてい
ます。

　ここで、num2 のように、指定した小数点以下の桁数が元の数値の桁数よ
り少ない場合は、四捨五入した数値が返却されます。

　また、num3 のように、指定した小数点以下の桁数が元の数値の桁数より
多い場合は、足りない桁数分 0 が追加されます。

　続いて、toExponential( ) メソッドでの変換結果は、5 行目が小数点以下
の桁数分のため num4 は「1.0523456e+2」、6 行目が小数点以下 0 桁のた
め num5 は「1e+2」、7 行目が小数点以下 4 桁のため num6 は「1.0523e+2」、
8 行目が小数点以下 8 桁のため num7 は「1.05234560e+2」が表示されて
います。

　toFixed( ) メソッドと同様で、指定した小数点以下の桁数が元の数値の桁
数より少ない場合は、四捨五入した数値が返却されます。

　また、指定した小数点以下の桁数が元の数値の桁数より多い場合は、足り
ない桁数分 0 が追加されます。

9

JavaScriptオブジェクト

305

▼図 9-6　リスト 9-4 の実行結果（コンソール）

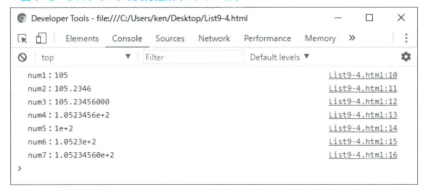

指数表記

　表計算ソフトや電卓を使用していると、数値の表示桁数が表示幅を超えたときに「E」という文字が数値に付加され表示されることがあります。この「E」は指数を示しており、指数を使用した数値を表示することを「指数表記」といいます。数値の表示桁数が表示幅を超えたため、概数（おおよその数）として指数表記されます。「E」は「Exponent（指数）」を意味します。

　指数表記は、「E」の左側に表示している数値に 10 の n 乗を掛けることを意味します。

$$1.23E + 2 = 1.23 + 10^2$$
指数

Arrayオブジェクトとは

Arrayオブジェクトは配列を扱うオブジェクトです。配列については6章を参照してください。

Arrayオブジェクトのメソッドの一部を紹介します（表9-2）。

▼表9-2 Arrayオブジェクトのメソッド

メソッド	用途
slice メソッド	配列の要素を取り出す
sort メソッド	配列の要素を並べ替える
reverse メソッド	配列の要素を反転させる
join メソッド	配列のすべての要素を連結する

リテラル [] 配列と new Array() 配列の違い

6章では、リテラル [] を使用した配列の生成方法を説明しました。

JavaScriptにおいて、リテラル [] を使用して生成した配列と new Array( ) を使用し生成した配列は、どちらもオブジェクトとして生成されます。

ただし、整数を1つだけ指定した場合の挙動に違いがあります。リスト9-5にその例を示します。

▼リスト9-5　整数を1つだけ指定した場合の配列

```
01: var a = [5];
02: var b = new Array(5);
```

　1行目は、リテラル [] に「5」という整数を指定した配列の生成です。このとき、「5」という整数を持った要素1つの配列が生成されます。2行目は同じく「5」を指定した new Array( ) を使用した配列の生成です。「5」という整数を持つ配列は生成されず、データを持たない空の要素5つの配列が生成されます（図9-7）。

▼図9-7　整数を1つだけ指定した場合の配列イメージ

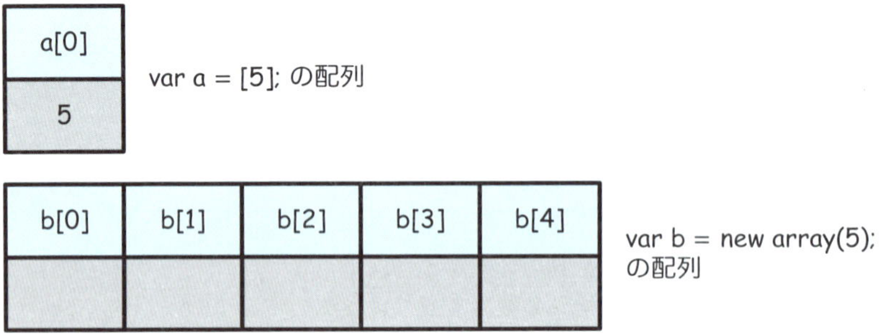

var a = [5]; の配列

var b = new array(5); の配列

Array オブジェクトの構文を理解しよう

Array オブジェクトは構文9-3のように生成します。

構文　9-3　Array オブジェクトの生成

```
var 変数名 = new Array（データ1、データ2、…）
```

Arrayオブジェクトの例を見てみよう

実際にArrayオブジェクトを生成してみましょう。**リスト9-6**は、Arrayオブジェクトを生成し、slicel( )メソッドを使用した配列の要素の取り出しとsortl( )メソッドを使用した配列の要素を並べ替える例です。

▼リスト9-6　Arrayオブジェクトの使用例

```
01: var array1 = new Array("D", "E", "B", "C", "A");
02: var array2 = array1.slice(1, 3);
03: console.log("要素の取り出し結果 ： " + array2.toString());
04: array2.sort();
05: console.log("並び替え結果 ： " + array2.toString());
```

はじめに、1行目の変数array1に「D,E,B,C,A」という値でArrayオブジェクトを生成し代入しています。この配列array1に対し、slice( )メソッドを使用し、要素を取り出して新しい配列array2を作成します。slice( )メソッドの引数には、取り出しを開始する要素番号と取り出しを終了する要素番号を指定します。開始する要素番号から終了する要素番号の1つ前の要素が取り出し対象となります（図9-8）。

▼図9-8　slice( )メソッドによる配列の要素の取り出し

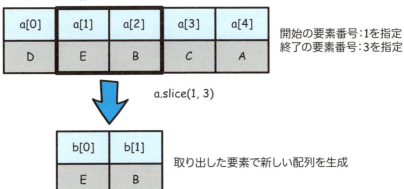

2行目では、slice( ) メソッドを使用して array1 の配列の要素を取り出し、新しい配列 array2 を生成します。メソッドの引数には開始の要素番号には 1、終了の要素番号には 3 を指定します。

続いて、slice( ) メソッドを使用して生成した配列 array2 に対し、sort( ) メソッドを使用して、要素をアルファベット順に並べ替えます（図 9-9）。メソッドに引数は必要ありません。4 行目で、sort( ) メソッドを使用して配列 array2 の要素を並び替えます。

▼図 9-9　sort( ) メソッドによる配列の要素の並び替え

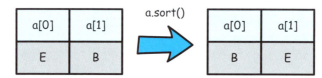

● 実行結果を見てみよう

リスト 9-6 の出力結果を確認すると図 9-10 のように表示されます。

はじめに、要素の取り出し結果には、slice( ) メソッドで取り出された要素で新しい配列「E,B」が生成されています。

続いて、並び替え結果には、sort( ) メソッドで「E,B」という配列がアルファベット順で並び替えられ、「B, E」という配列に変わっています。

▼図 9-10　リスト 9-6 の実行結果（コンソール）

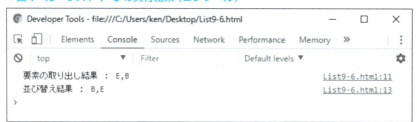

Stringオブジェクトとは

Stringオブジェクトは、文字列を扱うためのオブジェクトです。Stringオブジェクトのメソッドの一部を紹介します（表9-3）。

▼表9-3　Stringオブジェクトのメソッド

メソッド	用途
replaceメソッド	文字列の一部を指定した文字で置換する
splitメソッド	文字列を指定した文字で分割する
charAtメソッド	文字列から指定した位置の文字を取り出す
substrメソッド	文字列の指定位置から指定された長さの文字を取り出す
trimメソッド	文字列から空白を削除する

Stringオブジェクトの構文を理解しよう

Stringオブジェクトは構文9-4のように生成します。

9-4　Stringオブジェクトの生成

```
var 変数名 = new String (文字列);
```

Stringオブジェクトの例を見てみよう

　実際にStringオブジェクトを生成してみましょう。**リスト9-7**は、Stringオブジェクトを生成し、replace( )メソッドを使用した文字列の置き換えとsplit( )メソッドを使用した文字列の分割例です。

▼リスト9-7　replace( )メソッドの使用例

```
01: var str = new String("2017/01/02");
02: console.log("置換前 : " + str.toString());
03: str = str.replace("2017", "2018");
04: console.log("置換後 : " + str.toString());
05: var arr = str.split("/");
06: console.log("0番目の要素:" + arr[0]);
07: console.log("1番目の要素:" + arr[1]);
08: console.log("2番目の要素:" + arr[2]);
```

　はじめに、1行目で変数strに「2017/01/02」という文字列を指定してStringオブジェクトを生成し代入します。この文字列に対して、replace( )メソッドを使用して文字列の一部を指定した文字に置き換えます（**図9-11**）。メソッドの引数には置換対象の文字列と新しい文字列を指定します。3行目で、replace( )メソッドを使用して、文字列の「2017」という文字を「2018」という文字に置き換えます。

▼図9-11　replace( )メソッドによる文字列の置換

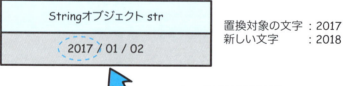

続いて、splitl( ) メソッドを使用して、指定した文字と一致する位置で文字列を分割して配列に格納します（**図 9-12**）。メソッドの引数には、分割する文字を指定します。5 行目で、split( ) メソッドを使用して文字列を分割し配列に格納します。メソッドの引数には、分割する位置の文字「/」を指定します。

▼**図 9-12　split( ) メソッドによる文字列の分割**

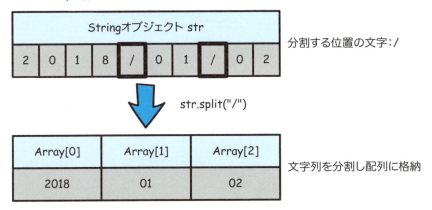

● **実行結果を見てみよう**

リスト 9-7 の出力結果を確認すると**図 9-13** のように表示されます。

はじめに、replacel( ) メソッドによって「2017」という文字が「2018」という文字に置き換えられ、「2018/01/02」という文字列が出力されています。置換対象となる文字が複数存在する場合は、すべて新しい文字に置き換えられてしまうので注意が必要です。

続いて、splitl( ) メソッドによって文字列が分割され、配列に格納されていることがわかります。0 番目の要素に「2018」、1 番目の要素に「01」、2 番目の要素に「02」と格納されています。

▼図 9-13　リスト 9-7 の実行結果（コンソール）

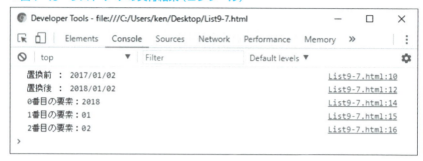

エスケープシーケンス

　「"（ダブルクォーテーション）」や改行など特別な意味を持つ文字列を出力する場合は、「エスケープシーケンス」を使用します。

　例えば、「明日は " 日曜日 " です。」といったダブルクォーテーションを使用した文字列を表示する場合は、以下のようにコードを書きます。

```
console.log("明日は¥"日曜日¥"です。")
```

　このように、特別な文字の前に「¥」を付加することによって表すものを「エスケープシーケンス」といいます。エスケープシーケンスには、改行を表す「¥n」や、タブを表す「¥t」などがあります。

Boolean オブジェクトとは

Boolean オブジェクトは、論理値を扱うためのオブジェクトです。Boolean オブジェクトは**構文 9-5** のように生成します。

構文 9-5 Boolean オブジェクトの生成

```
var 変数名 = new Boolean(値);
```

Boolean オブジェクト生成時に指定される引数の値は、内容に応じて、真（true）または偽（false）の論理値に変換されます（**表 9-4**）。

▼表9-4 Boolean オブジェクトによる論理値変換

オブジェクト生成時の引数	論理値
引数なし（省略可）	false
0、-0、null、false、NaN、undefined、空文字（" "）	false
上記以外のあらゆる値（文字列やオブジェクトなど）	true

Boolean オブジェクトの例を見てみよう

いくつか例を見てみましょう。**リスト 9-8** では、Boolean オブジェクト生

成時の引数の値は 1 行目では省略、2 行目では「false」、3 行目では「"false"」
とします。

各 Boolean オブジェクトの値は、1 行目と 2 行目は「false」、3 行目は文
字列であるため「true」となります。

▼リスト 9-8　Boolean オブジェクトの使用例

```
01: var a = new Boolean();           // 「false」が返される
02: var b = new Boolean(false);      // 「false」が返される
03: var c = new Boolean( "false" ); // 「true」が返される
```

また、Boolean オブジェクトの値を条件文に使用した場合に注意が必要で
す。Boolean オブジェクトの値が「false」であった場合に、条件文を使用し
て評価を行うと、結果は「true」となります。

これは、値が「null」、「undefined」以外のオブジェクトは、条件式で評価
するとすべて「true」という結果になるためです (リスト 9-9)。

▼リスト 9-9　条件文による判定結果

```
01: var a = new Boolean(false);
02: if (a) {
03:   console.log(a); //実行される
04: }
```

 ## Date オブジェクトとは

　Date オブジェクトは、日付や時刻を扱うためのオブジェクトです。Date オブジェクトのメソッドの一部を紹介します（**表 9-5**）。

▼表 9-5　Date オブジェクトのメソッド

メソッド	用途
getFullYear メソッド	現在の年を取得する
getMonth メソッド	現在の月を取得する
getDate メソッド	現在の日を取得する
getHours メソッド	現在の時間（時）を取得する
getMinutes メソッド	現在の時間（分）を取得する
getSeconds メソッド	現在の時間（秒）を取得する
getMilliseconds メソッド	現在の時間（ミリ秒）を取得する
getDay メソッド	現在の曜日を取得する
getTime メソッド	1970 年 1 月 1 日午前 00:00:00 からの経過時間を取得する（単位はミリ秒）

 ## Date オブジェクトの構文を理解しよう

　Date オブジェクトは**構文 9-6** のように生成します。

9-6　Dateオブジェクトの生成

```
var 変数名 = new Date（値）;
```

　Dateオブジェクト生成時に引数を指定しない場合は、現在日時が設定され、引数を指定すると指定した日時が設定されます。

Dateオブジェクトの例を見てみよう

　実際にDateオブジェクトを生成してみましょう。**リスト9-10**では、1行目の変数date1に引数なしでDateオブジェクトを生成し代入します。2行目の変数date2には、引数に日時「2017, 1, 1, 10, 30, 30」を指定してDateオブジェクトを生成し代入します。3行目の引数は、西暦、月、日、時、分、秒の順となります。

▼リスト9-10　Dateオブジェクトの使用例

```
01: var date1 = new Date();
02: var date2 = new Date(2017, 1, 1, 10, 30, 30);
03: console.log("引数なし:" + date1);
04: console.log("引数あり:" + date2);
```

● 実行結果を見てみよう

　リスト9-10の出力結果を確認すると、引数なしのDateオブジェクトの値は現在日時が表示され、引数指定のDateオブジェクトの値は指定した日時が表示されています（**図9-14**）。

▼図 9-14　リスト 9-10 の実行結果（コンソール）

ここで、Date オブジェクトで扱う月と曜日で注意点があります。引数指定の Date オブジェクトの値で、引数の月を「1」と指定しましたが2月と出力されています。これは、Date オブジェクトでは、1 月を「0」、2 月を「1」というように、月を 0 から 11 の数値で表すためです。

また、曜日については、日曜が「0」、月曜が「1」というように、日曜から土曜までを 0 から 6 の数値で表します。

日付や時刻を取得する例を見てみよう

表 9-5 のとおり、日付や時刻を取得するには Date オブジェクトのメソッドを使用します。

実際に日付や時刻を取得してみましょう。**リスト 9-11** では、1 行目の変数 now に Date オブジェクトを生成し代入します。2 行目から 7 行目では、現在の年（2 行目）、月（3 行目）、日（4 行目）、時（5 行目）、分（6 行目）、秒（7 行目）をそれぞれのメソッドを使用して取得し変数に代入しています。ただし、getMonth メソッドが返す月の値は 0 からはじまるため、3 行目では 1 を加算して現在月を計算しています。

▼リスト 9-11　日付や時刻を取得するメソッドの使用例

```
01: var now = new Date();
02: console.log("現在の年:" + now.getFullYear());
03: console.log("現在の月:" + now.getMonth() + 1);
04: console.log("現在の日:" + now.getDate());
05: console.log("現在の時:" + now.getHours());
06: console.log("現在の分:" + now.getMinutes());
07: console.log("現在の秒:" + now.getSeconds());
```

● 実行結果を見てみよう

リスト 9-11 の出力結果を確認すると、現在の日付や時刻が取得できていることがわかります（図 9-15）。

▼図 9-15　リスト 9-11 の実行結果（コンソール）

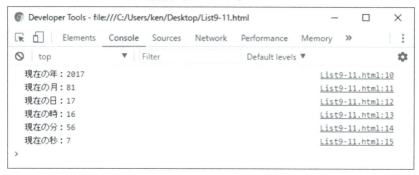

 日数の差を求める例を見てみよう

getTime() メソッドを使用すると、指定日までの日数や、指定日からの経過日数を求めることができます。

リスト 9-12 では、現在日から指定日「2020 年 1 月 1 日」までの日数を求める例です。

▼リスト 9-12　getTime( )メソッドの使用例

```
01: var now = new Date();
02: var date1 = new Date(2020, 0, 1);
03: var time = date1.getTime() - now.getTime();
04: var date2 = (time / (24 * 60 * 60 *1000)).toFixed();
05: console.log("2020年1月1日までの日数：" + date2);
```

1行目の変数 now には、現在日の Date オブジェクトを生成し代入します。2行目の変数 date1 には、「2020 年 1 月 1 日」を指定した Date オブジェクトを生成し代入します。

3行目では、getTime( ) メソッドを使用して、変数 date1 から変数 now を引き、指定日までの日数を求めます。

getTime( ) メソッドは結果をミリ秒の単位で返すため、4行目の計算を行って日単位に変換する必要があります。

また、日単位の値は、小数点表記となる場合があるので、4行目では、引数なしの toFixed( ) メソッドを使用して小数点以下 0 桁を表示するようにし、変数 date2 に代入しています。

● 実行結果を見てみよう

リスト 9-12 の出力結果を確認すると、2020 年 1 月 1 日までの日数を求めた結果が出力されていることがわかります（図 9-16）。

▼図 9-16　リスト 9-12 の実行結果（コンソール）

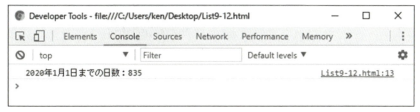

07 数値計算を扱うオブジェクト Math

Keyword ☑ Mathオブジェクト

 ## Math オブジェクトとは

Math オブジェクトは、数値計算を扱うオブジェクトです。様々な計算を行うためのメソッドが用意されています。

これまでのオブジェクトは new 演算子を使用してオブジェクトを生成しましたが、Math オブジェクトは new 演算子での生成が不要なオブジェクトとなります。

Math オブジェクトのメソッドの一部を**表 9-6** に示します。

▼表 9-6　**Math オブジェクトのメソッド**

メソッド	用途
Math.min(x, y,…)	引数の数値の中で最小値を求める
Math.max(x, y,…)	引数の数値の中で最大値を求める
Math.round(x)	四捨五入し、整数を返す
Math.ceil(x)	小数点以下を切り上げ、整数を返す
Math.floor(x)	小数点以下を切り捨て、整数を返す

 ## 数値を比較する例を見てみよう

数値の比較を行うには、Math.min( ) メソッドや Math.max( ) メソッドを使用します。

実際に数値を比較してみましょう。**リスト9-13**では、「3,5,7」の数値を比較して最小値と最大値を求めます。1行目では、Math.min( )メソッドを使用して最小値を求め、2行目では、Math.max( )メソッドを使用して最大値を求めます。

▼リスト9-13　Mathオブジェクトを使用した数値の比較例

```
01: console.log("最小値:" + Math.min(3,5,7));
02: console.log("最大値:" + Math.max(3,5,7));
```

● 実行結果を見てみよう

リスト9-13の出力結果を確認すると、最小値が「3」、最大値が「7」が出力されていることがわかります（**図9-17**）。

▼図9-17　リスト9-13の実行結果（コンソール）

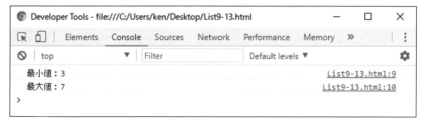

数値を整える例を見てみよう

Math.ceill( )メソッドでは小数点以下の切り上げ、Math.floor( )メソッドでは小数点以下の切り捨てを行った整数を返すことができます。

実際に数値を整えてみましょう。**リスト9-14**では、「99.9」という数値に対して、小数点以下の切り上げと切り捨てを行います。1行目では、Math.ceill( )メソッドを使用して小数点以下の切り上げを、2行目では、Math.floorl( )メソッドを使用して小数点以下の切り捨てを行います。

▼リスト 9-14　Math オブジェクトを使用した数値の整形例

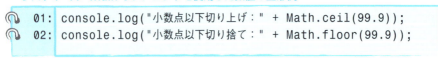

```
01: console.log("小数点以下切り上げ:" + Math.ceil(99.9));
02: console.log("小数点以下切り捨て:" + Math.floor(99.9));
```

● 実行結果を見てみよう

リスト 9-14 の出力結果を確認すると、小数点以下を切り上げた数値が「100」、小数点以下を切り捨てた数値が「99」と出力されていることがわかります（図 9-18）。

▼図 9-18　リスト 9-14 の実行結果（コンソール）

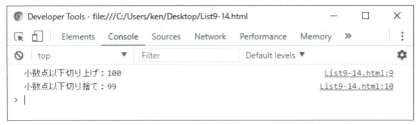

RegExp オブジェクトとは

RegExp オブジェクトは、正規表現を扱うオブジェクトです。正規表現とは、文字と特殊文字で構成される文字列のパターンです（図 9-19）。

▼図 9-19　正規表現の例

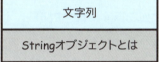

a～zまたはA～Zのパターン

RegExp オブジェクトの構文を理解しよう

RegExp オブジェクトは**構文 9-7** のように生成します。

構文　9-7　RegExp オブジェクトの生成

```
var 変数名 = new RegExp( パターン );
```

RegExpオブジェクトの例を見てみよう

　RegExpオブジェクトにパターンを指定し、文字列とパターンが一致するか調べることができます。一致するかどうかの確認はStringオブジェクトのmatch( )メソッドを使用します。match( )メソッドは一致する値を配列で返します。一致しない場合はnullが返されます。

　実際に文字列とパターンが一致するか調べてみましょう。リスト9-15では、1行目で変数strに「RegExpオブジェクトは正規表現を扱うオブジェクトです」という文字を代入しています。

　3行目では、[a-zA-Z]というパターンを作成し、変数ptn1に代入しています。このパターンは「アルファベットの小文字と大文字に一致する文字」を調べるためのものです。

　3行目のパターンの指定方法では初めにパターンが一致する文字列しか返されません。パターンに一致するすべての文字列を返すには、RegExpオブジェクト生成時に4行目のようにフラグと呼ばれるオプション指定します。4行目ではパターンに一致するすべての文字列を返す意味を持つ、「g」を指定しています。

　最後に5行目と6行目でmatch( )メソッドを使用して、文字列に対しパターンが一致する文字列を返します。

▼リスト9-15　文字列とパターンの一致調査の例

```
01: var str = "RegExpオブジェクトは正規表現を扱うオブジェクトです";
02: var ptn1 = new RegExp("[a-zA-z]");
03: var ptn2 = new RegExp("[a-zA-z]"," g");
04: console.log("パターン1:" + str.match(ptn1));
05: console.log("パターン2:" + str.match(ptn2));
```

● 実行結果を見てみよう

　リスト 9-15 の出力結果を確認すると、6 行目の結果はパターンに一致する最初の文字列「R」が出力され、7 行目の結果はパターンに一致するすべての文字列「R,e,g,E,x,p」が出力されていることがわかります（図 9-20）。

▼図 9-20　リスト 9-15 の実行結果（コンソール）

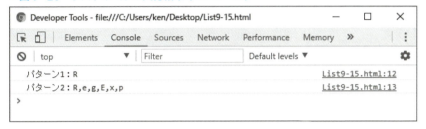

正規表現

正規表現で使用される主なパターンを紹介します（表 9-A）。

▼表 9-A　主な正規表現パターン

パターン	意味	書き方例
[ ]	いずれかの文字とマッチする	"[ABC]"
^	先頭にマッチする（[ ] の中で使用すると、否定を意味する）	"^ABC"
$	末尾にマッチする	"ABC$"
-	範囲にマッチする	"[1-5]"
( )	1 つのグループにマッチする	"(ABC)"
|	どちらかにマッチする	"ABC|DEF"
&&	かつ	"[1-5&&[^3]]"

COLUMN

null と undefined

JavaScript には null と undefined が存在します。

null も undefined もどちらも値がないことを意味しますが、実際は異なります。以下のコードを例に説明していきます。

```
var str1 = null;
var str2;
console.log(str1);   // 結果はnull
console.log(str2);   // 結果はundefined
```

変数 str1 は、意図的に null を代入して値がないことを示しています。一方、変数 str2 は、値が代入されていない（初期化されていない）ため値がないことを示しています。

つまり、意図をもって値がないものが null、値が代入されていないものが undefined（日本語で「未定義」を意味する）です。null は意図を持っていますが、undefined は未定義の状態を示しているため、プログラムとしては実行時にエラーとして扱われます。コードを書くときは undefined とならないよう変数などの定義には注意してください。

undefined となる例としては以下のような状態のものが挙げられます。

・値が代入されていない（初期化されていない）変数
・存在しない配列の要素を読み出した場合
・変数に戻り値のない関数の結果を代入した場合

この章のまとめ

- JavaScript には、基本となる組み込みオブジェクトが用意されています。

- オブジェクトに用意されているメソッドを使用し、オブジェクトで扱うデータを操作することができます。

- オブジェクトを生成するには new 演算子を使用します。

- Math オブジェクトに関しては new 演算子を使用しません。

- 変数にオブジェクトを代入すると、データの場所を参照するためのアドレス情報が代入されます。

- オブジェクト型は参照渡しとなるため、代入先のオブジェクトの変更によって代入元も変更されます。

《章末復習問題》

練習問題 9-1

引数「2017/01/01」という文字列を指定した String オブジェクトを生成し、変数名 date に代入してください。

次に String オブジェクトの replace( ) メソッドを使用して、変数 date の文字列「2017」を「2020」に変換し、コンソールに表示してください。

練習問題 9-2

引数に「2016 年 1 月 1 日」となる値を指定した Date オブジェクトを生成し、変数 date1 に代入してください。

また、引数に「2017 年 12 月 31 日」となる値を指定した Date オブジェクトを生成し変数 date2 に代入してください。

次に Date オブジェクトの getTime( ) メソッドを使用して、変数 date1 の日付「2016 年 1 月 1 日」から変数 date2 の日付「2017 年 12 月 31」までの日数を求め、コンソールに表示してください。

練習問題 9-3

Math オブジェクトの Math.max( ) メソッドを使用して、「10.5,23.5,40.5」という数値から最大値を求め、変数名 max に代入してください。

次に変数 max の数値を Math オブジェクトの Math.round( ) メソッドを使用して、四捨五入した数値をコンソールに表示してください。

10章

ブラウザ
オブジェクト

JavaScriptはWebブラウザ上で動作します。Webブラウ
ザを構成する部品はオブジェクトであり、様々な種類のオブ
ジェクトが存在します。

本章では、Webブラウザを構成するブラウザオブジェクトの
種類や特徴、基本的な使い方を学習します。

ブラウザオブジェクトとは

Webブラウザはドキュメントやフォーム、画像などの様々な種類の部品で構成されています。各部品はすべてオブジェクトとして扱われ、JavaScriptで操作することができます。ブラウザ上のオブジェクトは総称してブラウザオブジェクトと呼びます。ブラウザオブジェクトには表10-1のようなオブジェクトがあります。

▼表10-1 ブラウザオブジェクトの種類

種類	主な用途
Window オブジェクト	ブラウザのウィンドウを表す
Location オブジェクト	ブラウザのURLに関する情報を表す
History オブジェクト	ブラウザの履歴情報を表す
Document オブジェクト	ブラウザのドキュメントを表す
Frame オブジェクト	ブラウザのフレームを表す
Navigator オブジェクト	ブラウザのアプリケーション情報を表す
Event オブジェクト	ブラウザのイベントを表す
Screen オブジェクト	OSのデスクトップを表す

ブラウザオブジェクトは図10-1のような階層構造となっており、これをブラウザオブジェクトモデル（Browser Object Model：BOM）といいます。

▼図10-1 ブラウザオブジェクトモデル（BOM）

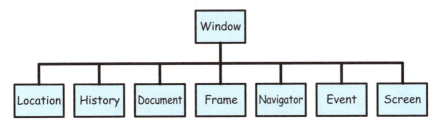

構造は、Windowオブジェクトを最上位のオブジェクトとし、下位にその他のオブジェクトが属する形となっています。ブラウザオブジェクトも様々なプロパティやメソッドを持っており、各ブラウザオブジェクトの操作を行う場合は、上位のWindowオブジェクトを通じて操作することになります。

ブラウザオブジェクトの例を見てみよう

実際にブラウザオブジェクトを操作してみましょう。

ブラウザオブジェクトモデルにおけるWindowオブジェクト配下のLocationオブジェクトには、URL情報を取得するhrefプロパティがあります。

リスト10-1は、LocationオブジェクトのhrefプロパティをUsing使用して取得したURL情報をコンソールに出力する例です。

▼リスト10-1 ブラウザオブジェクトの操作例

```
01: console.log("URL1:" + window.location.href);
02: console.log("URL2:" + location.href); // 「window.」を省略可能
```

Locationオブジェクトは、ブラウザオブジェクトモデルが示すとおり、上位のWindowオブジェクトを通じて操作します。リスト10-1の1行目で

は、「window.location.href」という記述をしていますが、2行目のように省略して「location.href」という記述も可能です。これは、Windowオブジェクトがグローバルオブジェクトであるためです。

 ## 実行結果を見てみよう

リスト10-1の出力結果を確認すると、Locationオブジェクトのhrefプロパティで取得したURL情報が出力されています。（図10-2）。

▼図10-2　リスト10-1の実行結果（コンソール）

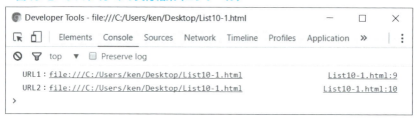

また、「window.location.href」と記述した場合と、「window.」を省略して「location.href」と記述した場合どちらも同じ出力結果であることがわかります。

10-02 Windowオブジェクト

Window オブジェクト

Keyword ☑ Windowオブジェクト

 Window オブジェクトとは

Window オブジェクトはブラウザのウィンドウを表すブラウザオブジェクトです。BOM において、最上位のオブジェクトとなります。

Window オブジェクトのプロパティとメソッドで、ブラウザ上へのダイアログ表示／ウィンドウのスタイル指定や制御といった操作を行うことができます。

 ダイアログを表示する

Window オブジェクトのダイアログに関連するメソッドについて学びましょう。表 10-2 にダイアログ関連のメソッドを示します。

▼表 10-2　ダイアログ関連のメソッド

メソッド	用途
window.alert( )	メッセージダイアログを表示
window.confirm( )	確認ダイアログを表示
window.prompt( )	入力フィールドを持つダイアログを表示

● ダイアログを表示する構文を理解しよう

alert( ) メソッドは、メッセージダイアログをブラウザ上に表示します。

335

メソッドの引数には、表示するメッセージを指定します（**構文 10-1**）。

confirm( )メソッドは、OKボタンとキャンセルボタンを持つ確認ダイアログをブラウザ上に表示します。メソッドの引数には、表示するメッセージを指定します（**構文 10-2**）。

prompt( )メソッドは、入力フィールドを持つダイアログをブラウザ上に表示します。OKボタンとキャンセルボタンも備え持っています。メソッドの引数には、表示するメッセージと入力フィールドに表示する初期値を指定します（**構文 10-3**）。入力フィールドに初期値を表示しない場合は、引数の初期値を省略します。

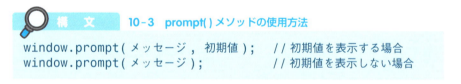

● ダイアログを表示する例を見てみよう

実際にそれぞれのダイアログをブラウザ上に表示してみましょう。

リスト 10-2 は、メッセージダイアログを表示する例です。alert( )メソッドの引数に「ブラウザオブジェクトの学習を始めます。」という文字列を指定しています。

10-02 Windowオブジェクト

▼リスト10-2 alert( )メソッドの使用例

```
01: window.alert("ブラウザオブジェクトの学習を始めます。");
```

リスト10-3は、確認ダイアログを表示し、OKボタンが押されたかどうかをif文で判断しメッセージを表示する例です。1行目でconfirm( )メソッドの引数に「学習を始めてよろしいですか？」という文字列を指定しています。また、confirm( )メソッドは、OKボタンが押下された場合はtrue、キャンセルボタンが押された場合はfalseを返します。

▼リスト10-3 confirm( )メソッドの使用例

```
01: if(window.confirm("学習を始めてよろしいですか？")) {
02:   console.log("OKボタンが押下されました。");
03: } else {
04:   console.log("キャンセルボタンが押下されました。");
05: }
```

リスト10-4は、入力フィールドを持つダイアログを表示し、入力された内容をコンソールで確認する例です。1行目でprompt( )メソッドの引数にメッセージとして「質問を入力してください。」という文字列と、初期値として「オブジェクトに関する質問」という文字列を指定しています。ダイアログのOKボタン押下時は、入力フィールドに入力されている文字列が返されます。また、何も入力されていない場合は空の文字列を返し、キャンセルボタンが押下された場合はnullを返します。返却値を確認するために、1行目で変数questionにprompt( )メソッドの結果を代入しています。

▼リスト10-4 prompt( )メソッドの使用例

```
01: var question = window.prompt("質問を入力してください。", "
     オブジェクトに関する質問");
02: console.log("入力された質問：" + question);
```

● 実行結果を見てみよう

リスト 10-2 の出力結果を確認すると、メッセージダイアログが表示され、引数に指定したメッセージが表示されていることがわかります（**図 10-3**）。

▼**図 10-3　リスト 10-2 の実行結果**

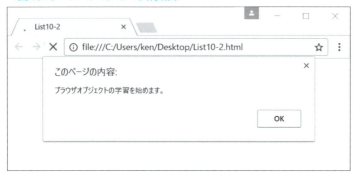

次に、リスト 10-3 の出力結果を確認すると、確認ダイアログが表示され、引数に指定したメッセージが表示されていることがわかります（**図 10-4**）。

▼**図 10-4　リスト 10-3 の実行結果**

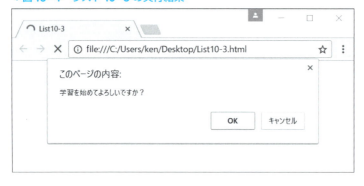

ここで、OK ボタンもしくはキャンセルボタンを押してコンソールで確認してみましょう。OK ボタンが押されると true と判断し 2 行目のコードが実行されることがわかります（**図 10-5**）。キャンセルボタンが押された場合は false と判断し 4 行目のコードが実行されることがわかります（**図 10-6**）。

▼図 10-5　OK ボタンが押された場合（コンソール）

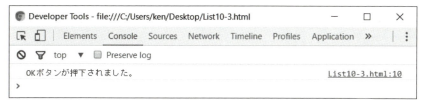

▼図 10-6　キャンセルボタンが押された場合（コンソール）

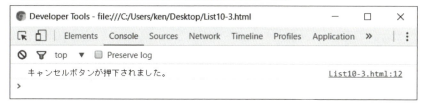

　続いて、リスト 10-4 の結果を確認すると、ダイアログが表示され、引数に指定したメッセージと入力フィールド設定した初期値が表示されていることがわかります（図 10-7）。

▼図 10-7　リスト 10-4 の実行結果

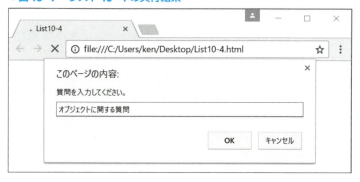

　ここで、OK ボタンもしくはキャンセルボタンを押してコンソールで確認してみましょう。OK ボタンが押されると入力フィールドに入力されている文字列が返されることがわかります。（図 10-8）。キャンセルボタンが押されると null が返されていることがわかります（図 10-9）。

▼図10-8　OKボタンが押された場合（コンソール）

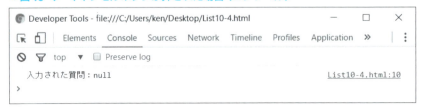

▼図10-9　キャンセルボタンが押された場合（コンソール）

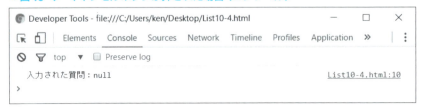

 ウィンドウを操作する

　ウィンドウを開くまたは閉じる操作を行うメソッドを学びましょう。表10-3にウィンドウを開くまたは閉じる操作に関連するメソッドを示します。

▼表10-3　ウィンドウを開くまたは閉じる操作に関連するメソッド

メソッド	用途
window.close( )	ウィンドウを閉じる
window.open( )	新しいウィンドウを開く

● ウィンドウを操作する構文を理解しよう

　close( )メソッドを使用すると、現在開いているウィンドウを閉じることができます（構文10-4）。close( )メソッドは、引数は不要です。

10-4　close( )メソッドの使用方法

```
window.close();
```

open( )メソッドを使用すると、現在のウィンドウから新しいウィンドウを開くことができます（図10-10）。

▼図10-10　新しいウィンドウを開くopen( )メソッド

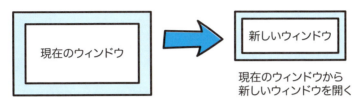

現在のウィンドウから
新しいウィンドウを開く

メソッドの引数には、新しいウィンドウのURL、ウィンドウ名、ウィンドウのオプションを指定します（構文10-5）。オプションには、新しく開くウィンドウの横幅や高さなどを指定できます（表10-4）。

構文　10-5　open( )メソッドの使用方法

```
window.open(URL, ウィンドウ名, オプション );
```

▼表10-4　指定できる主なオプション

オプション	設定値	用途
width	数値	ウィンドウの横幅を指定する。
height	数値	ウィンドウの高さを指定する。
top	数値	上端からウィンドウの表示位置を指定する。
left	数値	左端からウィンドウの表示位置を指定する。

オプションは、特に指定がなければ省略することができます。また、オプションは複数指定することもできます。例えば、新しく開くウィンドウの横幅を100px、高さを200pxとするといった場合は、「width=100, height=200」のように指定します。

● 新しいウィンドウを操作する例を見てみよう

実際に新しいウィンドウを開いてみましょう。確認ダイアログでOKボタンが押された場合、新しいウィンドウを開く例を説明します。

はじめに、新しく開かれるウィンドウの html ファイルを準備します。**リスト 10-5** は、確認ダイアログの OK ボタンが押された場合、ウィンドウを閉じる操作を行う close( ) メソッドを実行する例です。

▼リスト 10-5　close( ) メソッドの使用例

```
01: if(window.confirm("新しいウィンドウを閉じますか？")) {
02:     window.close();
03: }
```

　1 行目は confirm( ) メソッドを使用して、確認ダイアログを表示しています。メソッドの引数には「新しいウィンドウを閉じますか？」という文字列を指定します。確認ダイアログで OK ボタンが押された場合、close( ) メソッドを使用してウィンドウを閉じるようにしています。

　続いて、新しいウィンドウを開く例を**リスト 10-6** に示します。

▼リスト 10-6　open( ) メソッドの使用例

```
01: if(window.confirm("新しいウィンドウを開きますか？")) {
02:     window.open("List10-5.html", "List10-5", "top=100,
        left=200, width=500, height=150");
03: }
```

　1 行目では、confirm( ) メソッドを使用して確認ダイアログを表示しています。メソッドの引数には「新しいウィンドウを開きますか？」という文字列を指定します。2 行目で open メソッドを使用して新しいウィンドウを開いています。

　メソッドの第一引数には、リスト 10-5 のコードで編集した html ファイルを URL として指定し、第二引数には新しいウィンドウの名前を指定します。オプションとして、新しいウィンドウの表示位置を上端から 100px、左端から 200px、横幅を 500px、高さを 150px と指定しています。

● 実行結果を見てみよう

リスト 10-6 の結果を確認すると、確認ダイアログが表示され、引数に指定したメッセージが表示されていることがわかります（図 10-11）。

▼図 10-11　リスト 10-6 の実行結果

ここで、確認ダイアログの OK ボタンを押してみましょう。新しいウィンドウが開かれ、確認ダイアログが表示されていることがわかります（図 10-12）。

▼図 10-12　open( ) メソッドにより開かれた新しいウィンドウ

新しいウィンドウの確認ダイアログで OK ボタンを押してみましょう。OK ボタンを押下すると、新しいウィンドウが閉じられたことがわかります（図 10-13）。

▼図10-13　close( )メソッドにより新しいウィンドウを閉じた結果

 親ウィンドウに対して操作を行う

　現在のウィンドウから親ウィンドウに対して操作を行うプロパティについて学びましょう。表10-5に親ウィンドウに対して操作を行うプロパティを示します。

▼表10-5　親ウィンドウに対して操作を行うプロパティ

プロパティ	用途
window.opener	現在のウィンドウの親ウィンドウを表す
window.closed	ウィンドウが閉じられているかを表す

　openerプロパティは、現在開いているウィンドウの親ウィンドウを表します。現在のウィンドウから親ウィンドウの関数を参照するなど、親ウィンドウに対して操作を行うことができます。

　closedプロパティは、対象のウィンドウが閉じられているかを表します。ウィンドウが閉じられていればtrueを返し、ウィンドウが開いていればfalseを返します。

● 親ウィンドウに対する操作の例を見てみよう

　実際に現在のウィンドウから親ウィンドウに対する操作を行ってみましょ

う。はじめに、新しく開かれるウィンドウの html ファイルを準備します。**リスト 10-7** は、新しく開かれるウィンドウで確認ダイアログの OK ボタンが押された場合、親ウィンドウが開いているかを判定します。開いていれば親ウィンドウを閉じ、開いていなければメッセージダイアログを表示する例です。

　1 行目で確認ダイアログを表示し、2 行目で親ウィンドウの存在とウィンドウが開いているかを確認しています。親ウィンドウが開いていた場合は、close( ) メソッドを使用して（親ウィンドウを）閉じます。このように、親ウィンドウの操作を行う場合は opener プロパティの後ろに「.closed」や「.close( )」を記述します。

▼リスト 10-7　親ウィンドウに対する操作例
```
01: if(window.confirm("親ウィンドウを閉じますか？")) {
02:   if(window.opener && !window.opener.closed) {
03:     window.opener.close();
04:   } else {
05:     window.alert("親ウィンドウは既に閉じています。");
06:   }
07: }
```

　続いて、新しいウィンドウを開く操作の例を**リスト 10-8** に示します。新しいウィンドウを開くために open( ) メソッドを使用しています。メソッドの第一引数には、リスト 10-7 のコードで編集した html ファイルを URL として指定し、第二引数には新しいウィンドウの名前を指定します。オプションはリスト 10-6 で説明したオプションと同様です。

▼リスト 10-8　新しいウィンドウを開く操作例
```
01: window.open("List10-7.html", "List10-7", "top=200,
    left=200, width=500, height=150");
```

● 実行結果を見てみよう

リスト 10-8 の結果を確認すると、新しいウィンドウが開かれ、確認ダイアログが表示されていることがわかります。(図 10-14)。

▼図 10-14　リスト 10-8 の実行結果

確認ダイアログの OK ボタンを押してみましょう。closed プロパティで false が返されたため、親ウィンドウが閉じられ新しいウィンドウのみ開いていることがわかります (図 10-15)。

▼図 10-15　親ウィンドウを閉じた結果

ここで、リスト 10-8 の open( ) メソッドの記述の後に「window.close( );」を追加します (リスト 10-9)。新しいウィンドウを開いた時点で親ウィンドウを閉じている状態にします。リスト 10-7 の判定文の評価が変わることを確認します。

▼リスト10-9　リスト10-8へのコード追加

```
01: window.close();
```

コードを追加し、新しいウィンドウの確認ダイアログで OK ボタンを押してみましょう。親ウィンドウが存在しないため、メッセージダイアログが表示されていることがわかります（図10-16）。

▼図10-16　親ウィンドウが閉じられている場合

 COLUMN

ダイアログ

　ダイアログ（ダイアログボックスとも呼ばれる）は、画面で操作確認などのために用いられる個別に開くウィンドウです。操作中のウィンドウの手前に表示され、画面を使用するユーザーが見逃すことのないようになっています。そのため、重要な操作や注意が必要な操作を行う画面は、このダイアログがよく使用されています。ダイアログ（dialog）とは日本語で「対話」を意味します。
　このダイアログには2つ種類があり、ダイアログを消さない限り他の操作ができないものを**モーダルダイアログ**といいます。一方、ダイアログを表示していても他の操作ができるものを**モードレスダイアログ**といいます。

Location オブジェクトとは

　Location オブジェクトは、ブラウザの URL に関する情報を表すブラウザオブジェクトです。現在のウィンドウの URL 情報取得や、指定された URL へ移動するといった操作を行うことができます。

URL 情報の取得や指定された URL に移動する

　Location オブジェクトは、URL を操作するためのメソッドやプロパティを持っています。**表 10-6** にメソッド、**表 10-7** に主なプロパティを示します。

▼表10-6　メソッド

メソッド	用途
window.location.replace( )	現在表示しているページを指定された URL に置き換える
window.location.reload( )	現在表示しているページを再読み込みする

▼表10-7　主なプロパティ

プロパティ	用途
window.location.href	現在表示しているページの URL 情報を取得する。指定された URL にジャンプする
window.location.protocol	URL のプロトコルを返す

window.location.host	URLのホストを返す
window.location.hostname	URLのホスト名を返す
window.location.port	URLのポート番号を返す

「10-01 ブラウザオブジェクト」で説明したように、hrefプロパティでは現在表示しているページのURL情報を取得することができます。また、hrefプロパティでは指定されたURLへジャンプすることもできます。

指定されたURLに移動する例を見てみよう

リスト10-10は、入力フィールドを持つダイアログを表示し、入力されたURLへジャンプする例です。

▼リスト10-10　hrefプロパティの使用例

```
01: var url = window.prompt("移動先のURLを入力してください。");
02: window.location.href = url;
```

1行目でprompt( )メソッドを使用して入力フィールドを持つダイアログを表示しています。2行目は、hrefプロパティを使用して取得したURLにジャンプしています。hrefプロパティで指定されたURLにジャンプさせるには、「window.location.href = url」のように、hrefプロパティにURLを持つ変数を代入するか、直接文字列を代入します。

● 実行結果を見てみよう

リスト10-10を実行すると、入力フィールドを持つダイアログが表示されるのでジャンプしたいURLを入力します（図10-17）。ここでは、あらかじめ適当な文字列を表示するhtmlファイルを準備しておき、そのhtmlのページへジャンプするようにします。

▼図10-17　リスト10-10の実行結果

　URLを入力したらOKボタンを押してみましょう。指定されたURLへジャンプすることがわかります（図10-18）。

▼図10-18　指定されたURLへジャンプした結果

Historyオブジェクトとは

　Historyオブジェクトはブラウザ上で表示したページの履歴情報を表すブラウザオブジェクトです。Historyオブジェクトのメソッドを使用して、履歴上のページへ移動することができます。

　表10-8に履歴上のページへ移動する操作を行うメソッドを示します。

▼表10-8 Historyオブジェクトの主なメソッド

メソッド	用途
window.history.back( )	履歴上の前のページへ戻る
window.history.forward( )	履歴上の次のページへ進む
window.history.go( )	履歴上の指定されたページへ移動する

履歴上のページへ移動する構文を理解しよう

　back( ) メソッドは、現在表示しているページから履歴上の1つ前のページへ戻ることができ、forward( ) メソッドは、現在表示しているページから履歴上の次のページへ進むことができます。

　このように、Historyオブジェクトのメソッドでは、ブラウザの「←」（戻るボタン）、「→」（進むボタン）を押したときと同様の動作をします。

go( ) メソッドは、現在表示しているページから指定された数値分だけ履歴上のページへ移動します。メソッドの引数には、移動する数を指定します（構文 10-6）。

10-6　go( ) メソッドの使用方法

```
window.history.go( 数値 );
```

例えば、2 ページ前に戻る場合は、メソッドの引数に「-2」を指定します。また、ページを進む場合は、正の数値を指定します。例えば、2 ページ進むといった場合には、メソッドの引数に「2」と指定します。

履歴上のページへ移動する例を見てみよう

実際に履歴上のページに移動してみましょう。リスト 10-11 は、現在表示しているページで確認ダイアログを表示し、OK ボタンが押された場合、back( ) メソッドを使用して、履歴上の 1 つ前のページに戻る例です。

▼リスト 10-11　back( ) メソッドの使用例

```
01: if(window.confirm("前のページに戻りますか？")) {
02:   window.history.back()
03: }
```

● 実行結果を見てみよう

はじめに、chrome で適当なページを表示します。次に、表示しているページにリスト 10-11 のコードで編集した html ファイルをドラッグ＆ドロップします（図 10-19）。

▼図 10-19　html ファイルのドラッグ & ドロップ

　ドラッグ & ドロップ後、「前のページに戻りますか？」という文字列を出力した確認ダイアログが表示されます（図 10-20）。

▼図 10-20　リスト 10-11 の実行結果

　ここで OK ボタンを押してみましょう。History オブジェクトの back( ) メソッドが実行され、1 つ前のページに戻ったことがわかります（図 10-21）。

▼図 10-21　1 つ前のページに戻った結果

COLUMN

JavaScript の有効／無効設定

Google Chrome での JavaScript の有効／無効設定について紹介します。
まず、Chrome を開き、アドレスバーの右側にある設定を選択します（図 10-A）。

▼図 10-A　設定の選択

設定画面が開きますので、「詳細設定」→「コンテンツの設定」→「JavaScript」を選択します。JavaScript の設定画面が開きますので、ここで、「許可（推奨）」を ON にすると有効、OFF にすると「ブロック」と表示され無効となります（図 10-B）。

▼図 10-B　JavaScript の設定画面

この章のまとめ

- ブラウザ上のオブジェクトを総称してブラウザオブジェクトと呼びます。
- ブラウザオブジェクトは、ブラウザオブジェクトモデル（Browser Object Model：BOM）という階層構造の体系となっています。
- ブラウザオブジェクトモデルの最上位はWindowオブジェクトです。
- JavaScriptにおけるWindowオブジェクトはグローバルオブジェクトです。
- 各ブラウザオブジェクトのプロパティやメソッドを使用する際は、最上位のWindowオブジェクトを通じて操作します。実際にコードを書く場合は「window.」という部分は省略して書くことが可能です。
- WEBブラウザ上でよく使用されるダイアログの表示や新しいウィンドウを開くといった操作は、Windowオブジェクトを使用します。

《章末復習問題》

練習問題 10-1

Window オブジェクトの alert( ) メソッドを使用してブラウザ上にメッセージダイアログを表示してください。alert( ) メソッドの引数には、「ブラウザオブジェクトの復習を行います。」という文字列を指定してください。

練習問題 10-2

Window オブジェクトの confirm( ) メソッドを使用してブラウザ上に確認ダイアログを表示してください。confirm( ) メソッドの引数には、「ページを移動しますか?」という文字列を指定します。またあらかじめ適当な文字列を表示する html ファイルを準備し、確認ダイアログの OK ボタンが押された場合、準備した html ファイルのページへ移動するようにしてください。ページの移動には、Location オブジェクトの href プロパティを使用します。

11章

HTML5とCSS

Webページの作成にはHTMLとCSSは欠かせない存在です。

HTMLはページの構造を組み立て、CSSでページのスタイル

を作成します。

本章では、HTMLとCSSの基本的な使い方を学習します。

HTML5の特徴

　HTML（Hyper Text Markup Language）は、Webページの構成を組み立てるためのマークアップ言語です。インターネット上の様々なWebページのほとんどがHTMLを使用しています。Webページを作成するには、HTMLの知識が必要です。

　本書では、HTMLのバージョン5にあたるHTML5について学習していきます。HTML5は、従来のHTMLに比べてコードが簡略化されており、わかりやすいコードとなっています。また、Webページに位置情報、動画や音声を簡単に組み込むことが可能となったのもHTML5の特徴です。以下にHTML5の主な特徴を示します。

・ソースコードの簡略化
・JavaScriptを使用して位置情報の取得が可能
・動画や音声の組み込みが可能
・グラフィック描画やアニメーションの組み込みが可能
・ローカルファイルをJavaScriptで操作可能
・Webページ上でドラッグ＆ドロップが可能

HTML5 の基本的な構造

　HTML4 以前は、ヘッダやフッタ、ナビゲーションなどは、ユーザーが id やクラス属性を使用して作成していました。

　HTML5 では図 11-1 に示すような構造化タグと呼ばれるタグが追加され、見やすいページ作成が可能となりました。

▼図 11-1　HTML5 を使用した Web ページの基本的な構造

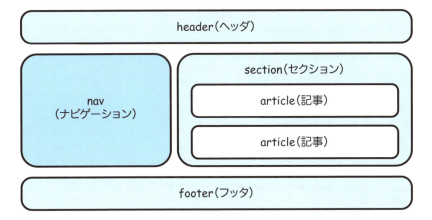

　HTML5 を使用した Web ページの基本構造において、header（ヘッダ）や section（セクション）などを要素と呼びます。これらの要素は、ソースコード上で <>（タグ）と呼ばれるもので表現されます。

HTML5 の構文を理解しよう

　タグを使用した要素の基本的な書き方を、構文 11-1 に示します。最初のタグを開始タグと呼び、要素の種類と属性を指定します。次に要素の内容を書き、最後に終了タグを使用します。属性は要素の種類によって不要な場合

もあります。

11-1　要素の書き方
< 要素の種類　属性 ="属性の値"> 要素の内容 </ 要素の種類 >

　構文 11-1 に示す要素の書き方を元に、HTML5 の基本的なタグを説明します。

● DOCTYPE タグ

　DOCTYPE タグは、HTML のバージョンが HTML5 であることを示します。DOCTYPE タグは、構文 11-1 に示した書き方とは異なり、ソースコードの始めに書くタグになります（**構文 11-2**）。

11-2　DOCTYPE タグの書き方
`<!DOCTYPE html>`

● html タグ

　html タグは、ソースコードが HTML のコードであることを示します（**構文 11-3**）。lang 属性には Web ページで扱う言語を指定します。日本語の場合は「"ja"」、英語の場合は「"en"」と指定します。html タグの内容には、後述の head タグや body タグなどを書きます。

11-3　html タグの書き方
```
<html lang = "ja">
  Webページの内容（後述のheadタグやbodyタグなど）
</html>
```

● head タグ

　head タグは、Web ページのタイトルや情報を書くタグです（**構文 11-4**）。

 **11-4　head タグの書き方**

```
<head>
    ページのタイトルやページ情報
</head>
```

● body タグ

body タグは、Web ページの本体となる内容を書くタグです（**構文 11-5**）。後述の header タグや section タグなどを書きます。

 11-5　body タグの書き方

```
<body>
    Web ページの本体となる内容（header タグや section タグ）
</body>
```

● header タグ

header タグは、後述の nav タグやヘッダ画像など、Web ページのヘッダコンテンツを書くタグです（**構文 11-6**）。

 **11-6　header タグの書き方**

```
<header>
    ヘッダコンテンツ（nav タグなど）
</header>
```

● nav タグ

nav タグは、ナビゲーションを書くタグです（**構文 11-7**）。他の Web ページへのリンクなどを書きます。

 11-7　nav タグの書き方

```
<nav>
    他のページへのリンクなど
</nav>
```

● section タグ

section タグは、記事を示す article タグなどのコンテンツを一つのまとまりとして書くタグです（**構文** 11-8）。

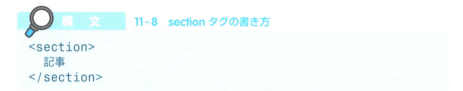

構文　11-8　section タグの書き方

```
<section>
  記事
</section>
```

● footer タグ

footer タグは、copyright などのフッターコンテンツを書くタグです（**構文** 11-9）。

構文　11-9　footer タグの書き方

```
<footer>
  copyright など
</footer>
```

マークアップ言語とは

HTML は、Web ページに対して文書構造を指定することを目的としています。

例えば、<h1> タグは「<h1> サンプル </h1>」と構文を指定することで、Web ページ上で「サンプル」という見出しとして表示されます。このように HTML ではタグと呼ばれる特別な文字列で指定した文字を囲むことで、文書構造を指定したり修飾することができます。

このことを「マークアップ」といい、マークアップを記述した構文を「マークアップ言語」といいます。

代表的なマークアップ言語は HTML の他に SGML（Standard Generaized Markup Language）があります。似たような言語として XML がありますが、こちらはタグの意味合いは規定されておらず、メタ言語と呼ばれます。

HTML5 の例を見てみよう

「11-01 HTML5 の書き方」で説明したタグを使用して、HTML5 のソースコードを作成してみましょう。**リスト 11-1** は、メニューへのリンクや新着情報とトピックスといった記事を表示する簡単な Web ページの例です。

▼リスト 11-1　HTML5 のソースコード例

```
01: <!DOCTYPE html>
02: <html lang=" ja" >
03:   <head>
04:     <meta charset="UTF-8">
05:     <title>サンプルページ</title>
06:   </head>
07:   <body>
08:     <h1>サンプルページ</h1>
09:     <header>
10:       <nav>
11:         <h1>メニュー</h1>
12:         <ul>
13:           <li><a href="menu1.html">商品一覧</a></li>
14:           <li><a href="menu2.html">購入履歴</a></li>
15:         </ul>
16:       </nav>
17:     </header>
18:     <section>
```

次へ ➚

```
19:        <h1>コンテンツ</h1>
20:        <article>
21:          <h1>新着情報</h1>
22:          <p>新商品が入荷しました。</p>
23:        </article>
24:        <article>
25:          <h1>トピックス</h1>
26:          <p>商品Ａのご案内</p>
27:        <article>
28:      </section>
29:      <footer>
30:        <p>Copyright</p>
31:        <address>sample@xxxxxxxx.com</address>
32:      </fotter>
33:    </body>
34: </html>
```

　各メニューへのリンクは、header タグ内に nav タグで作成しています（9
～ 17 行目）。

　次に新着情報とトピックスは、コンテンツとして article タグ内に記事内
容を書きます（18 ～ 28 行目）。これらの article タグは section タグで囲む
ことで一つのまとまりとして表すことができます。

　最後にフッター情報として 29 ～ 32 行目に示すとおり、Copyright とア
ドレスの情報を書きます。

　リスト 11-1 で使用されているそのほかのタグについては以下のとおりで
す。

● meta タグ

　meta タグは Web ページに関する情報（メタデータ）を示すタグです。
charset 属性を使用して Web ページ上の文字のエンコーディングを指定す
るためによく使用されます。文字のエンコーディングを指定しないと、日本
語で作成された Web ページで文字化けすることがあります。

● h1 タグ

h1 タグは見出しを示すタグです。ヘッダや記事に見出しをつける時に使用します。

● ul タグ

ul タグはリストを表示する時に使用します。リストの項目は、ul タグ内に li タグを使用して項目を書きます。

● a タグ

a タグはハイパーリンクを示すタグです。href 属性を使用して、リンク先の URL を指定する時に使用します。

● p タグ

p タグは段落を示すタグです。文章で 1 つの段落を表す際に使用します。

 実行結果を見てみよう

それでは、ページを表示してみましょう。リスト 11-1 のコードを使用し html ファイルを作成しください。作成した html ファイルを Chrome で開きます（**図 11-2**）。メニュー、新着情報、トピックスが表示されていることがわかります。

▼図11-2　リスト11-1の実行結果

　これらの内容は、HTML5を使用したWebページの基本的な構成です。Webページの内容によって必要なタグの追加や構成を変えることも可能です。

COLUMN

チェックボックスとラジオボタン

　チェックボックスとラジオボタンは、どちらも「複数の項目の中から任意の項目を選択させる」という機能を持ちます。

　項目を選択させるという点においてはどちらも同じですが、チェックボックスは複数の項目の中から複数の値を選択できることに対し、ラジオボタンは複数の項目の中から1つの値しか選択できないという明確な違いがあります。

　例えば、「次の候補から好きな色を2つ選択してください」のようなアンケートをとる場合はチェックボックスを採用し、「次の候補から好きな色を1つ選択してください」の場合にはラジオボタンを採用します。

Keyword ☑ tableタグ ☑ imgタグ ☑ inputタグ

 HTML5の主要なタグ

「11-01 HTML5の書き方」では、Webページを作成するための基本的なタグを紹介しました。本節では、Webページの作成に使用する主要なタグを紹介します。

 画像や入力部品を作成する構文を理解しよう

画像は、Webページのイメージやデザインの向上として重要な役割を担っています。Webページ上に画像を表示させるには、imgタグを使用します。構文11-10にimgタグの書き方を示します。

 構文　11-10　imgタグの書き方

```
<img src=" 表示する画像ファイル "  その他の属性 >
```

src属性には表示する画像ファイルを指定します。表11-1に示す属性は任意で指定することができ、必要に応じて画像の表示サイズを変更することができます。

▼表 11-1　img タグの属性

属性	用途
width	画像の幅をピクセル数で指定する
height	画像の高さをピクセル数で指定する

　また、Web ページでは、検索操作やデータ入力のためにテキストボックスやボタンがよく使用されます。図 11-3 に示すとおりテキストボックスやボタンは入力部品と呼ばれ、input タグを使用して作成します。

▼図 11-3　入力部品

　構文 11-11 に input タグの書き方を示します。

　　構　文　　11-11　input タグの書き方

```
<input type = " 入力部品の種類 ">
```

　input タグでは type 属性で様々な入力部品の種類を指定します。type 属性に指定する主な入力部品の種類について表 11-2 に示します。

▼表 11-2　type 属性の種類

種類	用途
text	テキストボックスを作成する
checkbox	チェックボックスを作成する
radio	ラジオボタンを作成する
submit	送信ボタンを作成する
image	画像ボタンを作成する
button	汎用ボタンを作成する

入力部品を作成する例を見てみよう

実際に input タグを使用して入力部品を作成してみましょう。**リスト 11-2 は、名前を入力するテキストボックスと血液型をチェックするチェックボックスを出力する例です。**

▼リスト 11-2　input タグの使用例

```
01: <h1>入力部品サンプル</h1>
02: <p>名前を入力し血液型をチェックしてください。</p>
03: <p>名前：<input type="text"></p>
04: <p>
05: <input type="checkbox" checked="checked">A型
06:   <input type="checkbox">B型
07:   <input type="checkbox">O型
08:   <input type="checkbox">A B型
09: </p>
```

3 行目で input タグの type 属性に text を指定してテキストボックスを作成しています。5 〜 8 行目で input タグの type 属性に checkbox を指定してチェックする血液型の内容を作成します。また、5 行目の input タグの属性に checked 属性を指定しています。"checked" と指定することで、ページの初期表示時に該当のチェックボックスがチェックされた状態にすることができます。

実行結果を見てみよう

リスト 11-2 を実行して確認してみましょう（図 11-4）。名前を入力するテキストボックスと血液型をチェックするチェックボックスが出力されていることがわかります。

▼図 11-4　リスト 11-2 の実行結果

COLUMN

HTML における <meta> タグとは

　HTML では様々なデータを取り扱います。その中でも特に <head> タグの内側には、相対パスの基準 URI を指定する <base> タグ、リンクする外部リソースを指定する <link> タグ、スタイルシートを記述する <style> タグ、本書で学ぶ JavaScript を記述する <script> タグなどを記述します。

　これらのタグで表現ができない、それ以外の様々な情報（メタデータ）は <meta> タグを使用して表します。

　例えば文字コード UTF-8 で記述することを宣言する場合は、<meta charset="UTF-8"> と記述しますし、検索結果に表示されるための HTML 文書の内容を記したい場合は <meta name="description" content=" 検索結果に表示して欲しい説明文 "> のように記述します。このほかにも <meta> タグを使用して表現できるデータがありますので、興味がある方は是非調べてみましょう。

Keyword ☑ audioタグ ☑ videoタグ

HTML5の特殊なタグ

「11-03 主要なタグ」では、Webページでよく使用される主要なタグを紹介しました。本節ではHTML5で追加された特殊なタグの一部を紹介します。

音声を再生する構文を理解しよう

Webページで音声を再生するためには、audioタグを使用します。音楽ファイルなどを指定し再生することが可能です。**構文11-12**にaudioタグの書き方を示します。

　構　文　　11-12　audioタグの書き方
```
<audio src="再生する音声ファイル" オプション></audio>
```

src属性には再生する音声ファイルを指定します。オプションには**表11-3**に示す属性を使用して、音声ファイルをコントロールできます。

▼表 11-3　audio タグの属性

属性	用途
autoplay	ページ初期表示時に自動再生する
loop	ループ再生を行う
controls	コントロール部品を表示する

controls 属性は、図 11-5 に示す部品を Web ページ上に表示することができます。

▼図 11-5　controls 属性を使用した場合に表示されるコントロール部品

 # 動画を再生する構文を理解しよう

Web ページで動画を再生するためには、video タグを使用します。**構文 11-13** に video タグの書き方を示します。

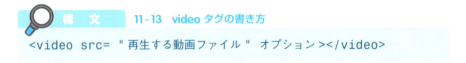

構文　11-13　video タグの書き方

```
<video src="再生する動画ファイル" オプション></video>
```

src 属性には再生する動画ファイルを指定します。オプションには**表 11-4** に示す属性を使用して、動画ファイルをコントロールできます。

▼表 11-4　video タグの属性

属性	用途
poster	静止画を表示する。動画の内容を連想させるために表示させる
autoplay	ページ初期表示時に自動再生する
loop	ループ再生を行う
muted	音声を出さずに再生する
width	動画の幅をピクセル数で指定する
height	動画の高さをピクセル数で指定する
controls	コントロール部品を表示する

動画を再生する例を見てみよう

　実際に video タグの属性を使用して Web ページ上に動画を表示させてみましょう。**リスト 11-3** は、サンプル動画を Web ページ上に表示させる例です。動画の内容を連想させる画像の表示、動画の幅と高さも指定しています。

▼リスト 11-3　video タグの使用例

```
01: <h1>サンプル動画を再生する</h1>
02: <video src="sample.mp4" poster="sample.jpg"
03:        width="640" height="360" controls></video>
```

　2 行目の src 属性には再生する動画ファイルの URL、poster 属性にはイメージ画像の URL を指定してください。それぞれのファイルはあらかじめ用意しておいてください。3 行目の width 属性で幅、height 属性で高さをそれぞれ指定しています。また、controls 属性を指定して、動画のコントロールを表示させるようにします。

実行結果を見てみよう

リスト11-3のコードの実行結果を図11-6に示します。

▼図11-6　リスト11-3の実行結果

　poster属性で指定されたイメージ画像を表示していることがわかります。また、width属性、height属性で指定された幅と高さで表示されていることもわかります。

　動画を再生するには、controls属性を使用し表示させたコントロール部品の①の再生ボタンを押すと動画が再生されます。また、②の全画面表示を押すと、フルスクリーンで動画を再生することができます。

CSSとは

　CSS（Cascading Style Sheet）は、Webページのスタイルを指定するための言語です。一般的に文書のスタイルを設定するものをスタイルシートといいます。そのスタイルシートを作成するための言語の一種としてCSSが存在します。

　Web上で使用される技術は、W3C（World Wide Web Consortium）という団体によって標準化の推進が行われています。W3Cにより、Webページは「文書の構造と体裁を分離する」という理念があります。この理念に基づき、Webページの文書構造はHTMLで作成し、体裁（スタイル）を整えるのがCSSの役割となっています。

　従来のWebページでは、文書の色や大きさ、文書の表示位置などといったスタイルはHTMLのタグや属性で指定することも可能でした。しかし、すべてのスタイルをHTMLとして記述してしまうとソースコードが煩雑になってしまいます。そこで、スタイルについてはHTMLで指定するのではなく、CSSを使用することが推奨されるようになりました。

CSSの役割

　文書構造とスタイルを分離することはソースコードが煩雑になることを防ぐだけではありません。近年、スマートフォンなどのモバイル端末が普及し、WebページはPC端末に限らずモバイル端末で閲覧する場面も多くあります。そのため、Webページの文書構造は同じでも、PC端末向けのスタイルとモバイル端末向けのスタイルが必要になります。そこで、文書（HTML）は1つだけ用意し、スタイルは複数のCSSで対応する方法を取ります（図11-7）。

▼図11-7　CSSの役割

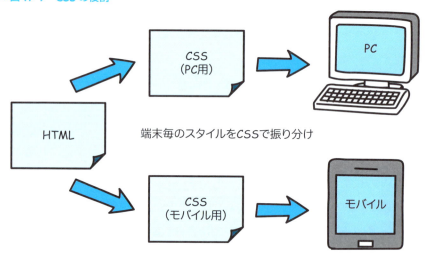

　また、HTMLにはHTML5などのバージョンがありますが、CSSにもバージョンがあります。従来のWebページはCSS2（CSS2.1）が主流でしたが、現在ではCSS3が主流となってきています。CSS3では、Webページの色の変化といったアニメーションやグラデーションを施すといった機能が追加されています。

CSSの構文を理解しよう

CSSは、スタイルを適用する対象の要素（セレクタ）、セレクタに対する操作（プロパティ）、プロパティ値の3つで構成されます。

セレクタに対するプロパティとプロパティ値は｛｝で囲み、プロパティとプロパティ値を「:（コロン）」で区切ります（**構文11-14**）。

 構文　11-14　CSSの構文

セレクタ ｛ プロパティ : 値 ; ｝

例えば、h1タグを対象に文字の色を赤にしたいときは**リスト11-4**のように記述します。セレクタにh1タグを指定し、プロパティには色を変更する「color」を指定します。色を赤に変更するため、プロパティ値には「red」と指定します。プロパティ値の後ろには「;（セミコロン）」を付けます。

▼リスト11-4　CSSの記述例

```
01: h1 {color:red; }
```

また、セレクタに複数のプロパティを指定することもできます。たとえば、h1タグで文字の色を赤、フォントサイズを20pxにしたいときは**リスト**

11-5のように記述します。プロパティには色を変更する「color」とフォントサイズを変更する「font-size」を続けて指定します。

各プロパティの最後には「;(セミコロン)」を忘れずに付けてください。

▼リスト11-5　プロパティを複数指定する例

```
01: h1 {
02:     color:red;
03:     font-size:20px;
04: }
```

このようにプロパティを複数指定する場合、1行で記述することも可能ですが、設定内容の見やすさを考慮し、リスト11-5のようにインデントを使用し複数行で記述しましょう。

HTMLでCSSを読み込む構文を理解しよう

CSSはHTML文書内で定義することも可能ですが、拡張子が「.css」の別ファイルとして作成することも可能です。作成したCSSファイルを使用するためには、HTMLファイルとCSSファイルをリンクさせる必要があります。HTMLのheadタグ内でlinkタグを使用してCSSファイルを指定します（**構文11-15**）。

構文　11-15　CSSファイルの指定方法

`<link rel="stylesheet" type="text/css" href="CSSファイル名">`

rel属性はリンクするファイルとのリンク種別を指定します。CSSの場合は、"stylesheet"と指定します。type属性はリンクするファイルの種類を指定します。CSSの場合は、"text/css"と指定します。href属性はリンクする

ファイル名を指定します。

CSSで表を作成する例を見てみよう

実際にCSSを使用してページの内容にスタイルを指定してみましょう。

ここでは、表を作成するtableタグを使用して、ページ上に表を作成する方法を見ていきましょう。

はじめにHTML5におけるtableタグについて説明します。tableタグ内は表のヘッダ部分を定義するtheadタグ、表のボディ部分を定義するtbodyタグ、表のフッター部分を定義するtfootタグで構成されます（図11-8）。

▼図11-8　tableタグ内の構成

商品番号	商品名	価格
001	A	1,000
002	B	500
備考 価格単位:円		

→ <thead>（ヘッダ部）
→ <tbody>（ボディ部）
→ <tfoot>（フッタ部）

また、ヘッダ部、ボディ部、フッター部内には、表の横1行を示すtrタグ、項目の見出しを示すthタグ、表のデータを示すtdタグを合わせて定義する必要があります（図11-9）。

▼図11-9　trタグ、thタグ、tdタグの使用箇所

<th>	<th>	<th>
<td>	<td>	<td>
<td>	<td>	<td>
<td>		

→ <tr>（横1行）
→ <tr>（横1行）
→ <tr>（横1行）
→ <tr>（横1行）

実際に図11-8、図11-9に示す表をHTMLのコードで書いてみましょう（リスト11-6）。

11章　HTML5とCSS

▼リスト11-6　**table**タグを使用した表の作成

```
01: <h1>サンプル表</h1>
02: <table>
03:   <thead>
04:     <tr>
05:       <th>商品番号</th><th>商品名</th><th>価格</th>
06:     </tr>
07:   </thead>
08:   <tbody>
09:     <tr>
10:       <td>001</td><td>A</td><td>1,000</td>
11:     </tr>
12:     <tr>
13:       <td>002</td><td>B</td><td>500</td>
14:     </tr>
15:   </tbody>
16:   <tfoot>
17:     <tr>
18:       <td colspan=" 3" >備考　価格単位:円</td>
19:     </tr>
20:   </tfoot>
21: </table>
```

　ヘッダ部は、3〜7行目に示すとおり、theadタグを使用して定義します。各項目の見出しにはthタグを使用します。

　ボディ部は、8〜15行目に示すとおり、2行分のデータを表に表示させるため、trタグを2回使用しています。

　フッター部は、ヘッダ部とボディ部が3つのセルに対し、1つのセルとなっています。3つのセルを1つに結合するために、tdタグ内colspan属性を使用します。属性の値には3つのセルを結合するため"3"を指定します。

　リスト11-6のコードを使用しhtmlファイルを作成し実行してみましょう（図11-10）。

380

▼図11-10　リスト11-6の実行結果

　このようにHTMLでtableタグを使用しただけでは、枠線もなく表であることがわかりません。ここで、CSSを使用して枠線を付けるためスタイルを指定していきます。

　リスト11-7では表に枠線を付ける、表に色を指定するスタイルを指定します。

▼リスト11-7　CSSによるスタイルの指定

```
01: table {border-collapse:collapse;}
02: th {
03:   border:1px solid black;
04:   background-color:aqua;
05: }
06: td {border:1px solid black;}
```

　1行目はtableタグに対するスタイルの指定です。隣接するセルの枠線を重ねて表示するか間隔をあけて表示するかを「border-collapse」プロパティで指定します。値は「collapse」が重ねて表示、「separate」が間隔をあけて表示します。ここでは「collapse」を指定します。2～5行目はthタグに対するスタイルの指定です。「border」プロパティで枠線を付けるように指定します。値には枠線の「太さ スタイル 色」を指定します。ここでは「1px（太さ）solid（1本の実線）black（黒）」を指定します。また、見出し項目の背景色を変更するため「background-color」プロパティを使用し、色を「aqua（水

色)」に指定しています。6行目はtdタグに対するスタイルの指定です。thタグ同様に実線の枠線を付けるスタイルを指定しています。

CSSファイルの準備ができたので、リスト11-6のコードで作成したhtmlファイルにCSSファイルのリンクを作成します。CSSファイル名は「sample.css」とし、htmlファイルのheadタグ内に**リスト11-8**のコードを追加してください。

▼リスト11-8　CSSファイルのリンク作成

```
01: <link rel="stylesheet" type="text/css" href="sample.css">
```

実行結果を見てみよう

リンクを作成したらhtmlファイルをChromeで開きます（**図11-11**）。枠線が付き、項目の背景色が変更されていることがわかります。

▼図11-11 CSSファイルを使用したリスト11-6の実行結果

ここでは、枠線をCSSのborderプロパティで値に「solid（1本の実線）」を設定したスタイルで表示しましたが、他にも様々な枠線のスタイルがあります。主に「double（2本の実線）」、「dashed（破線）」、「dotted（点線）」、「groove（立体的に窪んだ線）」などが挙げられます。これらの枠線のスタイルを試してみてください。

セレクタの種類と構文を理解しよう

セレクタにはいくつか種類があります。セレクタの種類について紹介します。

● タイプセレクタ

要素名をセレクタとするものをタイプセレクタといいます。指定した要素に対してスタイルが適用されます。セレクタには「要素名」を指定します（構文 11-16）。前述の「11-06 CSS の書き方」で説明した内容がタイプセレクタにあたります。

 11-16 タイプセレクタ

要素名 { プロパティ：値 ; }

● クラスセレクタ

class 属性が指定されている要素をセレクタとするものをクラスセレクタといいます。指定した要素のクラスに対してスタイルが適用されます。セレクタには「要素名 . クラス名」を指定します（構文 11-17）。

要素名．クラス名 { プロパティ：値 ; }

● ID セレクタ

id 属性が指定されている要素をセレクタとするものを ID セレクタといいます。指定した要素の ID に対してスタイルが適用されます。セレクタには「要素名 #（シャープ）ID 名」を指定します（**構文 11-18**）。

要素名 #ID 名 { プロパティ：値 ; }

● ユニバーサルセレクタ

HTML 内のすべての要素をセレクタとするものをユニバーサルセレクタといいます。HTML 内のすべての要素に対してスタイルが適用されます。
セレクタには「*（アスタリスク）」を指定します（**構文 11-19**）。

* { プロパティ：値 ; }

● 疑似クラス

要素が特定の状態である場合にスタイルを適用するものを疑似クラスといいます。要素の状態によって動的にスタイルを変更できるのが特徴です。セレクタには「要素名 :（コロン）疑似クラス名」を指定します（**構文 11-20**）。

要素名：疑似クラス名 { プロパティ：値 ; }

疑似クラスにはいくつか種類があります。主な疑似クラスについて**表11-5**に示します。

▼表11-5　主な疑似クラス

疑似クラス名	スタイルの適用状態
:link	リンク先が未訪問の状態
:visited	リンク先が訪問済みの状態
:focus	フォーカスされている状態
:first-child	指定した親要素の最初の子要素
:last-child	指定した親要素の最後の子要素
:nth-child(n)	指定した親要素のn番目の子要素
:empty	子要素を1つも持っていない要素
:enabled	指定した要素が有効な状態
:disabled	指定した要素が無効な状態
:checked	チェックボックス、ラジオボタンがチェックされた状態
:indeterminate	チェックボックス、ラジオボタンがチェックされているか不明確な状態

プロパティの種類

プロパティには、要素の色の変更や、要素の表示位置を指定するなどいくつか種類があります。主なプロパティの種類について紹介します。

● フォント／テキスト

フォントやテキストに関する主なプロパティを**表11-6**に示します。

▼表11-6　フォント／テキストの主なプロパティ

プロパティ名	用途
font-style	フォントをイタリック体、斜体にする
font-family	フォントの種類を指定する
font-size	フォントのサイズを指定する
font-weight	フォントの太さを指定する
text-align	行揃えの位置、均等割付を指定する
text-transform	テキストの大文字表示／小文字表示を指定する
letter-spacing	文字の間隔を指定する

● 枠線

枠線に関する主なプロパティを**表 11-7** に示します。

▼表 11-7　枠線の主なプロパティ

プロパティ名	用途
border	枠線の太さ、スタイル、色を指定する
border-top	上枠線の太さ、スタイル、色を指定する
border-bottom	下枠線の太さ、スタイル、色を指定する
border-left	左枠線の太さ、スタイル、色を指定する
border-right	右枠線の太さ、スタイル、色を指定する

● 幅／高さ

幅や高さに関する主なプロパティを**表 11-8** に示します。

▼表 11-8　幅／高さの主なプロパティ

プロパティ名	用途
width	幅を指定する
height	高さを指定する

● 色

色に関する主なプロパティを**表 11-9** に示します。

▼表 11-9　色の主なプロパティ

プロパティ名	用途
color	文字の色を指定する
background-color	背景色を指定する

● 表示位置

表示位置に関する主なプロパティを**表 11-10** に示します。

▼表 11-10　表示位置の主なプロパティ

プロパティ名	用途
top	ページの上からの配置位置（距離）を指定する
bottom	ページの下からの配置位置（距離）を指定する
left	ページの左からの配置位置（距離）を指定する
float	ページの右からの配置位置（距離）を指定する

この章のまとめ

- Web上で使用される技術は、W3C（World Wide Web Consortium）という団体によって標準化の推進が行われています。
- Webページは「タグ」と呼ばれる要素により構成されます。
- HTMLは、Webページの構成を組み立てるためのマークアップ言語です。
- CSSは、Webページのスタイルを指定するための言語です。
- HTMLはバージョン5にあたるHTML5、CSSはバージョン3にあたるCSS3.0が主流となっています。
- Webページの文書構造はHTMLファイルで作成し、スタイルの指定はCSSファイルで作成します。作成したCSSを使用するにはHTMLのコードでCSSとリンクさせる必要があります。
- CSSは、スタイルを適用する対象の要素（セレクタ）、セレクタに対する操作（プロパティ）、プロパティ値の3つで構成されます。

《章末復習問題》

練習問題 11-1

　input タグを使用して名前を入力するテキストボックスと、「満足」、「普通」、「不満」の3種類をチェックできるアンケートをとるチェックボックスを作成してください。また、ページ初期表示時には「普通」のチェックボックスをチェック状態にしてください。

練習問題 11-2

　HTML ファイルと CSS ファイルでページ上に表を作成してください。表の内容は下記のイメージを参考にしてください。

▼表のイメージ

社員番号	氏名	所属
001	一郎	営業部
002	次郎	システム部
003	花子	システム部

12章

ドキュメント
オブジェクト

11章では、Webページの作成に欠かせないHTMLとCSSの
書き方ついて学びました。
本章では、HTMLで書かれた文書の扱い方について学んでい
きましょう。

DOMとは

　DOMは、ドキュメントオブジェクトモデル（Document Object Model）の略称で、HTML文書やXML文書をプログラムからどのように扱うかを規定したAPI（Application Program Interface）です。APIというと難しく聞こえるかもしれませんが、JavaScript等のプログラムからHTMLやXMLにアクセスするための決まりを定義したものです。

　DOMを使うことで、JavaScriptからHTML文書の内容を参照したり、変更したりすることができます。

　かつて、Webブラウザが発展する歴史の中で、ブラウザの部品やHTML文書等へのアクセスはブラウザごとに対応が異なっていました。これに対し、1998年、W3Cにより、DOM Level1が勧告されたのがDOMの始まりです。現在でも、W3Cおよび標準化団体WHATWGで標準仕様の改善が続けられています。

DOMのツリー構造

　DOMでは文書をツリー構造として扱います。リスト12-1のHTMLは図12-1のように表すことができます。このツリー構造をDOMツリーと呼びます。

▼リスト 12-1　HTML サンプル

```
01: <html>
02:   <head>
03:     <title>List12-1</title>
04:   </head>
05:   <body>
06:     <div id="sec12-1">DOMとノード</div>
07:     <input id="change" name="btn" type="button" value="変更">
08:   </body>
09: </html>
```

▼図 12-1　HTML の構成

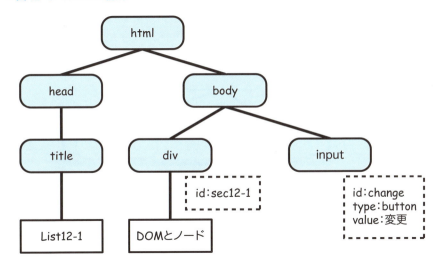

DOM ツリーの構成要素

　図 12-1 から、DOM ツリーは、html を頂点として html の下に head と body、その下には title、div、input といった HTML タグがツリーの要素として構成されていることがわかります。このツリーの要素のことをノードと呼びます。また、title を表す文字列「List12-1」はテキストノード、div タ

グの id 属性は属性ノードとして HTML タグ以外もすべてノードとして扱われます。

　ノードは、そのツリー構造から親子関係で表現されます。ある特定のノードを基準とした場合、一つ上のノードを親ノード、一つ下のノードを子ノードと呼びます。図 12-2 の例では、body ノードを基準とした場合、html ノードは親ノード、div ノードと input ノードは子ノードです。また、div ノードと input ノードは同じ親を持つので兄弟ノードと呼びます。

▼図 12-2　ノードの親子関係

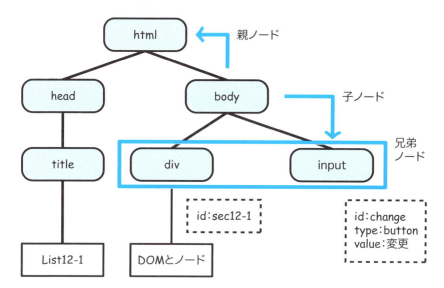

12-02 ドキュメントの検索

 ## DOMを使ったノードの検索とは

　本節では、JavaScriptからHTML文書を検索するいくつかのパターンを紹介します。DOMを使って文書にアクセスするには、documentオブジェクトのメソッドを使用します。検索には、id、名前、および、タグ名による検索があります。

 ## ノード検索の構文を理解しよう

　はじめに、idを使用した検索です。idはノードを識別するための属性で、それぞれのノードに設定することができます。ただし、文書内で同じidを設定することはできません。そのため、idによる検索は、文書から1つのノードを特定するのに適しています。
　idでノードを検索するには、documentオブジェクトのgetElementByIdメソッドを使用します。例えば、idが「sec12-1」のノードを検索する場合は、以下のように書きます。

```
var sec = document.getElementById("sec12-1")
```

　次は、ノードの名前を使用した検索です。名前での検索には、以下のよう

に、document.getElementsByName メソッドを使用します。

```
var btn = document.getElementsByName("btn")
```

メソッド名をよく見ると「Elements」と複数形になっているのがわかります。名前は、複数のノードに同じ値を設定することができるので、検索結果が複数になることがあります。そのため、メソッドの戻り値はノードの配列です。

検索結果が 1 つの場合も、長さが 1 の配列が返ることに注意しましょう。例えば、上記の検索結果 btn の value 属性を参照したい場合は、btn[0].value のように配列の要素番号を定義する必要があります。

対象となる名前のノードがない場合は、長さが 0 の配列が返ります。

最後は、タグ名を使用した検索です。タグ名での検索には、以下のように、document.getElementsByTagName メソッドを使用します。

```
var div = document.getElementsByTagName("div")
```

タグ名での検索も、名前の検索と同様に同じタグを複数設定できることから、メソッドの戻り値はノードの配列になります。

 ## ノード検索の例を見てみよう

それでは、ノードを検索してノードの内容を取得してみましょう（**リスト 12-2**）。

はじめに、getElementById メソッドを使用して対象となるノードを検索します。メソッドの後に続く innerHTML は、対象ノード下の HTML を取得するプロパティです。

12-02 ドキュメントの検索

▼リスト12-2　idでの検索

```
01: <html>
02:   <head>
03:     <title>List12-2</title>
04:   </head>
05:   <body>
06:     <div id="sec12-1">DOMとノード</div>
07:     <input id="change" name=" btn" type="button" value="変更">
08:     <script>
09:       console.log(
10:         document.getElementById("sec12-1").innerHTML);
11:     </script>
12:   </body>
13: </html>
```

 実行結果を見てみよう

10行目でgetElementByIdメソッドを使用してidが「sec12-1」のノードを検索しています。続いて、検索したノード（divタグ）のHTMLを取得していますので、「DOMとノード」が表示されます（図12-3）。

▼図12-3　リスト12-2の実行結果

ここで、注意点が2つあります。

1つ目は、getElementByIdメソッドの記述位置です。JavaScriptは、プログラムの上から順に処理します。そのため、getElementByIdメソッドは、

395

対象となるノードが定義された後に呼び出しましょう。

2つ目は、getElementById メソッドの戻り値の確認です。検索の結果、対象 id のノードがない場合は null が返ります。null が返った場合、リスト 12-2 の innerHTML プロパティの参照のようにノードにアクセスをしてもエラーとなります。

エラーとならないようにするには、**リスト 12-3** のように戻り値が null 以外であることを確認してからプロパティを参照します。

▼リスト 12-3　戻り値のチェック（リスト 12-2 の一部を変更）

```
01: var sec = document.getElementById("sec12-1");
02: if (sec != null) {
03:   console.log(sec.innerHTML);
04: }
```

 ## 検索対象を限定した検索

これまでの id、名前、タグ名での検索は、いずれも document オブジェクトを使用した検索で、文書全体を検索対象としてきました。これ以外にも検索した結果ノードなどの特定のノードを基準に検索することで検索対象を限定することができます。

● 検索対象を限定した検索の例を見てみよう

タグ名のように文書内に同じ名称が複数ある場合を考えてみましょう。

同じタグ名を持つノードでも検索対象を限定することで、対象となるノードを1つに絞り込むことができるようになります。**リスト 12-4** では、getElementById メソッドで検索したノードに対して getElementsByTagName メソッドを呼び出して再検索を行います。

▼リスト12-4　検索結果ノードの再検索（HTML定義の一部記載省略）

```
01: <div id="add">
02:   <input name="btn" type="button" value="追加">
03: </div>
04: <div id="change">
05:   <input name="btn" type="button" value="変更">
06: </div>
07: <script>
08:   var divChange = document.getElementById("change");
09:   var btn = divChange.getElementsByTagName("input");
10:   console.log(btn[0].value);
11: </script>
```

● 検索対象を限定した検索結果を見てみよう

リスト12-4では、8行目でidが「change」のノードを検索し、その検索結果divChangeに対してgetElementsByTagNameメソッドを呼び出しています。文書全体では、タグ名が「input」のノードはvalue属性が「追加」と「変更」の2つが存在しますが、divChangeノードの下で検索条件にあてはまるのは、value属性が「変更」のノードのみです（図12-4）。

▼図12-4　リスト12-4の実行結果

このように、検索対象を特定のノード以下に限定することで、HTML文書が大きくなった場合でも検索しやすくなります。

なお、getElementsByNameメソッドはHTMLドキュメントのメソッドのため、documentオブジェクトからのみ呼び出すことができます。検索結果のノードに対してgetElementsByNameメソッドを呼び出そうとするメソッドが見つからずエラーとなります。

ツリー構造を利用した検索

特定のノードを基準にした検索は、前述のように、検索結果を基準に再検索する方法の他に、DOMのツリー構造を利用した検索があります。

ツリー構造を利用した検索とは、ノードの親子関係、兄弟関係のあるノードを指定するプロパティを利用する方法です。

それでは、**表12-1**で具体的なプロパティを見てみましょう。

▼表12-1　親子関係、兄弟関係のあるノードを指定するプロパティ

プロパティ	説明
parentNode	基準となるノードの親ノード
childNodes[]	基準となるノードのすべての子ノード。配列
firstChild	基準となるノードの最初の子ノード
lastChild	基準となるノードの最後の子ノード
perviousSibiling	基準となるノードの兄弟ノードのうち、1つ前のノード
nextSibiling	基準となるノードの兄弟ノードのうち、1つ後のノード

上記のプロパティは、図で表すと**図12-5**のようになります。

▼図12-5　DOMツリー構造とプロパティの関係

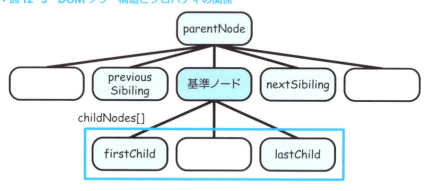

例えば、親のノードを取得したい場合は、以下のように基準となるノードの後ろにプロパティ名を設定します。

```
var parent = document.getElementById("sec12-1").parentNode
```

Keyword
☑ textContent　☑ getAttribute
☑ setAttribute

ドキュメントの変更とは

　前節では、DOMを使ってノードを検索しました。検索したノードの内容を表示する際に使用したinnerHTMLプロパティは、文書を書き換える際にも使用できます。ノードのプロパティやノードを操作するメソッドを使ってノードの内容を書き換えることで、ドキュメントを変更してみましょう。

ドキュメントを変更する構文を理解しよう

　それでは、HTML内容を書き換えるプロパティについて見てみましょう。
　HTML内容を書き換えるには、書き換えたい箇所のノードのinnerHTMLプロパティまたはtextContentプロパティを変更します。以下のtargetには、getElementByIdメソッドなどで取得したノードを指定します。

```
target.innerHTML = "書き換えたい値"
```

または、

```
target.textContent = "書き換えたい値"
```

　innerHTMLとtextContentの違いは、変更したい値にHTMLを含めるこ

とができるかどうかです。書き換えたい値を HTML タグとして扱いたい場合には、innerHTML プロパティを使用しましょう。

また、DOM を使って検索したノードの情報には、ブラウザに表示している文字内容だけでなく、id や style などの属性情報が含まれています。この属性情報を変更するには、setAttribute メソッドを使用します（**構文 12-1**）。

12-1 setAttribute メソッド

```
target.setAttribute( 属性名 ,　変更したい値 )
```

HTML 内容を書き換えてみよう

● HTML 内容を書き換える例を見てみよう

はじめに、最初に、3 行目で書き換え対象のノードを検索します。次に、検索したノードの innerHTML プロパティを更新することで文書を書き換えます（**リスト 12-5**）。

▼リスト 12-5　innerHTML による文書の書き換え（BODY 要素のみ抜粋）

```
01: <div id="target">ここを変更します</div>
02: <script>
03:   var target = document.getElementById("target");
04:   target.innerHTML = "変更しました！";
05: </script>
```

● HTML 内容の書き換え結果を見てみよう

id が「target」の <div> タグの内容が書き換えられています（**図 12-6**）。

▼図 12-6　リスト 12-5 の実行結果

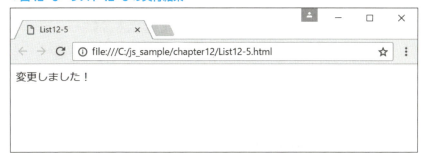

　前述のとおり、innerHTML プロパティは、HTML タグを含めることができます。例えば、以下のように <strong> タグを使うと、文字列が強調して表示されます（**図 12-7**）。

```
target.innerHTML = "<strong>変更</strong>しました！";
```

▼図 12-7　HTML タグを使用した例

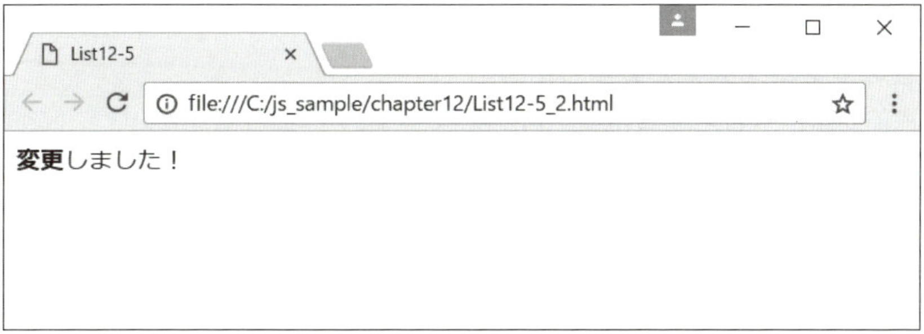

　textContent プロパティで HTML タグを使用した場合は、文字列として扱われます。上記の例では、「<strong> 変更 </strong> しました！」とタグがそのまま表示されます。

属性を変更してみよう

● 属性を変更する例を見てみよう

Webページの見た目を定義するstyle属性を変更する例を見てみましょう。**リスト12-6**は、文字列の背景色を黒、文字色を白に変更する例です。style属性に設定する内容については、**11章**で詳しく説明しています。

▼リスト12-6　属性の変更

```
01: <div id="target" style="text-decoration:underline;">
02: ここを変更します</div>
03: <script>
04:   var target = document.getElementById("target");
05:   target.setAttribute(
06:     "style", "background-color:black; color:white;");
07: </script>
```

● 属性の変更結果を見てみよう

属性の変更により、背景色が黒色に変更されています（**図12-8**）。

▼図12-8　リスト12-6の実行結果

setAttributeメソッドは、同じ属性がすでに定義されている場合、値を上書きします。図12-8では、背景色が黒色になる一方で、下線の表示が消えています。すでに定義されている内容を残したい場合は、あらかじめgetAttributeメソッドで取得した既存の定義値と、新規に追加したい定義値

を連結してメソッドの引数に指定します。（**リスト 12-7**）

なお、getAttribute メソッドは指定した属性が存在しない場合、null を返します。リスト 12-7 では、事前に対象となる属性が存在するかどうかを、3 行目の hasAttribute メソッドで確認しています（**図 12-9**）。

▼**リスト 12-7　属性の存在確認**

```javascript
01: var target = document.getElementById("target");
02: var stylevalue = "background-color:black; color:white;";
03: if (target.hasAttribute("style")) {
04:   stylevalue += target.getAttribute("style");
05: }
06: target.setAttribute("style", stylevalue);
```

▼**図 12-9　リスト 12-7 の実行結果**

画面部品オブジェクトの属性値の変更

HTML の画面部品であるテキストボックスやボタンは、それぞれがオブジェクトとして定義されており name や value 等の属性を持っています。これらの属性を参照／変更するには、前述のように getAttribute ／ setAttribute メソッドを使う以外に、属性を表すプロパティにアクセスする方法があります（**リスト 12-8**）。

▼リスト 12-8　属性の参照／変更

```
01: <input id="addbtn" type="button" value="Add">
02: <input id="chgbtn" type="button" value="Change">
03: <script>
04:   var addButton = document.getElementById("addbtn");
05:   console.log(addButton.value);
06:   addButton.value = "追加";
07:   var chgButton = document.getElementById("chgbtn");
08:   console.log(chgButton.getAttribute("value"));
09:   chgButton.setAttribute("value", "変更");
```

4〜6行目はvalueプロパティを使用したボタン名の参照と変更を行っています。一方、7〜9行目は、処理の比較のためgetAttributeおよびsetAttributeメソッドを使用してvalue属性にアクセスしています。

図12-10および図12-11の結果から、どちらの方法を使用しても同じように処理が行われていることがわかります。

▼図 12-10　リスト 12-8 の実行結果（ブラウザ）

▼図 12-11　リスト 12-8 の実行結果（コンソール）

404

ドキュメントの追加とは

　前節では、innerHTMLプロパティなどを使ってノードの内容を書き換えました。今度は、ノードの内容だけでなく、ノードそのものをドキュメントに追加する方法をみていきましょう。ノードを追加するということは、DOMツリーの枝を増やすということです。**図12-12**のようにリストの要素を追加する例を考えてみましょう。

▼図12-12　リストの要素を追加

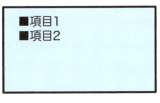

　図12-13のように、DOMツリー上、ulノードの下に新しい子ノードの枝が増えます。ノードを追加するには、はじめに追加するノードを作成し、作成したノードを指定した場所に配置するという流れになります。

▼図 12-13　ノードの追加

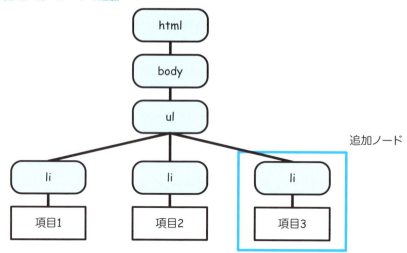

追加ノード

 ノードを操作する構文を理解しよう

ノードの操作には、追加、削除、置換の 3 種類があります。

● ノードの追加

ノードを追加するには、あらかじめ追加するノードを作成しておく必要があります。ノードの作成と追加について、あわせて構文を見てみましょう（**構文 12-2**）。

ノードの作成は、document オブジェクトの createElement メソッドを使用します。メソッドの引数にはタグ名を指定します。

構文　12-2　ノードの作成

```
var newNode = createElement( タグ名 );
```

ノードの追加は、追加したい場所を基準のノード（親ノード）とし、子ノードを追加していきます。子ノードを追加するには、appendChild メソッドを使用します。メソッドの引数には作成したノードを指定します（**構文12-3**）。

12-3　ノードの追加

```
appendChild( 追加ノード );
```

また、ノードは指定した位置にノードを挿入することもできます（**構文12-4**）。使用するのは insertBefore メソッドです。insertBefore メソッドは、appendChild と同じように子ノードを追加するメソッドです。appendChild メソッドと異なるのは、挿入位置が指定できる点です。

insertBefore メソッドの第１引数には作成したノード、第２引数には挿入したい位置のノードを指定します。

12-4　指定した位置にノードを挿入

```
insertBefore ( 追加ノード , 挿入位置 );
```

● ノードの削除

ノードの削除には、removeChild メソッドを使用します。removeChild メソッドは appendChild メソッドと対になるメソッドで、メソッドの引数には削除したいノードを指定します（**構文12-5**）。

12-5　ノードの削除

```
removeChild( 削除ノード );
```

● ノードの置換

ノードの置換には、replaceChild メソッドを使用します。引数には置換に

より追加するノードと置換対象のノードを指定します（**構文 12-6**）。

構文　12-6　ノードの置換

```
removeChild( 追加ノード ,  置換対象ノード )
```

 ノードを追加しよう

● 追加の例を見てみよう

　ノードを作成しただけでは、id 属性やノードの内容が設定されていない空の状態です。7、8 行目で、ノード作成後にプロパティを設定しています。

　9 行目で親となるノードを検索し、10 行目で作成したノードを子ノードとして追加します（**リスト 12-9**）。

▼リスト 12-9　ノードの作成と子ノードの追加

```
01: <ul id="list">
02:   <li id="item1">項目1</li>
03:   <li id="item2">項目2</li>
04: </ul>
05: <script>
06:   var newItem = document.createElement("li");
07:   newItem.id = "item3";
08:   newItem.innerHTML = "項目3";
09:   var list = document.getElementById("list");
10:   list.appendChild(newItem);
11: </script>
```

● 追加結果を見てみよう

　appendChild メソッドは、すでに子ノードが存在する場合、末尾に追加します。リスト 12-9 の例では、「項目 1」「項目 2」の子ノードがすでに存在しており、末尾に「項目 3」のノードが追加されています（**図 12-14**）。

▼図 12-14　リスト 12-9 の実行結果

● 挿入の例を見てみよう

　リスト 12-10 は、「項目 1」と「項目 2」の間に新しいノードを挿入する例です。9 行目で親となるノード、10 行目で挿入位置のノードを検索しています。11 行目の insertBefore メソッドは、list ノードに子ノードを追加すること、および、item2 の位置に挿入することを表しています。

▼リスト 12-10　指定位置へのノードの挿入

```
01: <ul id="list">
02:   <li id="item1">項目 1</li>
03:   <li id="item2">項目 2</li>
04: </ul>
05: <script>
06:   var newItem = document.createElement("li");
07:   newItem.id = "item1-1";
08:   newItem.innerHTML = "項目 1 － 1";
09:   var list = document.getElementById("list");
10:   var item2 = document.getElementById("item2");
11:   list.insertBefore(newItem, item2);
12: </script>
```

● 挿入結果を見てみよう

　「項目 2」の位置に、新しいノードが挿入されているのがわかります（図 12-15）。

▼図 12-15　リスト 12-10 の実行結果

 ノードを削除しよう

● 削除の例を見てみよう

今度は、ノードを削除してみましょう。6 行目で削除ノード、7 行目で削除元の親となるノードを検索し、removeChild メソッドの呼び出しに使用しています（**リスト 12-11**）。

▼リスト 12-11　ノードの削除①

```
01: <ul id="list">
02:   <li id="item1">項目 1</li>
03:   <li id="item2">項目 2</li>
04: </ul>
05: <script>
06:   var delItem = document.getElementById("item1")
07:   var list = document.getElementById("list");
08:   list.removeChild(delItem);
09: </script>
```

● 削除結果を見てみよう

リストの先頭にあった「項目 1」が削除されています（**図 12-16**）。

▼図 12-16　リスト 12-11 の実行結果

　リスト 12-11 では、特定のノードを削除するために、削除したいノードと親のノードの 2 つを検索しています。この処理は、「**12-02 ドキュメントの検索**」で学習したツリー構造を利用した検索をすることで、**リスト 12-12**のように書くこともできます。

▼リスト 12-12　ノードの削除②

```
01: var delItem = document.getElementById("item1")
02: delItem.parentNode.removeChild(delItem);
```

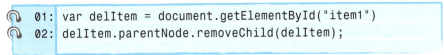

　2 行目の処理は、「delItem.parentNode」で削除したい親のノードを取得しています。その親のノードの removeChild メソッドを呼び出すことで、自分自身を削除することができるのです。
　このように、親子関係や兄弟関係を持つノードを取得するプロパティと追加や削除のメソッドを組み合わせて使用することで、いくつものノードを検索する必要がなくなります。

 ノードを置換しよう

● 置換の例を見てみよう

　次は、ノードを置換してみましょう。今回の例では、親のノードを取得するのに parentNode プロパティを使用しています（**リスト 12-13**）。

▼リスト 12-13　ノードの置換

```
01: <ul id="list">
02:   <li id="item1">項目1</li>
03:   <li id="item2">項目2</li>
04: </ul>
05: <script>
06:   var newItem = document.createElement("li");
07:   newItem.innerHTML = "項目1 New";
08:   var target = document.getElementById("item1");
09:   target.parentNode.replaceChild(newItem, target);
10: </script>
```

● 置換結果を見てみよう

「項目1」が「項目1New」に置換されています（図12-17）。

▼図12-17　リスト12-13の実行結果

この章のまとめ

- DOM は、HTML 文書や XML 文書をプログラムからどのように扱うかを規定した API です。

- ドキュメントの検索には、id で検索するための getElementById メソッド、名前で検索するための getElementsByName メソッドなどがあります。

- DOM のツリー構造を利用し、基準となるノードの親子関係、兄弟関係のノードを参照するためのプロパティが用意されています。

- innerHTML プロパティを利用し、ノードの内容を参照、変更することができます。

- DOM ツリー上にノードを追加するには、createElement メソッドでノードを作成し、appendChild メソッドで追加します。

- ノードの削除には、removeChild メソッドを使います。

《 章 末 復 習 問 題 》

練習問題 12-1

　以下の HTML について id を使用してノードを検索し、ノードの内容をコンソールに表示してください。

```
<ul id = "colorlist">
  <li id = "red">赤</li>
  <li id = "blue">青</li>
  <li id = "yellow">黄</li>
</ul>
```

練習問題 12-2

　練習問題 12-1 の HTML について、innerHTML プロパティを使用し、リストの 3 番目にある「黄」を「緑」に変更してください。

練習問題 12-3

　練習問題 12-1 の HTML について、リストから「青」を削除後、リストの末尾に「白」を追加してください。

13章

イベント

前章ではDOMを使用して画面の各要素へのアクセス方法を
学びました。
本章では様々なイベントやイベントハンドラを使用したプロ
グラミング方法を学んでいきましょう。

イベントとは

　JavaScriptでは、ページのロード（読み込み）、マウスの操作、テキストエリアの選択、キーボード入力といった、ユーザーが何らかのアクションを行ったときに発生するものをイベントと呼びます。

　イベントには以下のようなものがあります。

- マウスのクリック
- マウスのダブルクリック
- ページ読み込みの完了
- （フォーム内の）値の変更
- フォーカスが当たる
- フォーカスが外れる
- ウィンドウのリサイズ

　イベントという言葉になじみがない場合でも、イベントがどのようなものか、イメージできたのではないでしょうか。次節では、イベントを使用したプログラミングについて説明していきます。

イベント駆動プログラミングとは

　JavaScript のプログラミングにおいて、イベントがどのようなとき利用されるのかを通販サイトを例に学びましょう。

　一般的な通販サイトは、様々なイベントに対応する処理を行っています。例として、商品をクリックして注文カートに追加した場合のクリックイベント処理を図 13-1 に示します。

▼図 13-1　クリックのイベント例

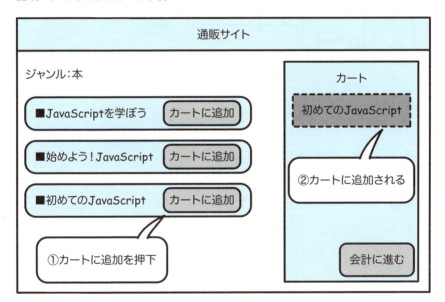

　①で欲しい商品の「カートに追加」ボタンをクリックしています。これによりクリックイベントが発生します。②では発生したクリックイベントによって「カートに追加した商品を表示する」という処理が行われ、カートに商品が表示されるようになっています。

　このように、イベントに対する処理を実行するプログラミング手法をイベント駆動プログラミングといいます。なお、イベント駆動のことをイベント

ドリブンともいいます。また、イベント駆動プログラミングを実行することを「発火する」という場合もあります。

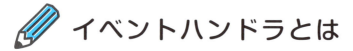
イベントハンドラとは

イベント駆動プログラミングを行う上で欠かせないのがイベントハンドラです。イベントハンドラのイメージを図13-2に示します。

▼図13-2　イベントハンドラのイメージ

図13-2ではAさんへの手紙をイベントハンドラが受け取り、Aさん宅に届けます。つまり、イベントハンドラによってAさんへの手紙とAさん宅が結びついていることになります。この結びつける役割がハンドラになります。実際のプログラミングにおいては、Aさんへの手紙がイベント、Aさん宅が処理になります。

このように、イベントハンドラによって、イベントと処理を結びつけることができます。よく使用されるイベントハンドラを表13-1に示します。

▼表13-1　よく使用されるイベントハンドラ

イベントハンドラ	内容
onclick	クリックを検知する
onload	ページ読み込み完了を検知する
onchange	（フォーム内の）値変更を検知する
onfocus	フォーカスが当たったことを検知する
onblur	フォーカスの外れたことを検知する

次節以降でイベントハンドラの使用方法を学んでいきましょう。

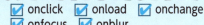

onclick とは

onclick イベントハンドラは、クリックによって実行されます。最もよく見かけるイベントハンドラで、ボタンを押したときの処理に使用されます。
onclick は**構文 13-1** を使用します。

 構　文　　**13-1　onclick の実装**

```
onclick=" 実行する処理 "
```

" 実行する処理 " には、onclick イベントが発生した際に実行する処理を記述するか関数を記述することができます。

● **onclick の例を見てみよう**

例として、onclick で関数を呼び出し、画面上に「onclick イベント！」を出力するコードを**リスト 13-1** に示します。

5 行目のボタンの input タグでは、onclick に output( ) 関数を指定しています。これは、ボタンがクリックされたときに output( ) 関数を実行することを示しています。

▼リスト13-1　onclickの使用例

```
01: function output() {
02:   console.log("onclickイベント！");
03: }
04: <body>
05:   <input type="button" value="ボタン" onclick="output()">
06: </body>
```

● onclickの実行結果を見てみよう

コードの記述が完了したら実行して確認しましょう。ボタンをクリックすると、図13-3の通りにコンソール上に「onclickイベント！」が表示されます。

▼図13-3　リスト13-1の実行結果（ボタンクリック後）

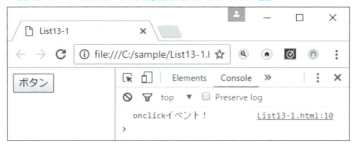

● onclickを画面で確認してみよう

次に、イベントの状態を画面に表示するコードをみていきましょう。リスト13-2は表示ボタンが押下されることで、画面上に「ボタンが押されました！」を表示するコードです。

2行目で文字の表示エリアを取得し、3行目で表示エリアのHTMLに"ボタンが押されました！"の文言を設定しています。

▼リスト 13-2　ボタン押されたことによる画面表示の使用例

```
01: function output() {
02:   var area = document.getElementById("outputArea");
03:   area.innerHTML = "ボタンが押されました！";
04: }
05: <body>
06:   <input type="button" value="ボタン" onclick="output()">
07:   <div id="outputArea"></div>
08: </body>
```

コードの記述が完了したら、実行して確認しましょう。[表示] ボタンを押すと、「ボタンが押されました！」が表示されます（図 13-4）。

▼図 13-4　リスト 13-2 の実行結果（ボタンクリック後）

このように、onclick はクリックのイベントと処理を紐付けることができます。

 onload とは

onload イベントハンドラは、ページ読み込み完了時発生するイベントです。このため、画面初期表示時の日付の取得／設定や、読み込み完了直後のポップアップなどに使用されます。

onload は構文 13-2 を使用します。

13-2 onload の実装

```
onload="実行する処理"
```

"実行する処理"には、onload イベントが発生した際に実行する処理を記述するか関数を記述することができます。

● onload の例を見てみよう

例として、onload で関数を呼び出し、画面上に「onload イベント！」を出力するコードを**リスト 13-3** に示します。4 行目のように、onload は一般的に body タグに実装します。

▼リスト 13-3　onload の使用例

```
01: function output() {
02:   console.log("onloadイベント！");
03: }
04: <body onload="output()">
05: </body>
```

● onload の実行結果を見てみよう

コードの記述が完了したら実行して確認しましょう（**図 13-5**）。

▼図 13-5　リスト 13-3 の実行結果

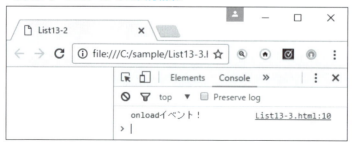

● onload を画面で確認してみよう

次に、ページを開いたときに時間を表示するコード作成してみてみましょう（リスト 13-4）。

1 ～ 9 行目は showYmd( ) という関数の定義です。関数を実行したときに年月日を取得し、表示するメッセージを作成しています。showYmd( ) では、2 行目で Date オブジェクトを生成し、3 ～ 5 行目でそれぞれ年・月・日を取得しています。月の取得で「+1」をしているのは getMonth( ) が返却する月が 0（ゼロ）始まりとなるからです。例えば、4 月の場合の getMonth( ) の返却値は "3" になります。

▼リスト 13-4　開いたときに年月日を表示する例

```
01: function showYmd() {
02:   var today = new Date();
03:   var year = today.getFullYear();
04:   var month = today.getMonth()+ 1;
05:   var date = today.getDate();
06:   var dispDate = year + "年" + month + "月" + date+ "日";
07:   var area = document.getElementById("outputArea");
08:   area.innerHTML = "今日は"+dispDate+"です。";
09: }
10: <body onload=" showYmd ()">
11:   <div id="outputArea"></div>
12: </body>
```

Chrome で開くと、図 13-6 のように画面を開いた時点の年月日を表示することができます。

▼図 13-6　onload で年月日を取得し表示する例

　このように、onload は読み込み完了のイベントと処理を紐づけることができます。onload イベントは、7 章で学んだ即時関数で代替えすることが可能です。

 ## onchange とは

　onchange イベントハンドラはフォーム内の値が変更されたときに発生します。セレクトボックスの選択によって、後続の選択肢を変えたり、入力可／不可状態の切替えを行うときに使用します。
　onchange は構文 13-3 を使用します。

構文　13-3　onchange の実装

onchange=" 実行する処理 "

　" 実行する処理 " には、onchange イベントが発生した際に実行する処理を記述するか関数を記述することができます。

● onchange の例を見てみよう

　例として、onchange で関数を呼び出し、画面上に「onchange イベント！」を出力するコードをリスト 13-5 に示します。5 行目の select タグに

onchange を指定することで、select タグ内の値が変更された場合に output( ) 関数が実行されます。

▼リスト 13-5　onchange の使用例

```
01: function output() {
02:   console.log("onchangeイベント！");
03: }
04: <body>
05:   <select onchange="output()">
06:     <option value="1">データ1</option>
07:     <option value="2">データ2</option>
08:     <option value="3">データ3</option>
09:   </select>
10: </body>
```

● onchange の実行結果を見てみよう

コードの記述が完了したら実行して確認しましょう。セレクトボックスの内容をデータ1からデータ3に変更すると、コンソール上に「onchange イベント！」が表示されます（図 13-7）。

▼図 13-7　リスト 13-5 の実行結果（内容変更後）

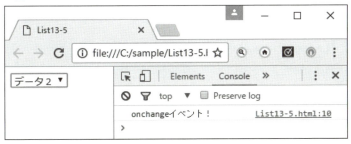

なお、リスト 13-5 ではセレクトボックスの例を示しましたが、ラジオボタンや、テキストボックスなどでも使用することができます。

● onchange を画面で確認してみよう

次に、onchange を使用して、項目選択時に表示が変わるコードを見てみ
ましょう（リスト 13-6）。

3行目の for 文は formName 内の choice の件数分ループする記述です。4
行目の if 文で choice のチェック状態を確認します。チェック状態だった場
合（結果が真のとき）は、5行目でチェックされている項目の value を取得
しています。

▼リスト 13-6　ラジオボタン変更の使用例

```
01: function output() {
02:   var area = document.getElementById("outputArea");
03:   for(var i=0; i<document.formName.choice.length;i++){
04:     if(document.formName.choice[i].checked){
05:       var selected = document.formName.choice[i].value;
06:       area.innerHTML = selected + "が選択されました。";
07:     }
08:   }
09: }
10: <body>
11: <form name="formName">
12:   <div id="radioArea" onchange=output();>
13:     <input type="radio" name="choice" value="animal">動物
14:     <input type="radio" name="choice" value="fish">魚
15:   </div>
16:   <div id="outputArea">
17:   </div>
18: </form>
19: </body>
```

コードの記述が完了したら、実行して確認しましょう。ラジオボタンの「動
物」を選択した場合には**図 13-8** が表示され、「魚」を選択した場合には**図
13-9** が表示されます。

▼図13-8　リスト13-6の実行結果（動物を選択）

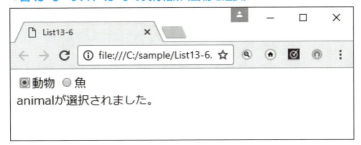

▼図13-9　リスト13-6の実行結果（魚を選択）

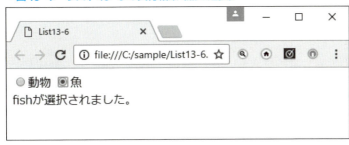

　このように、onchangeはフォーム内の値変更のイベントと処理を紐づけることができます。

onfocus とは

onfocus イベントハンドラは、フォーカスがあたったときに実行されます。例えば、テキストエリアに入力しようとしたところ、背景色が変更されたり、吹き出しが表示されるのを見たことがあるのではないでしょうか。これは、onfocus を使用して処理が行われているからです。

onfocus は**構文 13-4** を使用します。

 13-4　onfocus の実装
```
onfocus="実行する処理"
```

"実行する処理" には、onfucus イベントが発生した際に実行する処理を記述するか関数を記述することができます。

● onfocus の例を見てみよう

例として、onfocus で関数を呼び出し、画面上に「onfocus イベント！」を出力するコードを**リスト 13-7** に示します。5 行目でテキストエリアにフォーカスがあたることと output( ) を紐づけています。また、style はテキストエリアの幅の調整のために記述しています。

▼リスト13-7　onfocus の使用例

```
01: function output() {
02:   console.log("onfocusイベント！");
03: }
04: <body>
05:   <input type="text" onfocus="output()" style="width:100px;"/>
06: </body>
```

● onfocus の実行結果を見てみよう

コードの記述が完了したら実行して確認しましょう。テキストエリアにフォーカスをあてると、図 13-10 のとおりにコンソール上に「onfocus イベント！」が表示されます。

▼図 13-10　リスト 13-7 の実行結果（フォーカスがあたった状態）

テキストエリアを例にしていますが、ボタンや、セレクトボックスなど、他の項目でも使用できます。

このように、onfocus はフォーカスが当たるイベントと処理を紐づけることができます。

 onblur とは

onblur イベントハンドラは、onfocus イベントハンドラとは反対に、フ

ォーカスが外れたときに実行されます。テキストエリアから別の入力部品へ移る際に、テキストエリア1のフォーカスが外れたことを利用して入力値のチェックを行うような場合に使用します。

onblurは**構文13-5**を使用します。

onblur="実行する処理"

"実行する処理"には、処理を直接記述するか関数を記述することができます。

● onblurの例を見てみよう

例として、onblurイベントで関数を呼び出し、画面上に「onblurイベント！」を出力するコードを**リスト13-8**に示します。

▼リスト13-8　onblurの使用例

```
01: function output() {
02:     console.log("onblurイベント！");
03: }
04: <body>
05:     <input type="text" onblur="output()" style="width:100px;"/>
06: </body>
```

5行目で入力エリアのフォーカスが外れることとoutput()を紐づけています。

● onblurの実行結果を見てみよう

コードの記述が完了したら実行して確認しましょう。テキストエリアにフォーカスを入れた後にフォーカスを外すと、**図13-11**のとおりにコンソール上に「onblurイベント！」が表示されます。

▼図13-11 リスト13-8の実行結果（フォーカスが外れた状態）

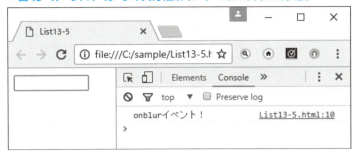

● onblurを画面で確認してみよう

次に、入力チェックを行うコード例をみてみましょう。**リスト13-9**は入力エリアからフォーカスが外れた時に入力値が数値のみかのチェックを行うようにしています。3行目では入力値を正規表現で確認し、5行目で結果のチェックを行っています。

▼リスト13-9　onblurの使用例

```
01: function check () {
02:   var inputText = document.getElementById("tArea").value;
03:   var checkResult = inputText.match(/[0-9]+/g);
04:   var area = document.getElementById("outputArea");
05:   if (inputText != checkResult) {
06:     area.innerHTML = "数値以外が入力されています。";
07:   } else {
08:     area.innerHTML = "数値のみの入力です。";
09:   }
10: }
11: <body>
12:   <label>数値を入力してください:</label>
13:   <input id="tArea" type="text" onblur="check()" style="width:100px;" />
14:   <div id="outputArea"></div>
15: </body>
```

コードの記述が完了したら実行して確認しましょう。はじめに、テキスト

エリアを選択し、「javascript」と入力してみましょう。入力後、フォーカスを外すと、**図13-12**のように数値以外で入力であることのメッセージが出ます。次に「1234567890」と入力してみると**図13-13**のように表示され、入力チェックを行っていることがわかります。

▼**図13-12 リスト13-9の実行結果（「javascript」入力）**

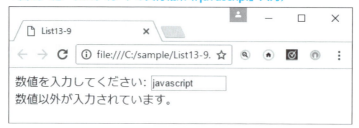

▼**図13-13 リスト13-9の実行結果（「123456790」入力）**

 onblur ／ onfocusを同時に使ってみよう

最後に、**リスト13-10**で、フォーカスがあたった場合に赤になり、フォーカスが外れた時に白に戻るコード例をみてみましょう。3行目の「#00FFFF」は赤を、7行目の「#FFFFFF」は白を表すコードです。

▼**リスト13-10 onblur、onfocusの使用例**

```
01: function toRed() {
02:     var area = document.getElementById("tArea");
03:     area.style.backgroundColor = '#00FFFF' ;
```

```
04: }
05: function toWh() {
06:   var area = document.getElementById("tArea");
07:   area.style.backgroundColor = '#FFFFFF' ;
08: }
09: <body>
10:   <input id="tArea" type="text" onblur="toWh ()"
       onfocus="toRed ()" style="width:100px;"/>
11: </body>
```

コードの記述が完了したら実行して確認しましょう。開いた時点では図13-14のようにテキストエリアは白のままで表示されます。テキストエリアにフォーカスをあてると図13-15のようにテキストエリアが赤くなります。

▼図13-14　リスト13-10の実行結果（フォーカスが外れた状態）

▼図13-15　リスト13-10の実行結果（フォーカスがあたった状態）

このように、onblurはフォーカスが外れるイベントと処理を紐づけることができます。

マウスイベントハンドラとは

　イベントには、マウス操作によるイベントを検知する**マウスイベントハンドラ**というものがあります。マウスカーソルがあたっただけで色が変わったり、画像サイズが大きくなったりするサイトを見たことがあるのではないでしょうか。そのようなサイトにはマウスイベントハンドラを使用したコードが組み込まれています。

　表13-2にマウスイベントハンドラを示します。

▼表13-2　マウスイベントハンドラ

イベントハンドラ	内容
onmousedown	マウスが押されたことを検知する
onmouseup	（押していた）マウスが離されたことを検知する
onmouseover	マウスが乗ったことを検知する
onmouseout	マウスが離れたことを検知する
onmousemove	マウスの移動を検知する
onmousewheel	マウスのホイールを検知する

　次項にてマウスイベントハンドラの使用方法について学んでいきましょう。

onmousedown ／ onmouseup の例を見てみよう

onmousedown、onmouseup はマウスを押したとき、マウスを離したときにそれぞれ発生します。onclick、onmousedown、onmouseup の違いについて表 13-3 に示します。

▼表 13-3　onclick、onmousedown、onmouseup の違い

イベントハンドラ	検知する操作
onclick	マウスを押して離したとき
onmousedown	マウスを押したとき
onmouseup	マウスを離したとき

マウスを押して離すまでの行為を行わないと onclick イベントは発生しません。それに対し、onmousedown はマウスを押すだけ、onmouseup はマウスを離すだけでイベントが発生します。慣れないうちは混同しやすいので、使用する際は注意しましょう。

それでは、onmousedown、onmouseup を使用した例を見ていきしょう。リスト 13-11 はボタンを押している間のみ「ボタンを押しています。」を表示し、ボタンを離すと「ボタンを離しています。」を表示します。10 行目で onmousedown、onmouseup を記述し、それぞれ down( )、up( ) と紐づけを行っています。このように、1 つのタグに複数のイベントハンドラを記述することも可能です。

▼リスト 13-11　onmousedown ／ onmouseup の使用例

```
01: function down() {
02:   var area = document.getElementById("outputArea");
03: area.innerHTML = "ボタンを押しています。" ;
04: }
05: function up() {
06:   var area = document.getElementById("outputArea");
07: area.innerHTML = "ボタンを離しています。";
```

次へ

```
08: }
09: <body>
10:   <input type="button" value="ボタン"
       onmousedown="down() onmouseup="up ()"/>
11:   <div id=" outputArea "></div>
12: </body>
```

● 実行結果を見てみよう

Chromeで開き、ボタンをマウスで押した状態にしてみましょう。図13-16のように「ボタンを押しています。」が表示され、押していたマウスを離すと図13-17のように「ボタンを離しています。」が表示されます。

▼図13-16　リスト13-11の実行結果（ボタンを押した状態）

▼図13-17　リスト13-11の実行結果（ボタンを押して離した状態）

このように、onmousedown、onmouseupはマウスを押す／離すイベントと処理を紐づけることができます。

キーイベントハンドラとは

キーイベントハンドラは、キーボードのキー操作によるイベントを検知します。文字を入力したあとに自動で別の入力エリアにフォーカスが移動したり、入力した文字が画面上の別の場所に現れたりするのを見たことがあるのではないでしょうか。このような制御はキーイベントハンドラを使用して実現されています。

表13-4にキーイベントハンドラを示します。

▼表13-4 キーイベントハンドラ

イベントハンドラ	内容
onkeydown	キーが押されたことを検知する
onkeyup	（押していた）キーが離されたことを検知する
onkeypress	キーが押されていることを検知する

次項にて、キーイベントハンドラの使い方を学んでいきましょう。

onkeyup の例を見てみよう

onkeyupを使用した例を見ていきましょう。リスト13-12は郵便番号用の3桁と4桁の入力エリアを作成し、3桁の入力が終わったら、自動的に

4桁の入力欄へ移るコードです。下4桁入力後は、上3桁の入力エリアに移ります。

▼リスト13-12　onkeyupの使用例

```
01: function mvCur (fromId,toId,size) {
02:   var input = document.getElementById(fromId).value;
03:   if (input.length == size) {
04:     document.getElementById(toId).focus();
05:   }
06: }
07: <body>
08:   <label>郵便番号:<label>
09:   <input id="front" type="text" onkeyup="mvCur('front',
      'back',3)" style="width:30px" maxlength="3"/>
10:   <label>-<label>
11:   <input id="back" type="text" onkeyup="nextCur('back',
      'front',4)" style="width:40px" maxlength="4"/>
12: </body>
```

実行結果を見てみよう

　コードの記述が完了したら実行して確認しましょう。先頭のテキストエリアで、入力した数字が3桁になった時点で次の入力欄へカーソルが移動します。

▼図13-18 リスト13-12の実行結果（上3桁を入力後）

次に、押されたキーを確認する例を見ていきましょう（**リスト 13-13**）。onkeyup で up (event) と紐づけています。また、up のパラメータとして event を渡しています。event は KeybordEvent オブジェクトを表し、キーボードへユーザーが入力した情報が格納されています。3 行目のように KeybordEvent オブジェクトの key プロパティを参照することで、イベントが発生したキーを確認することができます。

▼**リスト 13-13** イベント発生キー確認の使用例

```
01: function up (event) {
02:   var area = document.getElementById("outputArea");
03:   area.innerHTML = event.key + "が離されました。";
04: }
05: <body>
06:   <input type="text" onkeyup="up(event)"/>
07:   <div id="outputArea"></div>
08: </body>
```

コードの記述が完了したら実行して確認しましょう。入力エリア内でキーボード操作を行い、a を押して離した場合には**図 13-19**、BackSpace を押して離した場合には**図 13-20** のようになることが確認できます。

▼**図 13-19** a キーを離した場合

このように、onkeyup は押していたキーが離れるイベントと処理を紐づけることができます。

▼図13-20 Backspaceキーを離した場合

COLUMN

イベントリスナ

イベントに関する処理として、「イベントリスナ」というものがあります。イベントハンドラと同じ意味とされる場合もありますが、「イベントリスナ」がどのようなものかを紹介します。

リスト13-2を「イベントリスナ」を使用して記述してみると、以下のようになります。

```
01: <body>
02:   <input id='outputButton' type='button' value='表示' />
03:   <div id="outputArea"></div>
04:   <script>
05:       function output(){
06:           var area = document.getElementById("outputArea");
07:           area.innerHTML = "ボタンが押下されました！";
08:       };
09:     var button = document.getElementById('outputButton');
10:     button.addEventListener('click', output);
11:   </script>
12: </body>
```

9行目で生成したbuttonに対し、10行目でaddEventListenerを使用して、「第一引数の'click'をされたときに、第二引数の'output'を実行する」という記述をしています。イベントハンドラと違い、第一引数のパラメータにはonが付かないので注意してください。

このようにイベントリスナを使用しても、イベントに対する制御が可能です。

この章のまとめ

- イベントとは、ユーザーのクリックや値の変更、フォーカスの ON ／ OFF などの操作により発生します。

- イベントハンドラはイベントと処理を紐づけます。

- onclick はクリックイベントを検知します。

- onchange は変更されたイベントを検知します。

- onfocus、onblur はフォーカスの ON ／ OFF イベントを検知します。

- マウスイベントハンドラはマウス操作によるイベントを検知します。

- onmousedown、onmouseup はマウスが押される／離されるイベントを検知します。

- キーイベントハンドラはキーボード操作によるイベントを検知します。

- onkeyup はキーが離されるイベントを検知します。

《章末復習問題》

練習問題 13-1

　onclick を使用し、テキスト表示エリアに入力エリアの内容を表示する処理を組み込んでください。onclick イベントは以下に示す「表示」ボタンクリック時に発生するようにしてください。

```
<body>
  <input id="tArea" type="text"/>   <!--入力エリア-->
  <input id="btn" type="button" value="表示"/>
  <div id="outputArea">   <!--テキスト表示エリア-->
</body>
```

ヒント

テキストの値の取得は「document.getElementById("取得したいID").value」で取得できます。

練習問題 13-2

　onmousedown、onmouseup を使用し、練習問題 13-1 の「表示」ボタンを、マウスで押している間のみ、「押下中」の表示になるように修正してください。

ヒント

値の変更は「document.getElementById("変更したいID").value="代入したい文字"」で変更できます。

14章

jQuery

JavaScriptでは、プログラミングを効率よく行うためのライブラリが提供されています。

本章では、多くのWebサイトで活用されているjQueryライブラリについて学習していきましょう。

ライブラリとは

　jQuery は、JavaScript でのプログラミングをより容易に効率よく行うために用意されたライブラリです。はじめに、ライブラリとは何かについて見ていきましょう。

　プログラミングを行っていると、作成するプログラムの機能は様々あっても、共通する機能が含まれていることが多くあります。これらの共通する機能を作成するプログラムごとに、1から作っていくのは効率的ではありません。そこで、汎用性の高い機能を再利用できる形にまとめて部品化したものをライブラリと呼びます。ライブラリは、自分で作成することもできますし、公開されているライブラリを利用することもあります。

　JavaScript では、すでに色々な種類のライブラリが公開されています。本章では、このなかでも多くの Web サイトで活用されている jQuery について学習します。

jQuery の特徴

　jQuery は、Web ブラウザ用の JavaScript コードを効率化するために設計された軽量なライブラリです。

2006年の1月、John Resig氏によって公開されました。2017年7月現在、Ver. 3.2.1が以下の公式サイトからダウンロードできます（図14-1）。

▼図14-1　jQueryの公式サイト（http://jquery.com/）

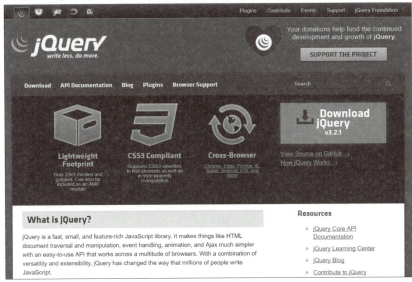

公式サイトでは、jQueryのダウンロードのほか、公式ドキュメント参照やラーニングセンターでのサンプルコードの参照、jQueryプラグインの検索などができます。

jQueryには以下のような特徴があります。

● クロスブラウザ対応

1つ目はクロスブラウザに対応している点です。クロスブラウザとは、WebサイトやWebサービスがどのWebブラウザでも同じように表示および動作できる状態のことです。ブラウザ間の差異をライブラリが解消してくれるため、プログラミングの負担軽減につながります。

● セレクタを使った容易なアクセス

2つ目はCSSセレクタを使ってHTML要素にアクセスできる点です。

例えば、"sample" の id を持つ要素にアクセスする場合、通常、「document.getElementById("sample")」のように記述します。これを jQuery を利用することによって、「$("#sample")」のように簡略化して記述できるようになります。セレクタについては、「**14-04 要素の特定**」で詳しく説明します。

● プラグインによる機能拡張

３つ目は、プラグインを使って機能を拡張できるようになっている点です。jQuery 自身にも様々な機能が用意されていますが、jQuery プラグインを追加することで、さらに新しい機能を利用することができます。

プラグインは自作することもできますが、すでに様々なプラグインが、公式サイトから検索およびダウンロードすることができます。例えば、jQuery のユーザーインタフェース部分に関する機能を提供する jQuery UI を利用すると、カレンダー、タブ、アコーディオン、エフェクト、ドラック＆ドロップ、サイズ変更、スライダーなど様々な機能を Web ページに追加することができます。

COLUMN

プラグインの利用

表示されている画像が自動的に切り替わるような Web サイトを見たことはないでしょうか。これは、指定した複数の画像を切り替えることができるスライダー機能のプラグインを利用すると簡単にプログラムを作ることができます。例えば、「simpleSlide」というプラグインであれば、

```
$('#target).simpleSlide(1000);
```

という一つのコードを書くだけで、"target" の配下に指定した画像ファイルを 1 秒ごとに切り替え表示することができるようになります。

jQueryの利用準備

Keyword ☑ CDN

 ## ライブラリのバージョン

jQueryライブラリは、1つのJavaScriptファイルで構成されています。ライブラリファイルは、対応するブラウザや機能の違い、および、ファイルサイズによっていくつかのバージョンに分かれています。

はじめに、対応するブラウザや機能の違いによるバージョンについて、みていきましょう（表14-1）。

▼表14-1　対応するブラウザや機能の違い

バージョン	特徴
バージョン1系 （jquery-1.x.x.js）	バージョン2系で対応していないInternet Explorer 6~8のような古いブラウザに対応
バージョン2系 （jquery-2.x.x.js）	比較的新しいブラウザ（最新バージョンと1つ前のバージョン）に対応
バージョン3系 （jquery-3.x.x.js）	バージョン2系と対応ブラウザは同じ。バージョン2系と比べ、機能の見直しや性能向上がはかられています

jQueryの学習に利用するなど、古いブラウザで動作をさせる必要がない場合は、バージョン3系の最新バージョンの利用で問題ありません。2017年7月現在の最新バージョンは、Ver. 3.2.1です。

ただし、プラグインを利用する場合、プラグインがバージョン3系に対応していない場合があります。プラグインの配布サイトでjQuery本体の対応バージョンを確認し、対応したバージョンを利用します。

続いて、ファイルサイズによるバージョンの違いをみてみましょう（**表14-2**）。

▼表14-2　ファイルサイズによる違い

バージョン	特徴
非圧縮版（jquery-x.x.x.js）	読みやすく整形されたソースコードです。ソースコード中に、改行や空白が含まれます
圧縮版（jquery-x.x.x.min.js）	非圧縮版と機能は同じですが、ファイルサイズを小さくするため、改行や空白、コメントが取り除かれています。Ver.3.2.0 では、非圧縮版のおよそ 1/3 のサイズです
slim 非圧縮版 （jquery-x.x.x.slim.js）	Ajax やアニメーション機能など一部の機能を除き軽量化をはかったスリムバージョンの非圧縮版です
slim 圧縮版 （jquery-x.x.x.slim.min.js）	スリムバージョンの圧縮版です

ファイル名の「x.x.x」にはバージョン番号が入ります。

ファイルサイズの小さい圧縮版は、通信量やダウンロード時間を少なくできるため、通常はこちらを利用します。jQuery 内部の処理を確認したい場合は、読みやすく整形された非圧縮版が便利です。

また、スリムバージョンは、スリム以外のバージョンよりサイズが小さくなっています。スリムバージョンから除外された Ajax やアニメーションの機能が必要ない場合、または、jQuery 以外の新しい API や CSS の利用により jQuery の機能を利用しない場合に向いています。

 ## jQuery ライブラリの読み込み

jQuery ライブラリは、JavaScript のファイルですので、jQuery を利用するには、このファイルを読み込みます。

ファイルの読み込みには、以下の2種類があります。

・ライブラリを配信しているサイトにアクセスしてファイルを参照する方法
・公式サイトからライブラリファイルをダウンロードし、外部ファイルとして読み込む方法

💡 **ポイント**

ライブラリを配信するネットワークのことを CDN（Contents Delivery Network）といい、CDN にアクセスできる環境でプログラムを動かすのであれば、ファイルのダウンロードは必要ありません。

● **CDN から読み込む方法**

はじめに、jQuery ライブラリを CDN から読み込む方法について見ていきましょう。CDN は、公式サイト（jQueryCDN）の他、Google 社や Microsoft 社で公開しているサイトも利用できます。

jQueryCDN の圧縮版を利用するには以下のように記述します。

```
<script src="https://code.jquery.com/jquery-3.2.1.min.js"></script>
```

src 属性に指定しているのは、CDN にアクセスする際のパスです。上記の例では、「jquery-3.2.1.min.js」ですが、利用したいバージョンによってファイル名は変わります。例えば、Ver.3.2.1 の slim 圧縮版を読み込むには、「jquery-3.2.1.slim.min.js」となります。

ところで、script タグに、どのような値を指定すればよいかは、CDN サイトで公開されています（図 14-2）。

▼図 14-2　jQueryCDN の CDN パス

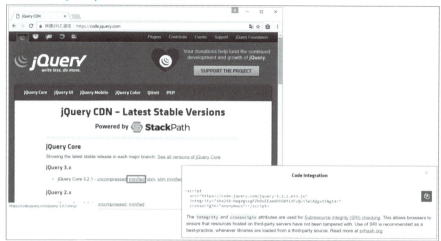

　上記のサイトは、公式サイトのトップページからダウンロードのリンクをたどった際に表示される画面です。バージョンを選択しリンクをクリックすると、script タグの記載例が別ウィンドウに表示されます。

　以下は、Ver3.2.1 minified（圧縮版）の例です。

```
<script src=https://code.jquery.com/jquery-3.2.1.min.js
integrity="sha256-hwg4gsxgFZhOsEEamdOYGBf13FyQuiTwlAQgxVSN
gt4="
crossorigin="anonymous"></script>
```

　integrity 属性は、参照先のファイルが正しいことを保証するために使用する属性です。CDN を使ってライブラリを参照できるのは、大変便利なことですが、ファイルが悪意のある攻撃者によって書き換えられるリスクが伴います。このリスクを回避するため、ハッシュ化とよばれる方法を使いファイルの整合性をブラウザが読み込み時にチェックできるようにします。

　integrity 属性に設定されるハッシュ値はファイルによって異なります。この属性を指定した場合、src 属性に別のバージョンのファイルパスを指定しても動作しません。属性値は CDN サイトで確認しましょう。

　crossorigin 属性の "anonymous" の指定は、Cookie やクライアントサイ

ドの SSL 証明書、HTTP 認証などのユーザー認証情報が不要という意味です。

なお、Google 社や Microsoft 社の CDN は以下のようになります。これらの情報は、公式サイトのリンクから辿ることができます。

```
・Google CDN
https://ajax.googleapis.com/ajax/libs/jquery/3.2.1/jquery.
min.js
・Microsoft CDN
http://ajax.aspnetcdn.com/ajax/jQuery/jquery-3.2.1.js
```

● ライブラリファイルをダウンロードする

続いて、ライブラリファイルをダウンロードした場合のファイルの読み込み方法です。ダウンロードしたライブラリファイルを任意のフォルダに格納し、外部ファイルとして読み込みます。

HTML ファイルと同じフォルダにライブラリファイルを格納した場合、script タグは以下のようになります。

```
<script type="text/javascript" src="jquery-3.2.1.min.js"></
script>
```

jQueryの基本の書き方

Keyword ☑ $ ☑ セレクタ

 ## jQueryの利用例を見てみよう

jQueryライブラリファイルの読み込みがわかったところで、jQueryを利用したコードを書いてみましょう（**リスト14-1**）。

▼リスト14-1　jQueryの利用例

```
01: <html>
02:   <head>（省略）</head>
03:   <body>
04:     <div id="target">ここを変更します</div>
05:     <script type="text/javascript"
06:       src="https://code.jquery.com/jquery-3.2.1.min.js"></script>
07:     <script>
08:       $("#target").html("変更しました！");
09:     </script>
10:   </body>
11: </html>
```

　jQueryのライブラリファイルの読み込みは、ライブラリを利用する前に行う必要があります。上記のリストでは、5行目でライブラリファイルを読み込んだ後、7行目以降のスクリプトに処理を書いています。これは、スクリプトファイルを外部ファイル化した場合も同様です。ライブラリファイルを読み込んだ後、処理を記載した外部ファイルの読み込みを行います。

　続いて実際の利用箇所のコードをみてみましょう。上記の例では、8行目

の以下のコードで、4行目で定義した div タグの内容を書き換えています。

```
$("#target").html("変更しました！");
```

　先頭の $ は、jQuery を表す別名です。jQuery を利用する箇所では、すべて jQuery("#target")... のように、jQuery で始まります。これを簡単に記述するために、「jQuery」の代わりに「$」と書くことができます。

　サンプルコードなどで、$ 文字を使用したコードとして、よく見かけるものに「$(function( ){...});」があります。これは、「$(document).ready(function( ){...});」を省略した書き方で、DOM が読み込み終わって ready イベントが発生した時に function 中の処理を実行するためのコードです。head タグ内で script を書く場合など、DOM がアクセスできる状態になるのを待ってから処理を行うためです。ready イベントは window オブジェクトの load イベントと異なり、画像のロードを待たずに発生します。なお、バージョン 3 系からは、「$(function( ){...});」以外の書き方は、非推奨となりました。バージョン 2 系以前でも「$(function( ){...});」に対応していますので、こちらの形式で書くことをお勧めします。

　$ に続く「"#target"」は、jQuery の特徴である CSS セレクタによるオブジェクトの記法です。これは、jQuery を利用しないで書くと、「document.getElementById("target")」となります。セレクタについては、「**14-04 要素の特定**」で詳しく説明します。

　「html( )」は、innerHTML プロパティの代わりとなる関数です。html 関数などを使った DOM の操作については、「**14-05 内容と属性の操作**」で詳しく説明します。

 ## 実行結果を見てみよう

　それでは、リスト 14-1 の実行結果を確認しておきましょう。

リスト14-1では、divタグの内容を書き換えています。bodyタグの最後で内容を書き換えているため、Webページの表示が完了した時点で、書き換え後の文字列が表示されます（**図14-3**）。

▼**図14-3　リスト14-1の実行結果**

COLUMN

scriptタグの記述位置

　scriptタグの記述位置に明確なルールはありませんが、headタグ内に記述した場合、Javascriptファイルを読み込んでいる間、htmlファイルの読み込みが止まるため、画面の表示に時間がかかることがあります。これを防ぐには、htmlファイルの読み込みがほぼ終了しているbodyの終了タグ（</body>）の直前にscriptタグを記述します。

　一方、htmlファイルが解析される前にスクリプトの処理を実行したい場合やスクロールが必要な画面では、画面が表示される前にスクリプトを読み込む必要があります。その場合はheadタグ内に記述するのが良いでしょう。

04 要素の特定

Keyword ☑ セレクタ ☑ フィルタ

 セレクタを使って要素を特定しよう

　HTMLドキュメントを操作したい場合、はじめに処理対象の要素を特定する必要があります。処理対象の要素を特定には、セレクタを使用します。jQueryではCSSで使用されるセレクタに加え、jQuery用に拡張されたセレクタをサポートしています。

　jQueryで使用するセレクタは、表14-3のように分類されます。

▼表14-3　セレクタの分類

分類	概要
Basic	基本セレクタ
Attribute	属性セレクタ
Hierarchy	階層セレクタ
Form	フォームセレクタ
Basic Filter	基本フィルタ
Child Filter	子要素フィルタ
Content Filter	コンテンツフィルタ
Visibility Filter	可視性フィルタ

　よく使われる代表的なセレクタを中心に、その使い方について見ていきましょう。

> **ポイント**
>
> jQueryで使用できるセレクタの一覧と仕様については、公式サイトでAPIドキュメントとして公開されています。
> http://api.jquery.com/category/selectors/

基本セレクタを使って要素を特定しよう

● 基本セレクタ

基本セレクタには、表14-4のようなセレクタがあります。

▼表14-4 基本セレクタ

セレクタ	内容
#id	指定されたidを持つ要素を選択します
element	指定されたタグ名を持つ要素を選択します。$("div")のように指定します
.class	指定されたクラス名を持つ要素を選択します
*	すべての要素を選択します
selector1, selector2, selectorN	複数のセレクタの要素をまとめて選択します

例えば、$("#id1", "#id2")と指定した場合、idが、「id1」と「id2」の要素を選択します。

● 使用例を見てみよう

基本セレクタを使って、要素を特定する例を見てみましょう（リスト14-2）。

idが「li1」の要素を特定するには、7行目のように「#li1」と記述します。

▼リスト 14-2　基本セレクタの使用例

```
01: <ul id="ul1">
02:   <li id="li1" class="groupA">リスト1</li>
03:   <li id="li2" class="groupA">リスト2</li>
04:   <li id="li3" class="groupB">リスト3</li>
05: </ul>
06: <script>
07:   $("#li1").css("border", "solid");
08:   $(".groupA").css("font-weight", "bold");
09: </script>
```

　セレクタの後にある css( ) は、選択した要素の style 属性を取得または設定するメソッドです。上記の例では、実線の枠線を引いています。

　8 行目は、クラス名が「groupA」の要素を選択し、フォントの太さを太字に設定しています。「groupA」をクラス名に持つ要素は「リスト 1」「リスト 2」の 2 つあり、どちらも文字フォント変更の対象となります。

● 実行結果を見てみよう

　実行結果で、対象の要素に style 属性が設定されていることを確認してみましょう（図 14-4）。「リスト 1」のように id とクラス名の両方に該当している要素は、7 行目と 8 行目の両方の style 属性の設定処理の対象となります。

▼図 14-4　リスト 14-2 の実行結果

階層セレクタを使って要素を特定しよう

● 階層セレクタ

階層セレクタは、要素の階層構造を利用して要素を絞り込むセレクタです。階層セレクタには、表14-5のようなセレクタがあります。

▼表14-5 階層セレクタ

セレクタ	内容
parent > child	親子関係を指定して要素を選択します
ancestor descendant	ancestor（祖先）より下の階層にあるdescendant（子孫）を選択します。ancestorとdescendantは半角空白で区切ります

● 使用例を見てみよう

階層セレクタを使って要素を特定する例を見てみましょう（リスト14-3）。

id=ul2の子要素でli タグを持つ要素を特定するには、「#ul2 > li」と記述します。

▼リスト14-3 階層セレクタの使用例

```
01: <div id="main">
02:   <ul id="ul1">
03:     <li id="li1-1" class="groupA">リスト11</li>
04:     <li id="li1-2" class="groupB">リスト12</li>
05:   </ul>
06: </div>
07: <ul id="ul2">
08:   <li id="li2-1" class="groupA">リスト21</li>
09:   <li id="li2-2" class="groupB">リスト22</li>
10: </ul>
11: <script>
12:   $("#ul2 > li").css("border", "solid");
13:   $("div  .groupB").css("font-weight", "bold");
14: </script>
```

● 実行結果を見てみよう

12行目では、id=ul2 の子要素で li タグを持つ要素である「リスト 21」「リスト 22」が対象となります。13 行目では、div タグの下の groupB クラスの要素「リスト 12」が対象となります。

「リスト 21」「リスト 22」には、実線の枠線が表示され、「リスト 12」は、太字で表示されます（図 14-5）。

▼図 14-5　リスト 14-3 の実行結果

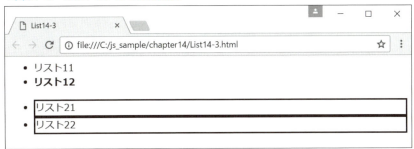

 属性セレクタを使って要素を特定しよう

● 属性セレクタ

今度は、属性セレクタを使った要素の特定です。属性の値に対し、判定条件を使った要素の絞り込みができます。属性セレクタには、表 14-6 のようなセレクタがあります。

▼表 14-6　属性セレクタ

セレクタ	内容
[attr]	属性 attr を持つ要素を選択します
[attr='value']	属性 attr の値が value の要素を選択します
[attr!='value']	属性 attr の値が value 以外の要素、および、attr 属性を持たない要素を選択します。これは、jQuery で拡張されたセレクタです

● 使用例を見てみよう

属性セレクタを使って要素を特定する例を見てみましょう（リスト 14-4）。

name 属性を持つ要素を特定するには、「[name]」と記述します。

▼リスト 14-4　属性セレクタの使用例

```
01: <div id="sub1" name="sub1">サブ1</div>
02: <div id="sub2" name="sub2">サブ2</div>
03: <div id="sub3">サブ3</div>
04: <script>
05:   $("[name]").css("border", "solid");
06:   $("[name='sub1']").css("font-weight", "bold");
07:   $("div[name!='sub1']").css("font-size", "x-large");
08: </script>
```

5 行目では、name 属性を持つ要素「サブ 1」「サブ 2」が対象となります。6 行目では、name 属性が sub1 である要素「サブ 1」が対象となります。

また、7 行目は name 属性が sub1 以外の要素「サブ 1」と name 属性を持たない要素「サブ 3」が対象となります。name 属性を持たないすべての要素が対象となるので単独での利用には向きません。

$("div[name!='sub1']") のように、タグ名と組み合わせて利用します。

● 実行結果を見てみよう

リスト 14-4 の実行結果を確認してみましょう（図 14-6）。

▼図 14-6　リスト 14-4 の実行結果

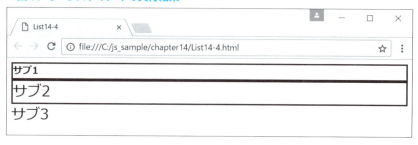

フィルタを使って要素を絞り込もう

● フィルタを使った要素の絞り込み

続いて、フィルタを使った要素の絞り込みをしてみましょう。フィルタを使うと、セレクタで特定した要素について、さらに要素の順序などで絞り込みを行うことができます。

フィルタには表 14-7 のようなものがあります。

▼表14-7　フィルタ

フィルタ	内容
:eq(index)	index に指定した順序の要素を選択します。要素のインデックスは 0 始まりであることに注意してください
:contains(text)	要素の値に text に指定した値を含む要素を選択します
:first	元となる要素リストの先頭要素を選択します

● 使用例を見てみよう

li タグのインデックスが 2 の要素を絞り込むには、「li:eq(2)」と記述します（リスト 14-5）。

▼リスト14-5　フィルタの使用例

```
01: <ul id="ul1">
02:   <li id="listA">リストA</li>
03:   <li id="listB">リストB</li>
04:   <li id="listC">リストC</li>
05: </ul>
06: <script>
07:   $("li:eq(2)").css("font-size", "x-large");
08:   $("li:contains('B')").css("font-weight", "bold");
09:   $("li:first").css("border", "solid");
10: </script>
```

7 行目では、li タグのインデックスが 2 の要素「リスト C」が対象となり

ます。インデックスは0始まりのため、インデックス＋1番目の要素が対象です。8行目では、li タグで要素の値に "B" を含む要素「リストB」が対象となります。9行目では、li タグのうち先頭となる要素「リストA」が対象となります。

● 実行結果を見てみよう

リスト 14-5 の実行結果を確認してみましょう（図 14-7）。

▼図 14-7　リスト 14-5 の実行結果

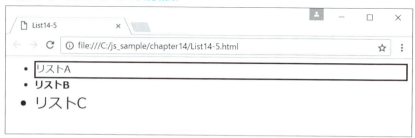

 メソッドを使って要素を特定しよう

● メソッドを使った要素の特定

要素の特定には、セレクタだけではなくメソッドを使う方法もあります。「$(" セレクタ "). メソッド ( )」のように記述し、セレクタで特定した要素に関連する要素を特定します。ここでは、階層構造を利用して要素を特定するメソッドについてみてみましょう（表 14-8）。

▼表 14-8　要素を特定するメソッド

セレクタ	内容
parent( )	元となる要素の親要素を選択します
children( )	元となる要素の子要素を選択します
next( )	元となる要素の直後の要素を選択します
prev( )	元となる要素の直前の要素を選択します

はじめに、**リスト14-6**のサンプルHTMLを使って、HTMLの階層構造を確認しましょう。

▼**リスト14-6　サンプルHTML**

```
01: <div id="div1">
02:   <ul id="ul1">
03:     <li id="li1">リスト1</li>
04:     <li id="li2">リスト2</li>
05:     <li id="li3">リスト3</li>
06:   </ul>
07:   <ul id="ul2">
08:     <li id="li4">リスト4</li>
09:     <li id="li5">リスト5</li>
10:   </ul>
11: </div>
```

リスト14-6のHTMLは以下のような階層構造をしています（図14-8）。

▼**図14-8　リスト14-6のHTML階層**

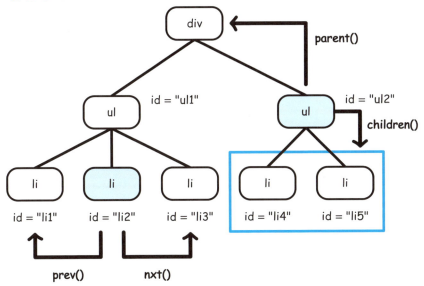

● 使用例を見てみよう

図 14-8 の階層構造を参考にメソッドを使った要素を特定する例を見てみましょう。id="ul2" の親要素を特定するには、「$("#ul2").parent( )」と記述します（リスト 14-7）。

▼リスト14-7　メソッドを使った要素の特定例

```
01: $("#ul2").parent().css("border", "solid");
02: $("#ul2").children().css("font-weight", "bold");
03: $("#li2").next().css("font-size", "x-large");
04: $("#li2").prev().css("border", "solid");
```

1 行目では、id="ul2" の親要素の div 要素が対象となります。

2 行目では、id="ul2" の子要素「リスト 4」「リスト 5」が対象となります。

3、4 行目では、id="li2" の要素を基準に、直後の要素「リスト 3」と直前の要素「リスト 1」がそれぞれ対象となります。

● 実行結果をみてみよう

リスト 14-7 の実行結果を確認してみましょう（図 14-9）。

▼図 14-9　リスト 14-7 の実行結果

14-05 内容と属性の操作

Keyword ☑ html ☑ attr ☑ data

 HTMLの内容を書き換えてみよう

　前節では、セレクタやフィルタで要素を特定しました。今度は、特定した要素の内容を書き換えてみましょう。内容の書き換えには、html メソッドを使用して**構文 14-1** のように記述します。

構文　14-1　HTMLの内容を書き換える

$("セレクタ").html("変更後の内容")

● 使用例を見てみよう

　実際に html メソッドを利用して HTML の内容を書き換える例を**リスト 14-8** に示します。

▼リスト 14-8　html メソッドの使用例

```
01: <div id="target">ここを変更します</div>
02: <script>
03:   $("#target").html("変更しました!");
04:   console.log($("#target").html);
05: </script>
```

　3行目で書き換え対象の要素を特定し、html メソッドで内容を書き換えています。なお、4行目のように引数を省略した場合は、設定されている内

容を取得します。

● **実行結果を見てみよう**

リスト 14-8 の結果を確認してみましょう。

図 **14-10** では、HTML の内容が書き換えられていることがわかります。また、図 **14-11** では、コンソールに書き換えられた値を取得しています。

このように、要素の内容を書き換えるメソッドには、html メソッドの他に text メソッドがあります。html メソッドは、引数に HTML タグを指定できるのに対し、text メソッドは単なる文字列として扱われます。そのため、変更後の値に HTML タグを含めたい場合は、html メソッドを使用しましょう。

また、単純に要素の内容をクリアするための empty メソッドがあります。「empty()」は「html("")」と同じ意味です。

▼図 **14-10** リスト **14-8** の実行結果

▼図 **14-11** リスト **14-8** の実行結果（コンソール）

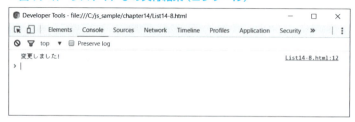

属性を変更してみよう

今度は、HTML 要素の属性を変更する方法をみていきましょう。属性の変更には、attr メソッドを使用します（**構文 14-2**）。

構文　14-2　属性を変更する

$("セレクタ").attr("属性名", "変更後の属性値")

● 使用例を見てみよう

attr メソッドで value 属性を変更する例を**リスト 14-9** に示します。

▼リスト14-9　attr メソッドの使用例

```
01: <input id="target" type="button" value="ここを変更します">
02: <script>
03:   $("#target").attr("value", "変更しました");
04:   console.log($("#target").attr("value"));
05: </script>
```

3 行目の attr メソッドで value 属性の内容を変更しています。また、4 行目では引数に属性名だけを設定しています。html メソッドの場合と同じように、変更後の属性値（第 2 引数）を省略した場合は、現在設定されている属性値を取得しています。

● 実行結果を見てみよう

リスト 14-9 の実行結果を確認してみましょう。

▼図14-12　リスト14-9の実行結果

▼図14-13　リスト14-9の実行結果（コンソール）

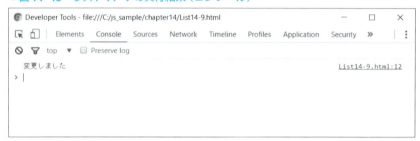

　図14-12では、input要素のvalue属性（ボタン名）が書き換えられていることがわかります。また、図14-13では、コンソールに書き換えられた値を取得しています。

　なお、value属性を書き換えるメソッドには、attrメソッドの他にvalメソッドがあり、以下のように記述します（構文14-3、14-4）。

14-3　value属性の変更

```
$("セレクタ").val("変更後の属性値")
```

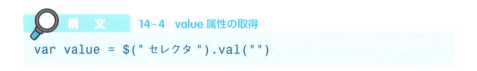

14-4　value属性の取得

```
var value = $("セレクタ").val("")
```

　attrメソッドを使用した場合と処理の結果に違いはありませんが、特定の

属性に対して個別に用意されているメソッドを使用したほうが、変更する属性がわかりやすいというメリットがあります。

カスタムデータ属性を変更してみよう

　HTML5 では、HTML 要素の属性として定義されていない属性を独自に定義できるカスタムデータ属性（「data-」で始まる属性）がサポートされています。カスタムデータ属性を変更するには、data メソッドを使用します（**構文 14-5**）。

 構文　14-5　カスタムデータ属性を変更する

$("セレクタ").data("「data-」の後の属性名", "変更後の属性値")

● 使用例を見てみよう

data メソッドの属性値を変更する例を**リスト 14-10** に示します。

▼リスト 14-10　data メソッドの使用例

```
01: <div id="target" data-customattr="before">ターゲット</div>
02: <script>
03:   console.log($("#target").data("customattr"));
04:   $("#target").data("customattr", "after");
05:   console.log($("#target").data("customattr"));
06: </script>
```

　4 行目の data 属性の第 1 引数には、属性名から「data-」を除いた値を指定しています。3、5 行目では、現在設定されている属性値を取得しています。

● 実行結果を見てみよう

　リスト 14-10 の実行結果を確認してみましょう。属性値が「before」から

469

「after」に変更されていることがわかります（図 14-14）。

▼図 14-14　リスト 14-10 の実行結果（コンソール）

COLUMN

data メソッドと attr メソッドの違い

「data-」で始まるカスタムデータ属性のデータは、data メソッドだけでなく、attr メソッドでも属性値の取得／変更が可能です。ただし、data メソッドと attr メソッドは型の扱いが異なります。

data メソッドは、値の型を自動的に設定するのに対し、attr メソッドは、文字列として扱います。属性値が「123」のような数値の場合などは、値の型が異なるので注意が必要です。

14-06 要素の追加と削除

 要素を追加してみよう

前節では、htmlやattrメソッドを使って要素の内容を書き換えました。今度は、要素の内容だけでなく、要素そのものをドキュメントに追加する方法をみていきましょう。

要素を追加するメソッドには、**表14-9**のようなものがあります。

▼表14-9 要素を追加するメソッド

メソッド	内容
before( )	指定した要素の前に、要素を追加します
after( )	指定した要素の後に、要素を追加します
prepend( )	指定した要素の子要素の先頭に、要素を追加します
append( )	指定した要素の子要素の末尾に、要素を追加します

● 使用例を見てみよう

表14-9のそれぞれのメソッドについて使用例を**リスト14-11**に示します。

▼リスト14-11 要素の追加

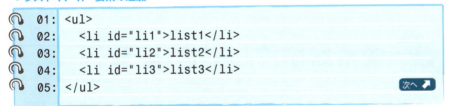

```
01: <ul>
02:   <li id="li1">list1</li>
03:   <li id="li2">list2</li>
04:   <li id="li3">list3</li>
05: </ul>
```

次へ

471

```
06: <script>
07:   $("#li2").before("<li>listA</li>");
08:   $("#li2").after("<li>listB</li>");
09:   $("ul").prepend("<li>listC</li>");
10:   $("ul").append("<li>listD</li>");
11: </script>
```

　上記の例では、1から5行目で定義されたリストに要素を追加しています。各追加メソッドの引数に指定しているのが追加する要素です。

　7、8行目では「list2」の前後に要素を追加しています。また、9、10行目では、「list1」～「list3」の3つのリストの先頭と末尾に要素を追加しています。

● 実行結果を見てみよう

　リスト14-11の実行結果で要素が追加されていることを確認しましょう（図14-15）。

▼図14-15　リスト14-11の実行結果

 要素を削除してみよう

　今度は、要素を削除するメソッドをみていきましょう。要素を削除するメ

ソッドには、removeメソッドとemptyメソッドがあります。

　removeメソッドは指定した要素を子要素を含めて削除し、emptyメソッドは、指定した要素の子要素を削除します。2つのメソッドの違いは図14-16のようになります。

▼図14-16　要素の削除

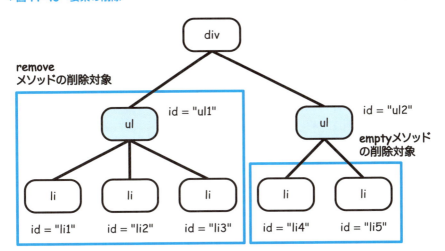

　id="ul1"の要素を基準にして、$("#ul1").remove()のようにメソッドを呼び出した場合、id="ul1"のul要素と子要素のid="li1"、"li2"、"li3"のli要素すべてが削除されます。

　一方、id="ul2"の要素を基準にして、$("#ul2").empty()のようにメソッドを呼び出した場合、子要素のid="li4"、"li5"のli要素だけを削除します。

● 使用例を見てみよう

　remove( )、empty( )メソッドを使用した要素の削除例を見てみましょう（リスト14-12）。

▼リスト14-12　要素の削除

```
01: <div id="div1">
02:   <ul id="ul1">
03:     <li id="li1">リスト1</li>
04:     <li id="li2">リスト2</li>
05:     <li id="li3">リスト3</li>
06:   </ul>
07:   <ul id="ul2">
08:     <li id="li4">リスト4</li>
09:     <li id="li5">リスト5</li>
10:   </ul>
11: </div>
12: <script>
13:   $("#ul1").remove();
14:   $("#ul2").empty();
15: </script>
```

● 実行結果を見てみよう

リスト14-12の実行結果を見てみましょう。divタグとid="ul2"の要素以外が削除されたことがわかります（図14-17）。

▼図14-17　リスト14-12の実行結果

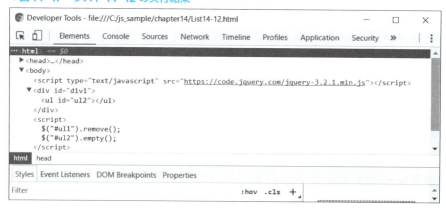

この章のまとめ

- 汎用性の高い機能を再利用できる形にまとめて部品化したものをライブラリと呼びます。

- jQuery は、Web ブラウザ用の JavaScript コードを効率化するために設計されたライブラリで、多くの Web サイトで活用されています。

- jQuery を利用することによって、クロスブラウザ対応、コードの記述方法の簡略化、プラグインを使用した機能拡張ができます。

- jQuery ライブラリは、対応するブラウザやファイルサイズによってバージョンが分かれています。

- ライブラリファイルを利用するには、ファイルをダウンロードとして外部ファイルとして扱う方法と、CDN にアクセスしてライブラリを読み込む方法があります。

- 処理対象の HTML 要素を特定するには、セレクタを使用します。

《章末復習問題》

練習問題 14-1

　以下のHTMLについてidセレクタと属性セレクタを使用して要素を選択し、cssメソッドを使って文字色を変えてください。文字色の変更は、「.css("color", "red")」のように指定します

```
<ul id = "colorlist">
  <li id = "red" name="R">赤</li>
  <li id = "blue">青</li>
  <li id = "yellow">黄</li>
</ul>
```

練習問題 14-2

　練習問題14-1のHTMLについて、リストの3番目にある「黄」を「緑」に変更してください。要素の選択には、eqフィルタを使用してください。

練習問題 14-3

　練習問題14-1のHTMLについて、リストから「青」を削除後、リストの末尾に「白」を追加してください。

15章

アニメーション処理

よりグラフィカルなページを作成する方法としてアニメーション処理があります。

本章ではライブラリを使用して、要素を動かしたり、ページ遷移に動きをつけたりといったアニメーション処理について学んでいきましょう。

Magicとは

14章にてライブラリの一つであるjQueryを学びました。本章で紹介するアニメーションもjQueryと同じように既に用意されているライブラリを使用していきます。

Magicは要素を回転したり、扉のように動かしたりなど、様々な要素にアニメーション動作を付加させることができるCSSのライブラリです。

```
https://www.minimamente.com/
```

Magicを使用するには、ライブラリのダウンロードが必要です。以下のダウンロードサイトからMagicをダウンロードする方法を図15-1に示します。①のClone or downloadをクリックし、②のDownload ZIPを選択しダウンロードします。magic-master.zipというファイルがダウンロードされるので、任意のフォルダに配置し、解凍しましょう（Version1.2.0）。

```
https://github.com/miniMAC/magic
```

15-01　要素を動かす（Magic）

▼図15-1　Magicのダウンロード方法

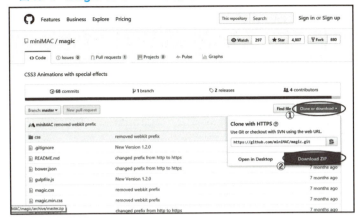

コードを作成する際には、「Magicライブラリを読み込む」という記述が必要になります。

以下にコードを示します（圧縮版の場合）。

```
<link rel="stylesheet" href="ライブラリのパス/magic.min.css">
```

例えば、Cドライブの下にmagic-master.zipを解凍した場合は"ライブラリのパス"を"C:¥magic-master¥magic.min.css"と記載します。また、Webサーバ上に配置する際は、相対パスで記載します。相対パスとは自分（html）から見た相手（js又はcss）の場所です。図15-2のList15.htmlから見たmagic.min.cssの相対パスは"css/magic.min.css"と記述します。

▼図15-2　相対パスのイメージ

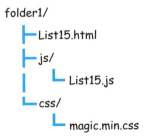

479

これで、Magic を使用する準備は完了しました。Magic には 60 を超えるアニメーションが準備されています。使用可能なアニメーションの一部を**表 15-1** に示します。

▼**表 15-1　Magic のアニメーションパターン（一部）**

アニメーション名	アニメーションのイメージ
magic	時計周りに回って消える
puffIn	手前から現れる
puffOut	手前に消える
openDownLeft	左下を中心に回転する
openDownRight	右下を中心に回転する
slideDown	下にスライドする
slideUp	上にスライドする
boingInUp	ぱたんと現れる
boingOutDown	ぱたんと消える

次節以降でいくつかのアニメーションを利用しながら実装方法を学んでいきましょう。

 ## Magic の構文を理解しよう

Magic でのアニメーションは、Class 属性の追加で行い (addClass) ます。14 章で学んだ jQuery の addClass を使用する場合は、**構文 15-1** のように記述します。

　15-1　クラス追加でのアニメーションの構文

```
セレクタ.addClass('magictime 指定するアニメーション')
```

セレクタには、アニメーションを行う対象を記述し、指定するアニメーションに表 15-1 に示したアニメーション名を記述します。

● Magic の例を見てみよう

magic のアニメーションを使用したコードを**リスト 15-1** に示します。

2 行目で Magic の読み込み、6、7 行目で jQuery の読み込みを行っています。アニメーションを設定している箇所は 9 行目です。セレクタとして、id で image を指定し、addClass で magictime クラスと magic クラスを追加しています。また、コード中で使用している JavaScript.png は「JavaScript!」という文字が書かれた画像です。

▼リスト 15-1　基本的なアニメーションのコード例

```
01: <head>
02:   <link rel="stylesheet" href="C:\magic-master\magic.min.css">
03: </head>
04: <body>
05:   <img src="./JavaScript.png" id="image">
06:   <script type="text/javascript"
07:           src="https://code.jquery.com/jquery-3.2.1.min.js">
08:   </script>
09:   <script>
10:     $("#image").addClass('magictime magic');
11:   </script>
12: </body>
```

● Magic の実行結果を見てみよう

コードの記述が終わったら、Chrome で開いてみましょう。**図 15-3**、**図 15-4** に示すように magic によるアニメーションが行われていることがわかります。

▼図15-3　magicのアニメーション前

▼図15-4　magicのアニメーション途中

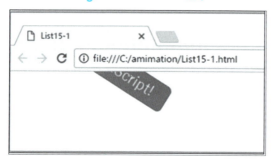

時間差アニメーションの構文を理解しよう

次に、時間差でアニメーションを行う方法について学びましょう。時間差とは、画面を開いた3秒後のようなことを表します。

時間差のアニメーションを行うには**構文15-2**を使用します。

構文　15-2　時間差のアニメーションの構文

```
setTimeout(function(){
    セレクタ.addClass('magictime 指定するアニメーション')
}, 指定したい経過時間(ミリ秒));
```

これは、jQueryのsetTimeoutという「functionの実行を遅らせる機能」

を使用しています。指定したい経過時間(ミリ秒)には「○秒後」の値を設定します。単位はミリ秒（1/1000秒）のため、3秒後の場合は3000を設定します。

● 時間差アニメーションの例を見てみよう

openDownRightを使用した時間差のアニメーションのコードをリスト15-2に示します。9〜11行目で時間差のアニメーション設定を行っています。

▼リスト15-2　時間差でのアニメーションのコード例

```
01: <head>
02:   <link rel="stylesheet" href="C:\magic-master\magic.min.css">
03: </head>
04: <body>
05:   <img src="./JavaScript.png" id="image">
06:   <script type="text/javascript"
07:           src="https://code.jquery.com/jquery-3.2.1.min.js">
08:   </script>
09:   <script>
10:     setTimeout(function(){
11:       $("#image").addClass('magictime openDownRight');
12:     }, 3000);
13:   </script>
14: </body>
```

コードの記述が終わったら、Chromeで開いてみましょう。3秒後にアニメーションが始まることが確認できます。

反復アニメーションの構文を理解しよう

今までに紹介した方法は、いずれもアニメーションを1回行うのみでした。ここでは、アニメーションを繰り返し行う方法について学びます。

繰り返しアニメーションを実行するには**構文 15-3** を使用します。

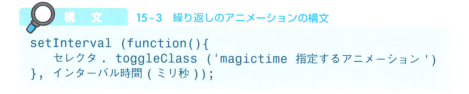

15-3 繰り返しのアニメーションの構文

```
setInterval (function(){
    セレクタ．toggleClass ('magictime 指定するアニメーション')
},インターバル時間(ミリ秒));
```

繰り返しではjQueryのsetInterval、toggleClassという機能を使用します。setIntervalは「指定した間隔でfunctionを実行させる機能」です。また、toggleClassはclass名の追加／削除を行います。存在しない場合は追加し、存在する場合は削除を行います。

● 反復アニメーションの例を見てみよう

boingInUpを使用した時間差のアニメーションのコードを**リスト15-3**に示します。

9～11行目で時間差のアニメーション設定を行っています。ここで注意することは、指定するインターバル時間がtoggleClassの追加・削除のインターバルであるということです。先に述べた通り、「MagicはClassの追加によってアニメーションを行う」ので2秒（2000ミリ秒）と指定した場合、実際のアニメーションの間隔は4秒になります（**図15-5**）。

▼リスト15-3　繰り返しのアニメーションのコード例

```
01: <head>
02:     <link rel="stylesheet" href="C:\magic-master\magic.min.css">
03: </head>
04: <body>
05:     <img src="./JavaScript.png" id="image">
06:     <script type="text/javascript"
07:             src="https://code.jquery.com/jquery-3.2.1.min.js">
08:     </script>
09:     <script>
10:         setInterval (function(){
```

次へ

```
11:        $("#image").toggleClass('magictime boingInUp');
12:      }, 2000);
13:   </script>
14: </body>
```

▼図 15-5　アニメーションの間隔

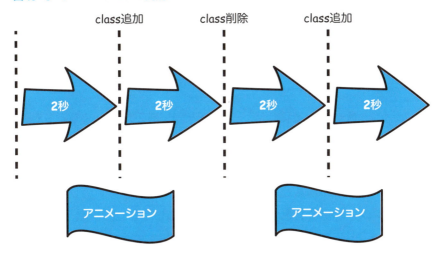

コードの記述が終わったら、Chrome で開いてみましょう。4 秒毎にアニメーションが繰り返されることが確認できます。

このように Magic にはさまざまな要素を動かすアニメーションがあり、jQuery を利用することでアニメーション方法を指定することができます。

02 ページ遷移に動作を追加する（Animsition）

Keyword ☑ Animsition ☑ ready ☑ inClass ☑ outclass ☑ オーバーレイ

Animsition とは

Animsition はページ遷移時にページの内容が消えたり、スライドしたりなどのアニメーションを追加できるライブラリです。コード例を見ながら Animsition の使用方法を学んでいきましょう。

Animsition の利用にあたり、ライブラリのダウンロードが必要です。以下のダウンロードサイトから、ダウンロードしましょう。手順は図 15-1 と同様です。

```
https://github.com/blivesta/animsition
```

Animsition では、js ファイルと css ファイルの読み込みが必要になります。なお、animsition.min.css（animsition.css）、jquery.animsition.min.js（jquery.animsition.js）はそれぞれ「解凍フォルダ ¥dist¥css」配下、「解凍フォルダ ¥dist¥js」配下にあります。

以下に Animsition を読み込むコード例を示します（圧縮版の場合）。

```
<link rel="stylesheet" href="ライブラリのパス/animsition.min.css ">
<script src="ライブラリのパス/animsition.min.js"></script>
```

これで、Animsition を使用する準備は完了しました。Animsition には 58 のページ遷移アニメーションが準備されています（v4.0.2 の場合）。

代表的なアニメーションを表15-2に示します。

▼表15-2　Animsitionのアニメーションパターン（一部）

アニメーション名	アニメーションのイメージ
fade-in	ページが徐々に現れる
fade-out	ページが徐々に消える
rotate-in	ページが回転して現れる
rotate-out	ページが回転して消える
zoom-in	ページがズームして現れる
zoom-out	ページがズームして消える
overlay-slide-in-top	スライドが上がってページが現れる（overlay）
overlay-slide-out-top	スライドが下がってページが消える（overlay）
overlay-slide-in-bottom	スライドが下がってページが現れる（overlay）
overlay-slide-out-bottom	スライドが上がってページが消える（overlay）

次節以降で実装方法を学んでいきましょう。

Animsitionの例を見てみよう

Animsitionによるアニメーションを実装するには、HTML部とJavaScript部の2つにそれぞれ記述が必要です。HTML部には、アニメーションを行う対象に対してクラスの設定を行います。JavaScriptではHTML部で設定したクラスに対し、アニメーション対象にするという設定を行います。コードを確認しながら見ていきましょう。

Animsitionの基本的なコード例をリスト15-4に示します。

15章　アニメーション処理

▼リスト15-4　Animsitionの基本的な実装例

```
01: <head>
02:   <link rel="stylesheet"
03: href="C:\animsition-master\dist\css\animsition.min.css ">
04:   <script type="text/javascript"
05:   src="https://code.jquery.com/jquery-3.2.1.min.js"></script>
06: <script
07: src="C:\animsition-master\dist\js\animsition.min.js">
08: </script>
09:   <script>
10:     $(document).ready(function() {
11:       $(".animsition-div").animsition({
12:       });
13:     });
14:   </script>
15: </head>
16: <body>
17:   <div class="animsition-div ">
18:     <a href="./pg1.html" class="animsition-link">
       animsition link 1</a>
19:     <a href="./pg2.html" class="animsition-link">
       animsition link 1</a>
20:   </div>
21: </body>
```

　2、3行目、6、7行目はAnimsitionライブラリの読み込み、4、5行目は
jQueryの読み込みです。jsファイルを読み込む際は、jQuery→Animsition
の順番で読み込む必要があります。これはAnimsitionがjQueryのプラグイ
ン（機能拡張プログラム）のためです。拡張元となるjQueryを先に読み込
んでおかないとAnimsitionが正常に動作しません。

　10行目のreadyはjQueryの"HTMLの読み込みが完了したらfunction
を実行させる機能"です。11行目が、「"animsition-div"を持つクラスに
animsition（ページ遷移のアニメーション）を実行させる」という記述です。
ここで、17〜22行目のHTML部を見てみましょう。17行目のdivタグの
クラスに"animsition-div"を設定しています。この名前は、11行目のセレ

488

クタのクラス名と一致させる必要があります。また、18、20行目のリンクのコードには animsition-link をクラス名に設定しています。これは Animsition が animsition-link のクラス名を対象としている為です。アニメーションの記述がないように見えますが、何も記述がない場合は fade-in/fade-out のアニメーションが設定されます。

次に、リスト 15-4 からの遷移先を作成します。遷移先は「pg1.html」、「pg2.html」とします。リスト 15-5 に簡単な遷移先のページ（pg1.html）のコードを記載します。遷移先ではアニメーションを行っていません。「pg2.html」は「pg1.html」と同様に作成をしてください。3行目のコードは「ページ2」としましょう。

▼リスト 15-5　遷移先のページのサンプル（pg1.html）

```
01: <head></head>
02: <body>
03:     ページ1
04: </body>
```

コードの記述が終わったら、Chrome で開いてみましょう。ページが表示されるときと、リンクでページが遷移するときにアニメーションされていることがわかります。

アニメーションを指定する例を見てみよう

次に、アニメーションパターンを rotate-in/rotate-out に変更してみましょう（リスト 15-6）。Script タグ内の変更箇所のみ示します。表示時のアニメーションは 4 行目の inClass、消えるときのアニメーションは 5 行目の outClass で指定します。

▼リスト15-6　遷移先のページのサンプル

```
01: <script>
02:   $(document).ready(function() {
03:     $(".animsition-div").animsition({
04:       inClass: 'rotate-in',
05:       outClass: 'rotate-out',
06:     });
07:   });
08: </script>
```

　コードの記述が終わったら、Chromeで開いてみましょう。アニメーションパターンがrotate-in/rotate-outになっていることがわかります。

オーバーレイアニメーションの例を見てみよう

　オーバーレイのアニメーションとはどのようなものでしょうか。overlay-slide-in-top/overlay-slide-out-topを例にすると緞帳（どんちょう）が上がってページが表示され、ページ遷移時に緞帳が下がるイメージです。Animsitionではこのようなアニメーション設定も可能です。

　オーバーレイを使用したコード例を**リスト15-7**に示します。

　10行目、19行目のクラス名がanimsition-overlayとなっています。これは、オーバーレイであることを明示したクラス名にすることが目的なので任意のクラス名に変更しても構いません。また、初期値がオーバーレイ無効（false）となっているため、13行目でoverlay : trueの設定を行います。11、12行目にはページを表示するとき、消えるときのアニメーションパターンを記載します。コード例ではoverlay-slide-in-top／overlay-slide-out-topを設定しています。

15-02 ページ遷移に動作を追加する（Animsition）

▼リスト15-7　オーバーレイを使用したコード例

```
01: <head>
02:   <script src="C:\sample\js\jquery-3.2.0.min.js"></script>
03:   <link rel="stylesheet"
04: href="C:\animsition-master\dist\css\animsition.min.css ">
05:   <script
06: src="C:\animsition-master\dist\js\animsition.min.js">
07:   </script>
08:   <script
09:     $(document).ready(function() {
10:       $(".animsition-overlay").animsition({
11:         inClass: 'overlay-slide-in-up',
12:         outClass: 'overlay-slide-out-up',
13:         overlay : true,
14:       });
15:     });
16:   </script>
17: </head>
18: <body>
19:   <div class="animsition-overlay">
20:     <a href="./pg1.html" class="animsition-link">
       animsition link 1</a>
21:     <a href="./pg2.html" class="animsition-link">
       animsition link 1</a>
22:   </div>
23: </body>
```

　コードの記述が終わったら、Chrome で開いてみましょう。ページが表示されるときと、緞帳が上がるように表示され、リンクボタンを押し、ページが遷移するときに緞帳が下がるように遷移することがわかります。

　このように Animsition ではページ遷移時にさまざまなアニメーションを行うことができます。

15

アニメーション処理

491

ScrollTrigger とは

ScrollTrigger は、HTML の要素がスクロール時に消えたり、現れたりなどのアニメーションを設定できるライブラリです。コード例を見ながらScrollTrigger の使用方法を学んでいきましょう。

ScrollTrigger の利用にあたり、ライブラリのダウンロードが必要です。以下のサイトからダウンロードしましょう。手順は図 15-1 と同様です。

```
https://github.com/terwanerik/ScrollTrigger
```

ScrollTrigger では、js ファイルの読み込みが必要になります。
以下に Scroll を読み込むコード例を示します（圧縮版の場合）。

```
<script src="ライブラリのパス/ ScrollTrigger.min.js "></script>
```

これで、ScrollTrigger を使用する準備は完了しました。次節以降で実装方法を学んでいきましょう。

ScrollTrigger の例を見てみよう

ScrollTrigger は単独で動作するため、jQuery の読み込みは不要です。

ScrollTrigger を使用した基本的なコード例を**リスト 15-8** に示します。

2 行目で ScrollTrigger ライブラリの読み込みを行っています。5 〜 6 行目は ScrollTrigger の初期化です。HTML ドキュメントの読み込みと解析が完了した時に実行されます。

11 〜 16 行目がアニメーションをさせたい HTML の要素です。アニメーションしたい HTML 属性には data-scroll 属性を付与します。

また、3 行目で CSS ファイルを読み込んでいますが、これは消えたり現れたりするときの経過時間の設定です。

▼**リスト 15-8　ScrollTrigger のコード例**

```
01: <head>
02:   <script src="ScrollTrigger.min.js"></script>
03:   <link rel="stylesheet" href="List15-8.css ">
04:   <script>
05:     document.addEventListener('DOMContentLoaded', function(){
06:       var trigger = new ScrollTrigger();
07:     });
08:   </script>
09: </head>
10: <body>
11:   <div data-scroll="">JavaScript1</div>
12:   <div data-scroll="">JavaScript2</div>
13:   <div data-scroll="">JavaScript3</div>
14:   <div data-scroll="">JavaScript4</div>
15:   〜〜〜〜〜省略〜〜〜〜〜〜
16:   <div data-scroll="">JavaScriptXX</div>
17: </body>
```

ダウンロードサイトにて紹介されている設定を**リスト 15-9** に示します。2 行目がスクロールで消えるまでの時間、7 行目が現れるまでの時間です。opacity の設定は不透明度の設定で、0 が非表示、0.5 が 50 ％表示、1 が 100 ％表示となります。

コードの記述が終わったら、Chrome で開いてみましょう。スクロールにより、要素が現れたり、消えたりすることが確認できます。

493

▼リスト15-9　CSSファイルの設定例

```
01: .invisible {
02:   transition: opacity 0.5s ease;
03:   opacity: 0.0;
04: }
05:
06: .visible {
07:   transition: opacity 0.5s ease;
08:   opacity: 1.0;
09: }
```

すべて画面内で表示され、スクロールが発生しない場合は、アニメーションしたいHTML要素を増やすか、画面を小さくするなどの対応をとりましょう。

このようにScrollTriggerではスクロール時のアニメーションを行うことができます。

COLUMN

様々なアニメーションライブラリ

本章にていくつかのアニメーションライブラリを紹介していますが、ほかにも様々なJavaScriptのアニメーションライブラリがあります。今回紹介しきれなかったアニメーションライブラリを以下に示します。

ライブラリ	内容
Velocity.js	アニメーションのライブラリ
TabTab.js	タブ切り替えアニメーションのライブラリ
AOS	スクロールアニメーションのライブラリ
Hamburgers	ハンバーガーメニューのアニメーションライブラリ
jquery.fademover.js	ページ遷移のアニメーションライブラリ

上記で紹介しているもの以外にもまだまだたくさんのアニメーションライブラリがあります。ライブラリにより特徴も異なるので、取り入れる際は比較してみてはいかがでしょうか。

tabulous.js とは

　本節ではタブのアニメーション tabulous.js の使用方法を学んでいきましょう。tabulous.js のアニメーションは、タブ変更によるコンテンツ（情報）の切り替えに 4 つのエフェクトを入れることができます。「タブ」とは図 15-6 のような見出しのことを指します。

▼図 15-6　タブのイメージ

　tabulous.js の利用にあたり、ライブラリのダウンロードが必要です。以下のサイトからダウンロードしましょう。手順は図 15-1 と同様です。

```
https://github.com/aarondo/tabulous.js
```

　tabulous.js では、js ファイルの読み込みが必要になります。また、タブのデザインにあたり、CSS ファイルも必要ですが、本節では標準で梱包されている CSS ファイルを使用します。どちらも「解凍フォルダ ¥demo¥src」

配下にあります。

以下に tabulous.js を読み込むコード例を示します（圧縮版の場合）。

```
<link rel="stylesheet" href="ライブラリのパス/tabulous.css ">
<script src="ライブラリのパス/tabulous.min.js"></script>
```

これで、tabulous.js を使用する準備は完了しました。次節以降で実装方法を学んでいきましょう。

 ## tabulous.js の例を見てみよう

tabulous.js のコードをみていきましょう。

リスト 15-10 は tabulous.js を使用したコード例です。

2、3 行目、5、6 行目で tabulous の CSS ファイル、js ファイルを読み込んでいます。tabulous.js は jQuery のプラグインなので、jQuery（4 行目）→ tabulous.js（5 行目）の順番で読み込みを行います。

7 〜 11 行目の script タグでは jQuery の ready を用いて $('#tabs').tabulous(); を実行させます。body 部は、タブのグループ全体を id に "tabs" を付けた div タグで囲い（14 行目）、その中のタブ名を 15 〜 19 行目のように ul タグで囲みます。タブの内容については、20 〜 30 行目の "tabs_container" を id とした div タグで囲みます。タブ名とタブの内容の紐づけについては id を使用して紐づけます。例えば、16 行目と 21 行目の場合は "tabs-1" で紐づいています。

15-04 タブを動かす (tabulous.js)

▼リスト15-10 tabulous のコード例

```
01: <head>
02:   <link rel="stylesheet"
03:   href="C:\tabulous.js-master\demo\src\tabulous.css">
04:   <script src="jquery-3.2.0.min.js"></script>
05:   <script src="C:\tabulous.js-master\demo\src\
      tabulous.min.js"></script>
06:   <script>
07:     $(document).ready(function ($) {
08:       $('#tabs').tabulous();
09:     });
10:   </script>
11: </head>
12: <body>
13:   <div id="tabs">
14:     <ul>
15:       <li><a href="#tabs-1">Tab 1</a></li>
16:       <li><a href="#tabs-2">Tab 2</a></li>
17:       <li><a href="#tabs-3">Tab 3</a></li>
18:     </ul>
19:     <div id="tabs_container">
20:       <div id="tabs-1">
21:         タブ1
22:       </div>
23:       <div id="tabs-1">
24:         タブ1
25:       </div>
26:       <div id="tabs-1">
27:         タブ1
28:       </div>
29:     </div>
30:   <div>
31: </body>
```

コードの記述が終わったら、Chrome で開いてみましょう。タブがアニメーションをしながら切り替わることが確認できます。

アニメーションパターンを指定する例を見てみよう

Tabulousには4つのアニメーションパターンがあります。設定できるアニメーションパターンを表15-3に示します。

▼表15-3　タブ切り替え時のアニメーションパターン

パターン	パターン説明
scale	表示されているタブの内容が小さくなって消える
slideLeft	表示されているタブの内容が左に消える
scaleUp	表示されているタブの内容が大きくなって消える
flip	表示されているタブの内容が回転するように消える

デフォルトの設定はscaleとなっています。変更方法について**リスト15-11**に示します。記述が長くなるため、リスト15-10の変更箇所のみを記載します。3～5行目のように、effectに指定したいアニメーションパターンを記載します。

▼リスト15-11　アニメーションパターンの変更例

```
01: <script>
02:   $(document).ready(function ($) {
03:     $('#tabs').tabulous({
04:       effect: 'flip'
05:     });
06:   });
07: </script>
```

コードの記述が終わったら、Chromeで開いてみましょう。タブの内容の切り替わりアニメーションが変更されていることが確認できます。

imagehover.css とは

imagehover.css は画像とコンテンツ（情報）の切り替えを行うアニメーションです。ページ表示時には画像を表示し、マウスカーソルを当てたときには画像の説明を表示します。

imagehover.css の利用にあたり、ライブラリのダウンロードが必要です。以下のサイトからダウンロードしましょう。手順は図 15-1 と同様です。

```
https://github.com/ciar4n/imagehover.css
```

imagehover.css では、css ファイルの読み込みが必要になります。css ファイルは「解凍フォルダ \ css」配下にあります。

以下に imagehover.css を読み込むコード例を示します（圧縮版の場合）。

```
<link rel="stylesheet" href="ライブラリのパス/imagehover.min.css ">
```

これで、imagehover.css を使用する準備は完了しました。次節以降で実装方法を学んでいきましょう。imagehover.css には 40 以上の切り替えパターンが用意されています。代表的な切り替えパターンを表 15-4 に示します。

▼表 15-4　imagehover.css のアニメーションパターン（一部）

アニメーション名	アニメーションのイメージ
imghvr-fade	画像が消えて切り替わる
imghvr-push-up	画像が上に押されて切り替わる
imghvr-flip-vert	画像が回転して切り替わる

 ## imagehover.css の例を見てみよう

　imagehover.css は css ファイルのみでアニメーションを行っています。リスト 15-12 に imagehover.css のコード例を示します。

　2、3 行目は CSS ファイルの読み込みです。

　次に、アニメーションを加えたい画像を 6、11 行目の figure タグで囲みます。figure の class には、表 15-4 のアニメーション名を記述します。7 行目が画像の記述です。

　サイズ調整のため、width、height で幅、高さを設定しています。最後に、8 ～ 10 行目のように figcaption タグでコンテンツ内容を囲みます。

▼リスト 15-12　imagehover.css のコード例

```
01: <head>
02:   <link rel="stylesheet"
03:         href="C:\imagehover.css-master\css\imagehover.min.css">
04: </head>
05: <body>
06:   <figure class="imghvr-fade">
07:     <img src="JavaScript.png" width="250" height="80">
08:     <figcaption>
09:       JavaScriptを学びましょう！
10:     </figcaption>
11:   </figure>
12: </body>
```

コードの記述が終わったら、Chrome で開いてみましょう。画像にマウスカーソルを当てることで、**図 15-7、15-8** のように画像とコンテンツが切り替わることが確認できます。

▼図 15-7　マウスカーソルを当てる前

▼図 15-8　マウスカーソルを当てた後

 ページ遷移の例を見てみよう

次にページ遷移を追加する方法を学びましょう。**リスト 15-13** はリスト 15-12 にページ遷移の記述を追加したものです（変更箇所のみ抜粋）。6 行目に a タグで遷移先（pg1.html）の記述を行っています。pg1.html は「**15-02 ページ遷移に動作を追加する（Animsition）**」で使用したものと同一です。

▼リスト 15-13　imagehover.css のリンク付きのコード例

```
01: <figure class="imghvr-fade">
02:   <img src="JavaScript.png" width="250" height="80">
03:   <figcaption>
04:     JavaScriptを学びましょう！
05:   </figcaption>
06:   <a href="pg1.html"></a>
07: </figure>
```

　コードの記述が終わったら、Chrome で開いてみましょう。画像又は、画像から切り替わったコンテンツをクリックすると、pg1.html に遷移することがわかります。

　このように imagehover.css では画像とコンテンツの切り替えにアニメーションを行うことができます。

COLUMN

アニメーションライブラリを選ぶポイント

　アニメーションライブラリを選ぶポイントとは何でしょうか。望んでいる動作を行うということはもちろんですが、そのほかにも以下のようなことが挙げられます。

ポイント	内容
実装方法	実装方法が簡単かどうか
容量	ページの読み込み時間に影響する
機能	どこまで細かい動作制御ができるか
信頼度	アニメーションライブラリの信頼度

　また、実行環境に制約が設けられている場合には簡単に導入できない場合もあるので、注意しましょう。

この章のまとめ

- Magicは要素を動かすアニメーションのライブラリです。60以上のアニメーションがあり、jQueryを使用することで様々な動作パターンを設定できます。

- Animsitionはページ遷移時にアニメーションを行うライブラリで、jQueryのプラグインです。アニメーションパターンは58種類で、オーバーレイ無しとオーバーレイ有りのパターンがあります。

- ScrollTriggerはスクロール時にアニメーションを行うライブラリです。ScrollTriggerの実装にはdata-scroll属性が必要です。また、消えるまでの時間／現れるまでの時間の設定が可能です。

- tabulousはタブの切り替え時にアニメーションを行うライブラリで、jQueryのプラグインです。アニメーションパターンは4パターンです。

- imagehoverは画像とコンテンツの切り替え時にアニメーションを行うライブラリです。リンク先の追加も可能です。

《章末復習問題》

練習問題 15-1

以下の HTML に Magic のアニメーションを追加してください。アニメーションはマウスカーソルが当たったときに動作するようにしてください。追加するアニメーションは任意です。

```
<body>
  <img src="./JavaScript.png" id="image">
<body>
```

マウスカーソルがあたったときの動きは jQuery の hover( ) で設定できます。

練習問題 15-2

Animsition の zoom-in/zoom-out を使ったページ遷移を作成してください。

練習問題 15-3

練習問題 15-1 の HTML を利用し、画像にマウスが当たると、「JavaScript アニメーション勉強中！」のコンテンツが表示されるようにしてください。

章末復習問題
解答

1章

【練習問題 1-1】

解説 HTMLの基本コードは第1章のリスト1-1に示した通りのため、コードは割愛します。5行目で`<meta charset="utf-8">`としていますので、ファイル保存時には文字コードUTF-8で保存をします。

【練習問題 1-2】

解説 練習問題1-1で作成したHTMLの`<body>`タグ内に`<script>`タグを埋め込む例については、第1章のリスト1-2を参照してください。なおリスト1-2では`<head>`タグ内の4～6行目にも`<script>`タグがありますが、こちらは省略しても構いません。

【練習問題 1-3】

解説 `<script>`タグの中に「console.log("はじめてのJavaScriptコード");」を記述する例を以下に示します。

解答
```
01: <script>
02:   console.log(" はじめての JavaScript コード ");
03: </script>
```

【練習問題 1-4】

解説 練習問題1-3で入力した「Console.log」は、デベロッパーツールのConsoleパネルにログを表示するための命令です。

ブラウザでSample.htmlを開き、デベロッパーツールを表示したら、ページをリロードしてください。Consoleパネルに「はじめてのJavaScriptコード」という文字が表示されることを確認しましょう。

章末復習問題解答

2 章

【練習問題 2-1】

解説 Console パネルに「こんにちは」を表示する例を以下に示します。ステートメントの末尾に「;」を付けるのを忘れないようにしましょう。

解答
```
01:|console.log("こんにちは");
```

【練習問題 2-2】

解説 練習問題 2-1 で入力したコードの上にコメントを付ける例を以下に示します。1 行コメントは先頭を「//」で始めます。

解答
```
01:|// 挨拶を表示する
02:|console.log("こんにちは");
```

【練習問題 2-3】

解説 インデントはブロック内で行います。インデント幅は任意です。以下の例では半角スペース 2 個でインデントをしています（3 行目と 4 行目）。

解答
```
01:|var hasData = true;
02:|if (hasData ) {
03:|  console.log("データがあります");
04:|} else {
05:|  console.log("データはありません");
06:|}
```

3 章

【練習問題 3-1】

解説 変数を宣言し、初期化する場合には、構文「var 変数名 = 値;」を使用します。

507

```
解答   01:|var rensyu = " 練習 ";
```

【練習問題 3-2】

解説　変数「rensyu」には、「練習」という値が格納されています。「練習」という値は文字列です。よって、「rensyu」のデータ型は String 型となります。

【練習問題 3-3】

解説　円周率は値が変動しないので、定数として宣言するのが適切です。定数を宣言する場合は、構文「const 変数名 = 値;」を使用します。

```
解答   01:|const PAI = 3.14;
```

4 章

【練習問題 4-1】

解説　問題文に「2 つの Number 型の変数を宣言し、」という条件があるので、解答例として x = 10,y = 2 を使用します。この 2 つの変数 x と y に対し、算術演算子を使用して演算を行います。

```
解答   01:|var x = 10;
       02:|var y = 2;
       03:|
       04:|console.log(x + y); // 加算
       05:|console.log(x - y); // 減算
       06:|console.log(x * y); // 乗算
       07:|console.log(x / y); // 除算
       08:|console.log(x % y); // 剰余
```

【練習問題 4-2】

解説　変数 x と y の値が等しいか比較するには、比較演算子「==」または「===」を使用します。また、x と y の大小関係を比較するには「<」「>」を使用します。

章末復習問題解答

解答
```
01: var x = 10;
02: var y = 5;
03:
04: //xとyが等しいか比較
05: console.log(x == y);
06: console.log(x === y);
07:
08: //xとyの大小関係を比較
09: console.log(x < y);
10: console.log(x > y);
```

【練習問題 4-3】

解説 文字列を連結するには連結演算子「+」を使用します。「姓 + 全角スペース + 名前」のように連結します。

解答
```
01: var sei = "Komatsu";
02: var namae = "Saori";
03:
04: console.log(sei + "　" + namae);
```

5 章

【練習問題 5-1】

解説 条件は変数xが0のとき、0未満のとき、それ以外の3つです。

if..else if..elseを使用することで以下のように記述することができます。

解答
```
01: var x = 3;
02: if ( x == 0 ) {  // 0のとき
03:   console.log("ゼロです");
04: } else if (x < 0) {  // 0未満のとき
05:   console.log("マイナスです");
06: } else {
07:   console.log("プラスです");
08: }
```

【練習問題 5-2】

解説 1 ～ 10までの値を加算するので、繰り返しの初期値は「i = 1」、繰り返しの

509

条件は「i <= 10」、加算式は「i++」です（2行目）。

繰り返し処理では、変数xにiの値を加算し、for文を抜けたとき表示します。

解答
```
01: var x = 0;
02: for ( let i = 1; i <= 10; i++ ) {
03:    x += i;
04: }
05: console.log(x); // 加算結果を表示
```

【練習問題 5-3】

解説 while文で変数xが10未満の間繰り返すには、以下のようにします。

繰り返し処理の中では、変数xのインクリメントと表示を同時に行っています。インクリメント演算子++は、次の行に移った時点で値を1加算しますので、Consoleパネルには0,1,2..9までが表示されます。

解答
```
01: var x = 0;
02: while ( x < 10 ) {
03:    console.log(x++);
04: }
```

6 章

【練習問題 6-1】

解説 1行目で配列を作成し、2行目～4行目ですべてのデータを取り出してコンソールへ表示しています。

解答
```
01: var sports = ['野球', 'バスケットボール', 'サッカー'];
02: for (var item of sports) {
03:    console.log(item);
04: }
```

【練習問題 6-2】

解説 1行目で2次元配列を作成しています。2次元配列は[]の中に1次元配列を

カンマで区切って作成します。2次元配列からのデータの取得はfor..of構文
を二重にして行います。

解答
```
01: var array2D = [[1,2,3,4,5],[6,7,8,9,10]];
02: for (var array1D of array2D) {
03:   for (var item of array1D) {
04:     console.log(item);
05:   }
06: }
```

【練習問題 6-3】

解説 配列の末尾にデータを追加する場合は「変数名.push(追加するデータ)」のよ
うに記述し、先頭のデータを削除するには「変数名.shift()」と記述します。

解答
```
01: var sports = ['野球', 'バスケットボール', 'サッカー'];
02: sports.push('バレーボール');
03: sports.shift();
```

7 章

【練習問題 7-1】

解説 1行目～3行目で引数に消費税を乗算した結果を返す関数を作成します。4
行目で配列を作成します。5行目～8行目ですべてのデータを取り出して関
数を呼び出し、戻り値をコンソールへ表示しています。

解答
```
01: function tax(money) {
02:   return money * 1.08;
03: }
04: var items = [100, 500, 1500];
05: for (let i = 0; i < 3; i++) {
06:   var result = tax(items[i]);
07:   console.log(result);
08: }
```

【練習問題 7-2】

解説 1行目～3行目で無名関数を作成し、台形の公式の計算結果をコンソールへ表示しています。4行目で無名関数を呼び出しています。

解答
```
01: var trapezoid = function(upper, under, height) {
02:   console.log((upper + under) * height / 2);
03: }
04: trapezoid(10, 8, 4);
```

【練習問題 7-3】

解説 1～7行目で関数の中に関数を定義します。そのうち3～6行目はクロージャとなるように内側の関数を定義します。

8行目で外側の関数を実行し、9～11行目で5回内側の関数を呼び出します。

解答
```
01: var outerFunction = function() {
02:   var num = 10;
03:   return function() {
04:     num = num * 10;
05:     console.log(num);
06:   }
07: }
08: var callFunction = outerFunction();
09: for (let i = 0; i < 5; i++) {
10:   callFunction();
11: }
```

8 章

【練習問題 8-1】

解説 例では、コンストラクタで名前と誕生日のプロパティを定義しています。オブジェクト生成後に、taro.name = "たろう" のようにプロパティを定義する方法もあります。

解答
```
01: class Person {
02:   constructor(name, birthday) {
```

章末復習問題解答

```
03:     this.name = name;
04:     this.birthday = birthday
05:   }
06:   print() {
07:     console.log(this.name + " さんの誕生日は、"
08:                 + this.birthday + " です。");
09:   }
10: }
11: var taro = new Person(" たろう ", "2000/01/01");
12: taro.print();
```

【練習問題 8-2】

解説 既存の関数オブジェクトにメソッドを追加するには、「関数オブジェクト .prototype. メソッド名」の形式で定義します。

解答
```
01: String.prototype.join = function(str1, str2) {
02:   return str1 + str2;
03: }
04: var str = new String("");
05: console.log(str.join("abc", "def"));
```

【練習問題 8-3】

解説 Person クラスは 8-1 と同じため省略します。スーパークラスのメソッドを呼 び出す場合には、super を使用します。

解答
```
01: class Student extends Person {
02:   constructor(name, birthday, studentID) {
03:     super(name, birthday);
04:     this.studentID = studentID
05:   }
06:   printStudent() {
07:     console.log(" 学生番号 " + this.studentID + " の "
08:       + this.name + " さんの誕生日は、"
09:       + this.birthday + " です。");
10:   }
11: }
12: var taro = new Student(" たろう ", "2000/01/01", "001");
13: taro.printStudent();
```

513

9 章

【練習問題 9-1】

解説 はじめに、変数名 date に String オブジェクトを代入します。String オブジェクトの引数には「2017/01/01」を指定します。

次に、String オブジェクトの replace メソッドを使用し、文字列の変換を行います。replace メソッドの 1 つ目の引数には変換前の「2017」、2 つ目の引数には変換後の「2020」を指定します。

最後に、変数名 date の内容をコンソールに出力します。

解答
```
01: var date = new String("2017/01/01");
02: date = date.replace("2017", "2020");
03: console.log(date.toString());
```

【練習問題 9-2】

解説 はじめに、変数名 date1 と date2 に Date オブジェクトを代入します。変数名 date1 の Date オブジェクトの引数には「2016,0,1」を指定し、変数名 date2 の Date オブジェクトの引数には「2017,11,31」を指定します。

次に、Date オブジェクトの getTime( ) メソッドを使用して変数 date1 の日付「2016 年 1 月 1 日」から変数 date2 の日付「2017 年 12 月 31 日」までの日数を求め、変数 time に代入します。

続いて、getTime( ) メソッドは結果をミリ秒の単位で返すため、4 行目の計算を行って日単位に変換します。また、日単位の値は、小数点表記となる場合があるので、toFixed( ) メソッドを使用して小数点以下 0 桁を表示するようにし、変数 date3 に代入します。最後に、求めた日数をコンソールに出力します。

解答
```
01: var date1 = new Date(2016, 0, 1);
02: var date2 = new Date(2017, 11, 31);
03: var time = date2.getTime() - date1.getTime();
04: var date3 = (time / (24 * 60 * 60 *1000)).toFixed();
05: console.log("2017 年 12 月 31 日までの日数：" + date3);
```

【練習問題 9-3】

解説 はじめに、変数名 max に Math.max( ) メソッドを使用して求めた最大値を代入します。Math.max( ) メソッドの引数には「10.5,23.5,40.5」を指定します。最後に、Math.round( ) メソッドを使用し、四捨五入した変数 max の数値をコンソールに出力します。

解答
```
01: var max = Math.max(10.5,23.5,40.5);
02: console.log(Math.round(max));
```

10 章

【練習問題 10-1】

解説 Window オブジェクトの alert( ) メソッドを使用してメッセージダイアログを表示します。alert( ) メソッドの引数には「ブラウザオブジェクトの復習を行います。」と指定します。

解答
```
01: window.alert("ブラウザオブジェクトの復習を行います。");
```

【練習問題 10-2】

解説 はじめに、1 行目のように条件文で Window オブジェクトの confirm( ) メソッドを使用します。confirm( ) メソッドの引数には「ページを移動しますか？」と指定します。

続いて、確認ダイアログの OK ボタンが押下された場合、ページの移動を行うよう 2 行目のように Location オブジェクトの href プロパティを使用します。href プロパティには移動先の html ファイル名を代入します。ここでは html ファイル名を「sample.html」とします。

最後に、適当な文字列を表示する「sample.html」を準備してください。

解答
```
01: if(window.confirm("ページを移動しますか？")) {
02:     window.location.href = "sample.html";
```

```
03: | } else {
04: | }
```

11 章

【練習問題 11-1】

（解説）はじめに、名前を入力するテキストボックスを作成します。2行目のように
inputタグのtype属性に「text」を指定します。

次に、アンケート内容を作成します。4行目から6行目のように、inputタグ
のtype属性に「checkbox」を指定します。4行目には「満足」、5行目には「普
通」、6行目には「不満」というようにアンケート内容を書きます。また、ペ
ージ初期表示時には、「普通」のチェックボックスにチェックが付くよう、5
行目のようにchecked属性を指定します。

（解答）
```
01: | <p>名前を入力し該当の項目をチェックしてください。</p>
02: | <p>名前：<input type="text"></p>
03: | <p>
04: | <input type="checkbox">満足
05: |   <input type="checkbox" checked="checked">普通
06: |   <input type="checkbox">不満
07: | </p>
```

【練習問題 11-2】

（解説）【HTMLファイルの解説】

はじめに、tableタグを使用しHTMLファイルを準備します。8行目から11
行目のようにtheadタグを使用して表のヘッダ部を作成します。表の項目と
して、9行目のようにthタグで「社員番号」、「氏名」、「所属」という項目を作
成します。

続いて、tbodyタグを使用して表のボディ部を作成します。14行目、17行目、
20行目のようにボディ部の内容にはtdタグを使用します。

次、CSSファイルのリンクをHTMLファイル内に書きます（3行目）。headタ
グ内に以下のコードを追加してください。ここでは、リンクするCSSファイ

516

章末復習問題解答

ルを「sample.css」とします。

【CSSファイルの解説】

最後に表に枠線を付けるためCSSファイルを準備します。1行目のように table タグに対するスタイルを書きます。「border-collapse」プロパティを使用し、値は「collapse」を指定します。2行目から5行目はthタグに対するスタイルを書きます。「border」プロパティで枠線を付けるように指定します。値には枠線の「太さ スタイル 色」を指定します。ここでは「1px（太さ）solid（1本の実線）black（黒）」を指定します。また、見出し項目の背景色を変更するため「background-color」プロパティを使用し、色を「blue（青色）」に指定します。6行目はtdタグに対するスタイルを書きます。thタグ同様に実線の枠線を付けるスタイルを指定しています。

解答　【HTMLファイル】

```
01: <thml>
02:   <head>
03:     <link rel="stylesheet" type="text/css" href="sample.css">
04:   </head>
05:   <body>
06:     :
07:     <table>
08:       <thead>
09:         <tr>
10:           <th> 社員番号 </th><th> 氏名 </th><th> 所属 </th>
11:         </tr>
12:       </thead>
13:       <tbody>
14:         <tr>
15:           <td>001</td><td> 一郎 </td><td> 営業部 </td>
16:         </tr>
17:         <tr>
18:           <td>002</td><td> 次郎 </td><td> システム部 </td>
19:         </tr>
20:         <tr>
21:           <td>003</td><td> 花子 </td><td> システム部 </td>
22:         </tr>
23:       </tbody>
24:     </table>
25: :
26:   </body>
27: </thml>
```

517

【CSSファイル】

```
01: table {border-collapse:collapse;}
02: th {
03:   border:1px solid black;
04:   background-color:blue;
05: }
06: td {border:1px solid black;}
```

12 章

【練習問題 12-1】

解説 idでの検索には、getElementByIdメソッドを使用します。解答例では、red
のノードを検索しています。

解答
```
01: var target = document.getElementById("red");
02: console.log(target.innerHTML);
```

【練習問題 12-2】

解説 getElementByIdメソッドで対象ノードを検索後、innerHTMLプロパティを
変更します。

解答
```
01: var target = document.getElementById("yellow");
02: target.innerHTML = "緑";
```

【練習問題 12-3】

解説 はじめに、removeChildメソッドを使用して対象ノードを削除します。対象
ノードの親ノードを検索する場合、解答例のようにparentNodeを使用する方
法の他、4行目のようにidで検索することもできます。
ノードの追加は、createElementメソッドで新規ノードを作成後、appendChild
メソッドで作成したノードを追加します。

解答
```
01: var target = document.getElementById("blue");
02: target.parentNode.removeChild(target);
```

章末復習問題解答

```
03:
04: var parent = document.getElementById("colorlist");
05: var newItem = document.createElement("li");
06: newItem.innerHTML = "白";
07: parent.appendChild(newItem)
```

13 章

【練習問題 13-1】

解説 display( )にて入力エリアの値の取得と表示の設定を行っています。解答例では、「document.getElementById("tArea").value」を使って、入力エリアの値を取得しています。

解答
```
01: function display () {
02:   var input = document.getElementById("tArea").value;
03:   var area = document.getElementById("outputArea");
04:   area.innerHTML = input;
05: }
06: <body>
07:   <input id="tArea" type="text"/>  <!-- 入力エリア -->
08:   <input type="button" value="表示" onclick="display()"/>
09:   <div id="outputArea">  <!-- テキスト表示エリア -->
10: </body>
```

【練習問題 13-2】

解説 document.getElementById("btn").valueがボタンの値になるため、down( )、up()でそれぞれ値を設定します。

解答
```
01: function display () {
02:   var input = document.getElementById("tArea ").value;
03:   var area = document.getElementById("outputArea");
04:   area.innerHTML = input;
05: }
06: function down(){
07:   document.getElementById("btn").value = "押下中";
08: }
09: function up(){
10:   document.getElementById("btn").value = "表示";
11: }
```

519

```
12:|<body>
13:|  <input id="tArea" type="text"/>  <!-- 入力エリア -->
14:|  <input type="button" value=" 表示 " onclick="display()"
   |  onmousedown="down()" onmouseup="up()" />
15:|  <div id="outputArea">  <!-- テキスト表示エリア -->
16:|</body>
```

14 章

【練習問題 14-1】

解説 idセレクタは #id、属性セレクタは、[属性名='属性値']のように記述します。
解答例では、idがblueの要素、および、name属性がRの要素を選択してい
ます。

解答
```
01:|$("#blue").css("color", "blue");
02:|$("[name='R']").css("color", "red");
```

【練習問題 14-2】

解説 3番目のli要素を指定したいのでフィルタには、「:eq(2)」のようにしています。
要素の番号は、0 から始まる数字であることに注意しましょう。

解答
```
01:|$("li:eq(2)").text(" 緑 ");
```

【練習問題 14-3】

解説 指定した要素を削除するには、removeメソッドを使用します。また、ul要素
の末尾に要素を追加したい場合は、appendメソッドを使用します。

解答
```
01:|$("#blue").remove();
02:|$("ul").append("<li>白</li>");
```

章末復習問題解答

15 章

【練習問題 15-1】

解説 $('#image') セレクタにhoverでクラス追加を行うようにします。

解答
```
01: <head>
02:   <link rel="stylesheet" href="C:¥magic-master¥magic.min.css">
03: </head>
04: <body>
05:   <img src="./JavaScript.png" id="image">
06:   <script type="text/javascript"
07:   src="https://code.jquery.com/jquery-3.2.1.min.js"></script>
08:   <script>
09:     $('#image').hover(function(){
10:     $('#image').addClass('magictime "指定アニメーション"');
11:     }, 3000);
12:   </script>
13: </body>
```

【練習問題 15-2】

解説 inClass、outClassでzoom-in/zoom-outを設定します。

解答
```
01: <script>
02:   $(document).ready(function() {
03:     $(".animsition-div").animsition({
04:       inClass: ' zoom-in ',
05:       outClass: ' zoom-out',
06:     });
07:   });
08: </script>
```

【練習問題 15-3】

解説 リスト 15-12 を参考にしてください。

解答
```
01: <figure class="imghvr-fade">
02:   <img src="JavaScript.png" width="250" height="80">
03:   <figcaption>
04:     JavaScript アニメーション勉強中！
05:   </figcaption>
06: </figure>
```

章末復習問題解答

521

索引 Standard Textbook of Programming Language

記号

" (ダブルクォーテーション)	52
$	453
' (シングルクオーテーション)	51
: (コロン)	205
; (セミコロン)	55
1次元配列	183
2次元配列	191, 192
3次元配列	191, 194

A

addClass	480
after	471
Ajax	21
alert	335
AND 演算子	124, 125
Animsition	486
appendChild	407
Array オブジェクト	307
attr	467, 470
audio タグ	371
a タグ	365

B

back	351
before	471
body タグ	361
BOM	332
Boolean オブジェクト	315
Boolean 型	100
break (switch 文)	144
break 文	165

C

case	144
CDN	449
checked 属性	369
Chrome	35
class	270
close	340

closed	344
confirm	336
console.log	41
Console パネル	41
const	94
contiue 文	168
controls 属性	373
createElement	406
CSS	375

D

data	469, 470
data-scroll	493
Date オブジェクト	317
decodeURI	256
decodeURIComponent	256
default	144
do..while 文	162
DOCTYPE タグ	360
document	393
DOM (Document Object Model)	390

E

ECMAScript2015	25
ECMAScript6(ES6)	25
else if 文	140
else 文	137
empty	473
encodeURI	256
encodeURIComponent	256
escape	256
eval	252
extends	292

F

finally 文	175
footer タグ	362
for..of 文	155
forward	351
for 文	150, 152

522

G

getAttribute	403
getElementById	393
getTime	320
go	352

H

h1 タグ	365
header タグ	361
head タグ	360
History オブジェクト	351
href	349
HTML	358, 464
HTML5	26, 358
HTML タグ	27
html タグ	360

I

ID セレクタ	384
if 文	134
imagehover.css	499
img タグ	367
inClass	489
innerHTML	394
input タグ	368
insertBefore	407
isFinite	256
isNaN	253

J

JavaScript	21
jQuery	444

K

KeybordEvent オブジェクト	439

L

let	87
LiveScript	21
Location オブジェクト	348

M

Magic	478
Markup	27
match	326
Math.ceil	323
Math.floor	323
Math.max	322
Math.min	322
Math オブジェクト	322
meta タグ	364

N

NaN	253
nav タグ	361
new 演算子	266
NOT 演算子	125, 127
null	101
Number オブジェクト	303
Number 型	98

O

onblur	429
onchange	424
onclick	419
onfocus	428
onkeyup	437
onload	421
onmousedown	435
onmouseup	435
open	341
opener	344
OR 演算子	124, 126
outClass	489

P

parseFloat	256
parseInt	252
pop	223
poster 属性	373
prompt	336
prototype	286
push	212
p タグ	365

R

ready	488
RegExp オブジェクト	325
remove	473
removeChild	407
replace	312
return	230

523

S

script タグ	28
ScrollTrigger	492
section タグ	362
setAttribute	400, 402
setInterval	484
setTimeOut	482
shift	220
slice	309
sort	309
Sources パネル	43
split	312
src 属性	367
static メソッド	281
String オブジェクト	311
String 型	99
switch 文	143

T

table タグ	379
tabulous.js	495
textContent	399
this	275
throw	174
toExponential	304
toFixed	304
try..catch 文	172
type 属性	368

U

ul タグ	365
undefined 型	103
unescape	256
unshift	214
UTF-8	30

V

var	84
video タグ	372

W

W3C	375
WHATWG	390
while 文	159
Window オブジェクト	335

あ行

アクセッサ	283
値渡し	300
イベント	416
イベント駆動プログラミング	417
イベントドリブン	417
イベントハンドラ	418
色	386
インスタンス	269
インタプリタ方式	24
インデント	63, 65
演算子	108
オーバーレイアニメーション	490
大文字	50
オブジェクト	265
オブジェクト型	298
オブジェクト指向	265
オペランド	108
オペレータ	108

か行

改行	56
外部ファイル	29
関数	228
関数オブジェクト	285
関数名	72
キー（key）	204
キーイベントハンドラ	437
疑似クラス	384
空白	57
組み込みオブジェクト	299
組み込み関数	252
クラス	269
クラスセレクタ	383
クロージャ	258
グローバル変数	91, 238
継承	291
構造化タグ	359
コメント（1 行コメント）	59
小文字	50
コンストラクタ	270
コンパイル方式	24

さ行

サブクラス	291
算術演算子	110

参照渡し	301	幅	386
時刻	319	バリュー（value）	204
指数表記	304	ハンガリアン記法	71
ジャグ配列	200	比較演算子	120
条件式	135，151	引数	229
小数点表記	304	日付	319
初期化	85	ビット	117
初期化式（for 文）	151，154	ビットシフト演算子	118
数値	303	表示位置	386
スーパークラス	291	フィルタ	461
スクリプト言語	24	フォールスルー	146
スコープ	237	フォント	385
ステートメント	55	複数行コメント	60
ステップアウト	45	ブラウザオブジェクト	332
ステップイン	45	プラグイン	488
ステップオーバー	45	ブレークポイント	44
スネークケース（キャメルケース）	69	ブロック	64
スプレッド演算子	216	プロトタイプ	285
正規表現	325	プロパティ	273，377
絶対パス	32	変化式（for 文）	151
セレクタ	377，455	変数	78
宣言	84	ホイスティング	243
相対パス	32，479		

ま行

添え字（インデックス）	183
即時関数	249
属性	27，273，359

		マウスイベントハンドラ	434
		マルチステートメント	55

た・な行

ダイアログ	335
代入	81
代入演算子	114
タイプセレクタ	383
高さ	386
多次元配列	191
定数	72，94
データ型	97
テキスト	385
テキストボックス	369
デバッグ	44
デベロッパーツール	38
動的型付け言語	103
匿名関数	246
ノード	391

未来予約語	63
無限ループ	159
無名関数	246
メソッド	277
メンバ変数	273
文字列	51，311
戻り値	230

や行

ユニバーサルセレクタ	384
要素	183，359
予約語	62

ら行

ライブラリ	444
例外	172
連結演算子	129
連想配列	204，206
ローカル変数	91，237
論理演算子	125
論理値	315

は行

配列	182，307
発火	418

525

【著者略歴】

高橋 広樹（たかはし ひろき）

Microsoft MVP for Windows Development(Jan. 2009 〜)。宮城県仙台市在住のシステムエンジニア。オンラインでは「HIRO」のハンドル名で活動中。

C#, VB.NET を得意とし、Tips 集を提供する HIRO's.NET（http://blog.hiros-dot.net/）を運営している。

主な著書に「かんたん Visual Basic」「Visual Basic テクニックバイブル」「15 時間でわかる Swift 集中講座」「15 時間でわかる UWP 集中講座」「Xamarin エキスパート養成読本」

●本書担当　1 章、2 章、5 章、6 章

プログラミングを最短で学ぶコツは、なんと言っても実際に手を動かしてコードを入力し、実行してみることだと思っています。本書には多くのサンプルを載せていますので、実行に成功したら、自分なりの改造を加えてみてください。このとき改造したコードがどのように動くのかをイメージしてから実行することで、より理解が深まることと思います。

是非、JavaScript の楽しさを味わってください！！

佐藤 美保（さとう みほ）

大学卒業後、SIer に就職し、本格的にプログラミングを始める。1997 年に初めて JavaScript での開発を経験。その後は、JavaScript を活用した Web システム開発のほか、C++、Java、.NET とオブジェクト指向言語を使った業務システム開発を多数経験。

●本書担当　8 章、12 章、14 章

Ajax や JQuery を使った開発をした時、最初の開発でブラウザの互換性を保つのに一苦労していた言語とは、全く違う言語に感じました。日々進化し続ける言語でありながら、ブラウザひとつで簡単にプログラミングが始められるのが JavaScript です。ぜひ、サンプルコードを動かし、気軽にプログラミング体験をしてもらえたらと思います。

鈴木 堅太郎（すずき けんたろう）

ソフトウェア業界に入り、これまで Java や VB といった言語を扱うシステム開発に携わる。趣味は車と釣り。古い車が好きで、大事に乗っている人を見かけると嬉しくなります。釣りはルアーフィッシングを中心とし、様々な釣り場へ愛車で出かけています。主な著書は「Xamarin エキスパート要請読本」（技術評論社）

●本書担当　9 章、10 章、11 章

JavaScript は Web ページやアプリによく使用されています。近年、スマートフォンなどのモバイル端末が普及し、それらをターゲットとした新しいアプリが次々と開発され、多くの人がそのアプリを利用しています。それらのアプリの中には HTML5 と JavaScript を組み合わせたものも数多くあることでしょう。流行の最先端には JavaScript が必要で、幅広い可能性を持っていると私は思います。まずは、興味のある部分からでも良いと思いますので JavaScript に触れてみてください。

最後に、協力・支え合ってきた執筆メンバーに感謝します。

小松 さおり（こまつ さおり）

宮城県仙台市生まれ。仙台市在住。大学時代に C 言語の授業を受け、プログラミングに興味を持ち、ソフトウェア業界に入り約 10 年、主に JAVA 言語の仕事に携わる。日々、仕事・育児・家事に奮闘中。

● **本書担当　3 章、4 章**

プログラミングを始めた頃、最初は HTML で静的な画面を作るだけでしたが、JavaScript を覚えて取り込むにつれて、動的な画面を作れることに喜びと楽しみを感じました。本書はプログラミング初心者にも分かり易い内容となっておりますので、この本を手にした皆様にも JavaScript を覚えることでプログラミングの楽しさを味わっていただけたら幸いです。

小野寺 章（おのでら あきら）

山形県出身。大学卒業後から IT 業界で働き始め、11 年。主に業務システムや、EC サイトのシステム開発に携わる。ライブラリ無しで JavaScript を学んだあと、jQuery と出会いその便利さに感動。まだまだ知らない世界もあるため、日々勉強中。

● **本書担当　13 章、15 章**

Web システム開発において、JavaScript はクライアントサイドで必要不可欠となっています。皆さんが見る WEB 上のページにもほぼ確実に JavaScript が使用されていることでしょう。「これはどんな仕組みで動作しているんだ」と興味を持つことで、新たな知識につながります。その一歩のために本書が参考になれば幸いです。

佐々木 浩司（ささき こうじ）

1984 年生まれ。大学卒業後、仙台市内の IT 企業に入社。8 年程勤め、金融、流通、教育等の様々な現場で仕事に従事する。
主な著書は「Xamarin エキスパート要請読本」（技術評論社）

● **本書担当　7 章**

5 年前に業務で初めて JavaScript に触れました。当時は今まで使っていた言語とのちょっとした違いに戸惑ったりしましたが、学習本やサイトで勉強したことを思い出します。
今でもちょっとしたことで勉強しなおしたりすることもありますが、皆さまにとって本書が JavaScript を勉強するうえで手助けとなれば幸いです。

装丁	● 田邉恵里香
本文デザイン	● イラスト工房（株式会社アット）
	朝日メディアインターナショナル株式会社
	和田奈加子
編集	● 原田崇靖
DTP	● 朝日メディアインターナショナル株式会社

かんたん JavaScript

[ECMAScript 2015 対応版]

2017 年 11月24日 初 版 第 1 刷発行

著 者	高橋広樹／佐藤美保／鈴木堅太郎／
	小松さおり／小野寺 章／佐々木浩司
発行者	片岡 巌
発行所	株式会社技術評論社
	東京都新宿区市谷左内町 21-13
	電話 03-3513-6150 販売促進部
	03-3513-6160 書籍編集部
印刷／製本	株式会社加藤文明社

定価はカバーに表示してあります。

本書の一部または全部を著作権法の定める範囲を超え、無断で
複写、複製、転載、テープ化、ファイルに落とすことを禁じます。

©2017 高橋広樹／佐藤美保／鈴木堅太郎／
小松さおり／小野寺章／佐々木浩司

造本には細心の注意を払っておりますが、万一、乱丁（ページの
乱れ）や落丁（ページの抜け）がございましたら、小社販売促進
部までお送りください。送料小社負担にてお取り替えいたします。

ISBN978-4-7741-9356-4 C3055

Printed in Japan

本書に関するご質問については、下記の宛先
まで FAX または書面でお送りください。お
電話によるご質問、および本書に記載されて
いる内容以外のご質問については、一切お答
えできません。あらかじめご了承ください。

宛先：〒 162-0846
東京都新宿区市谷左内町 21-13
株式会社技術評論社 書籍編集部
「かんたん JavaScript」質問係
FAX：03-3513-6167

なお、ご質問の際にいただいた個人情報は、
質問の返答以外の目的には使用いたしませ
ん。また、質問の返答後はすみやかに破棄さ
せて頂きます。